气动阀原理、使用与维护

张利平　主编

化学工业出版社

·北京·

内 容 简 介

本书在概述和介绍气动阀及共性问题的基础上，对方向阀、压力阀、流量阀、真空阀、逻辑阀、比例阀、伺服阀、智能阀，按功用类型、工作原理、典型结构、主要性能、产品概览、使用要点和故障诊断的体系线索进行了详细介绍，书末给出气动阀产品总览、选型要点及气动阀组集成化与应用实例，附录载有国内气动阀相关技术标准与部分厂商及产品名录。全书选材和论述新颖实用、系统先进。

本书读者对象为各行业气动及自动化设备与系统的一线工作者（科研设计、制造加工、安装调试、现场操作、使用维护与设备管理），大专院校机械类、自动化类等相关专业及方向的教师和研究生、大学生及气动技术爱好者。同时本书还可作为气动系统使用维护与故障诊断技术的培训教材及自学教材。

图书在版编目（CIP）数据

气动阀原理、使用与维护/张利平主编.—北京：化学工业出版社，2021.12
ISBN 978-7-122-39804-8

Ⅰ．①气…　Ⅱ．①张…　Ⅲ．①节流阀-理论②节流阀-使用方法③节流阀-维修　Ⅳ．①TH137.52

中国版本图书馆CIP数据核字（2021）第172262号

责任编辑：黄　滢　张燕文　　　　　　　　　　文字编辑：陈小滔　朱丽莉
责任校对：张雨彤　　　　　　　　　　　　　　装帧设计：王晓宇

出版发行：化学工业出版社（北京市东城区青年湖南街13号　邮政编码100011）
印　　装：涿州市般润文化传播有限公司
787mm×1092mm　1/16　印张16¾　字数430千字　2022年1月北京第1版第1次印刷

购书咨询：010-64518888　　　　　　　　　　　　售后服务：010-64518899
网　　址：http://www.cip.com.cn
凡购买本书，如有缺损质量问题，本社销售中心负责调换。

定　　价：99.00元　　　　　　　　　　　　　　　　　　　版权所有　违者必究

气动技术具有节能环保、结构简单、轻便紧凑、性价比高、易于控制、压力等级低、使用安全和维护简便等优点，使其成为现代传动与控制的重要技术手段和不可替代的关键基础技术之一。作为工业自动化的重要手段，随着微电子技术的发展和"中国制造2025"行动纲领的实施，近年来，气动技术在制造业、通信设备、印刷机械、工业机器人等国民经济各技术领域的机械装备中获得了前所未有的广泛应用。

众所周知，气动控制阀（简称气动阀）是任何一台气动设备及其气压传动与控制系统中必不可少的控制调节元件，因为气流的调节和控制是通过阀来完成的，所以气动控制阀应用的品种和数量均占有相当大的比重，并对主机设备工作品质和可靠性有着极大的影响。毋庸置疑，在各类气动系统的设计制造和使用维护中，正确合理地选择、使用和维护气动阀，对于提高气压传动与控制系统乃至整个气动设备的工作品质和可靠性具有非常重要的意义。因此，气动元件与系统的研发设计、制造调试工程技术人员和现场操作维护人员都对气动控制阀的原理、特性及使用与维护方法相当重视。

为了反映现代气动技术小型化、集成化、组合化、数字化、智能化、精密化、高速化和绿色化的发展状况，满足各类读者特别是广大用户的需求，提高对气动阀的认知、使用和维护水平，促进气动技术的普及与提高，适应我国新时期现代化建设经济转型、绿色低碳发展乃至实施"中国制造2025"行动纲领的需要，笔者在总结多年从事液压气动技术教学培训、科研设计，特别是为企业解决使用维护难题的经验基础上，编著了《气动阀原理、使用与维护》一书。本书可视为编者所著《液压阀原理、使用与维护》一书的姊妹篇。

全书共11章，选材和论述以新颖实用、系统先进为目标。选材方面，在突出传统基本内容的基础上，力图反映气动阀在结构原理、性能和实际应用上的以数字化、智能化为特征的新发展和新成就。考虑到目前气动阀的品种和规格繁多，既有我国自行开发研制的产品，又有直接引进的国外产品，还有引进国外技术经二次开发的产品，本书不可能将所有气动阀品种一一加以详细介绍和论述。为了达到既节省篇幅，又能使读者获取所需内容和信息并举一反三、灵活运用的目的，本书着重对使用最为普遍的各大类气动阀中的基本典型品种，按着功用类型、工作原理、典型结构、主要性能、产品概览、使用要点（应用回路及注意事项）、故障诊断的体系线索进行编写和叙述。书中配有较多插图（含结构原理图、实物外形图和应用回路原理图）及数据表格（含产品数据表、选型表格及故障诊断表格等），尽量避免繁杂的数学处理，力图做到图文并茂，有助于读者解决实际工作中可能遇到的气动阀的各类问题。本书可读性与可查性并重，书中关于气动阀结构原理、使用要点等内容，可引导对于气动阀不甚熟悉的人员了解和掌握各类气动阀基本组成、共性特点与应用场合及注意事项；书中的数据、产品信息、应用实例及常用标准等资料，可供对气动阀较为熟悉的工程技术人员在气动阀产品开发、气动系统设计中直接应用；书中关于气动阀故障诊断及排除的内容，可指导从事气动设备制造、操作和维护保养的人员进行日常工作。本书中的气动回路及系统图，均采用最新国家标准GB/T 786.1—2021《流体传动系统及元件图形符号和回路图　第1部分：图形符号》进行绘制。

本书由张利平主编。张利平编写第1章~第10章并负责全书的统稿工作；徐桂清编写第11章和附录等。张秀敏、山峻、张津参与了本书的前期策划及资料搜集整理、部分文稿的录入校对整理工作，王金业、刘鹏程、向其兴、窦赵明、史琳、赵丽娜等为本书绘制了部分插图。刘永强、常宏杰、田志刚和周兰午等同志对本书的编写工作提供了大力帮助。对给予大力支持与帮助的黄代忠高工［斯凯孚传动科技（东莞）公司］、王永正工程师［牧气精密工业（深圳）公司］、龚宇经理（苏州柔触机器人科技公司）、施乐芝经理（无锡市华通气动制造公司）、陈旭浙经理（派恩博自动化科技浙江公司）、张黎明工程师（台湾好手科技股份公司）及参考文献的各位作者，在此一并致以诚挚谢意。

对于书中不当之处，欢迎同行专家及广大读者指正。

编　者

第1章
气动控制阀概论

第2章
气动控制阀中的共性问题

第4章
压力控制阀

115

第5章
流量控制阀

143

第6章
真空控制阀

154

第11章
气动控制阀应用实例

239

附录
技术标准及厂商名录

250

第1章
气动控制阀概论

1.1　气动技术原理及特点

1.1.1　气动技术原理

　　一台完备的机器通常都是由提供能源的原动机、对外做功的工作机与进行动力传递转换及控制的传动机三大部分组成。按传动件（工作介质）的不同，机器有机械传动、电气传动、流体传动和复合传动等传动类型。气动技术属于流体传动范畴，它是以压缩空气作为工作介质进行动力传递和实现控制的技术。

　　采用气动系统驱动的机械设备很多，此处通过一往复直线运动工作装置作为模型来说明气动系统的基本组成和原理。如图1-1所示，该系统通过气压发生装置（空气压缩机1）将原动机输出的机械能转变为空气的压力能，并通过管路L1、过滤器2、调压阀3、油雾器4、换向阀5、流量阀7和管路L2等将压缩空气送入气缸8的无杆腔（有杆腔空气通过管路L3、换向阀5及消声器6排向大气），从而使气缸8的活塞杆驱动工作装置9向右运动，即将压力能转换成机械能对外做功。操纵换向阀5即可通过改变气缸8的进排气方向实现工作装置运动方向的变换，通过调节流量阀7的开度，即可改变进出气缸的压缩空气流量，实现气缸调速；通过调节压力阀3，即可调节或限定系统的空气压力高低，实现气缸输出推力的调节或保证系统安全。消声器6可降低系统的排气噪声。

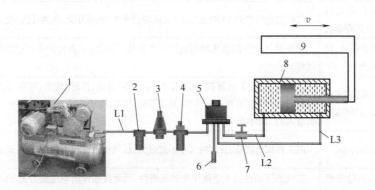

图1-1　往复直线运动工作装置气动系统原理示意图（半结构原理图）

1—空气压缩机；2—过滤器；3—调压阀；4—油雾器；5—换向阀；6—消声器；7—单向流量阀；

8—气缸；9—往复运动工作装置；L1，L2，L3—管路

由于气动技术在结构组成及成本、介质提取处理及能源贮存、机电整合及智能自动控制、动作及反应速度、阻力损失及泄漏、工作环境适应性、维护及使用安全性等方面具有独特的技术优势，使其成为现代传动与控制的重要技术手段和不可替代的关键基础技术之一，其应用遍及国民经济各领域。

1.1.2　气动技术的特点

气动技术的优缺点如表1-1所列，与其他传动方式的综合比较见表1-2。

表1-1　气动技术的优缺点

	序号	性能	详细描述
主要优点	1	介质提取处理便利	以取之不尽用之不竭的空气为工作介质，空气提取容易，无介质费用和供应上的困难，用后的气体排入大气，处理方便，一般不需回收管道和容器，介质清洁，不会污染环境，管道不宜阻塞，不存在介质变质及补充等问题
	2	能源可贮存	压缩空气可储存在储气罐中，出现突然断电等情况时，主机及其工艺流程不致突然中断
	3	气缸是完成直线运动的最佳执行元件	气缸可在空间任意位置组建其所需运动轨迹，运动速度可无级调控。气缸推力在1.7~48230N，常规速度在50~500mm/s，标准气缸速度可达1500 mm/s，冲击气缸速度达到10m/s，特殊气缸的速度甚至高达3210m/s，通过气液阻尼缸使用，低速可达0.5mm/s
	4	动作迅速，反应灵敏	一般只需0.02~0.3s即可建立起所需压力和速度。能实现过载保护，便于自动控制
	5	阻力损失和泄漏小	空气的黏性低，流动阻力小，压缩空气传输过程中的阻力损失一般仅为油路的千分之一，空气便于集中供应和远距离输送。利用空气的可压缩性既可储存能量，又可在短时间内释放以获得高速运动。外泄漏不像液压传动那样造成压力明显降低和环境污染
	6	成本低廉	工作压力较低(通常不超过1MPa)，气动元件和辅件的材料和制造精度低，制造容易，成本较低
	7	工作环境适应能力强	可在-40~+50℃的温度范围、潮湿、溅水和灰尘下可靠工作，气动元件可以根据不同场合，采用相应材料，使元件能够在强振动、强冲击、多尘埃、强腐蚀和强辐射等恶劣的环境下进行正常工作，对冲击载荷与过载载荷有较强适应能力，不会因温度变化影响其传动控制性能。纯气动控制具有防火防爆特点
	8	工作可靠性高，使用寿命长	气缸的运行寿命5000km以上；阀的寿命大于3000万次，高的可达1亿次以上
	9	维护简单，使用安全	无油的气动控制系统特别适用于半导体、无线电元器件的生产过程及食品或医药生产过程
	10	与其他技术相容性、互补性好	气动技术与AI、计算机、电子技术、半导体、通信、传感、仿生、河海、机械等科学技术整合时具有很好的相容性和互补性，如工控机、PLC、现场总线、以太网、仿生气动肌肉、机械手及机器人的末端执行器
主要缺点	1	输出力小	因工作压力较低，且结构尺寸不宜过大，故气动系统出力较小，且传动效率低
	2	动作稳定性稍差	空气的压缩性远大于液压油的压缩性，因此在动作的响应能力、工作速度的平稳性方面不如液压传动。但若采用气-液复合传动装置可取得满意效果
	3	工作频率和响应速度远不如电子装置	气压传动装置的信号传递速度限制在声速(约340m/s)范围内，所以它的工作频率和响应速度远不如电子装置，并且信号要产生较大的失真和延滞，也不便于构成较复杂的控制回路，但这一缺点对工业生产过程不会造成困难

气动阀
原理、使用与维护

表1-2　气压传动与其他传动方式的综合比较

性能	气压传动	液压传动	机械传动	电气传动
输出力(或力矩)	稍大	大	较大	不太大
速度	高	较高	低	高
重量功率比	中等	小	较小	中等
传动效率	低	中	高	高
响应性	低	高	中等	高
负载引起特性变化	很大	稍有	几乎无	几乎无
定位性	不良	稍好	良好	良好
无级调速	较好	良好	较困难	良好
远程操作	良好	良好	困难	特别好
信号变换	较困难	困难	困难	容易
调整	稍困难	容易	稍困难	容易
结构	简单	稍复杂	一般	稍微复杂
安装自由度	大	大	小	中
环保性	良	有污染,但水压传动无污染	中	良
管线配置	稍复杂	复杂	较简单	不特别
环境适应性	好	较好,但易燃	一般	不太好
危险性	几乎无	注意防火	无特别问题	注意漏电
动力源失效时	有余量	可通过蓄能器完成若干动作	不能工作	不能工作
工作寿命	长	一般	一般	较短
维护要求	一般	高	简单	较高
价格	低	稍高	一般	稍高

1.2　气动系统的组成

气动技术涵盖气压传动和真空吸附两大分支,并分别依靠介质正压(大于大气压的压力)和介质负压(小于大气压的压力)进行工作。除了工作介质外,气动系统的组成可按功能和信号流及控制过程来描述。

按功能,气动系统组成(见图1-2)通常包括能源元件(空压机、真空泵或真空发生器)、执行元件(气缸、气马达、气爪、气动肌肉、真空吸盘等)、控制元件(各类气动控制阀)和辅助元件(储气罐、过滤器和管路等)等四类气动元件,各部分的功用见表1-3。

按信号流及控制过程,气动系统组成(见图1-3)通常包括气源部分(从空压机和储气罐开始,经气源处理单元进行过滤、干燥、排水、减压和油雾等)、信号输入部分

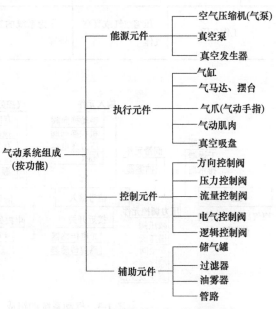

图1-2　气动系统的组成(按功能)

［主要指被控对象的信号源，例如对于简单气动系统，手动按钮操作阀可作为控制运动起始的主要手段；而对于较为复杂的气动系统，压力继电器（压力开关）、各类传感器的信号、光电信号和某些物理量转换信号均为信号输入范畴］、信号处理部分（由气动逻辑元件、梭阀、双压阀或顺序阀组成气动逻辑控制路和PLC或工控机，列入这部分的气动辅件包括消声器、气管和管接头等）、命令执行部分（主要包括接收了信号处理后被命令去控制驱动器的方向控制阀和驱动器包括气缸、马达、气爪及真空吸盘等，这部分的辅件包括控制气缸速度的流量控制阀、快排阀及磁性开关和液压缓冲器等）。

表1-3 气动系统各类元件的功能作用

类别		名称	作用	备注
气动元件	能源元件 气压传动系统	空气压缩机	气压传动系统的动力源,将原动机(电动机或内燃机)供给的机械能转变为气压传动系统所需的气体压力能,常用压力等级1.0MPa	① 气动元件的基本参数有公称压力(MPa)和通径(mm)(主通气口名义尺寸)。② 气动元件一般都是标准化元件,根据使用条件直接从生产厂商产品样本或手册选用即可
	能源元件 真空吸附系统	真空泵	真空吸附系统的动力源,将原动机(电动机或内燃机)供给的机械能转变为真空吸附系统所需的负压气压能	
		真空发生器	将作为动力源的压缩空气转变为真空吸附系统所需的负压气压能	
	执行元件 气压传动系统	气缸、气马达和摆动气马达、气动肌肉	将气压能转变为机械能,用以驱动工作机构的负载做功,实现往复直线运动、连续回转运动或摆动	
	执行元件 真空吸附系统	真空吸盘	将真空气压能变为机械能,用以吸附搬运夹持负载做功	
	控制调节元件	各种压力、流量、方向控制阀及电-气伺服阀、电-气比例阀与气动逻辑控制阀等	控制调节气动系统中压缩气体或真空的压力、流量和方向,从而控制执行元件输出的力、速度和方向,以保证执行元件驱动的主机工作机构完成预定的运动规律	
	辅助元件	分水过滤器、干燥器、消声器、管路、接头等	用来存储/净化压缩空气,为系统提供符合质量要求的工作介质	
工作介质		压缩空气或真空气体	作为系统的工作媒介,传递能量和工作及故障信号等	气动系统的工作介质为干空气,其可压缩性较液体大得多

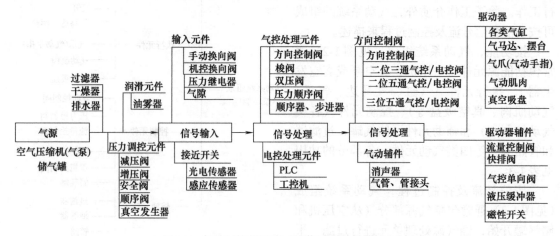

图1-3 气动系统的组成（按信号流及控制过程）

气动阀
原理、使用与维护

1.3 气动阀的重要性及基本结构原理

1.3.1 气动阀的功用、重要性

作为气动系统中的控制调节元件，气动控制阀（简称气动阀）的功用是控制调节气动系统的气流方向、压力及流量。对气动执行元件及其驱动的工作机构的启动及停止、运动方向、运动速度（转速）、运动规律、克服负载的能力以及动作顺序等进行控制与调节，使主机能够按要求协调地进行运转和工作。

气动阀在气动系统中起着非常重要的作用。任何一个气动系统，不论其如何简单，都不能缺少气动阀。同一工艺目的气动机械设备，通过气动阀的不同组合与使用，可以组成气路结构截然不同的多种气动系统方案。故气动阀是气动技术中品种与规格最多、应用最广泛、最活跃的元件。一个气动系统设计的合理性、安装维护的便利性以及运转的可靠性，在很大程度上取决于其所采用的各种气动阀的性能、阀间气路耦合联系及参数匹配。

1.3.2 气动阀的基本结构及调节原理

气动阀的基本结构主要包括阀芯、阀体（含阀座和阀的孔口）和驱动阀芯相对于阀体运动的操纵控制机构等三部分。阀芯的结构形式多样，阀体上开设有与阀芯配合的阀体（套）孔或阀座孔，还有外接气管的主气口（进、出气口）、控制气口和外泄（漏）气口。阀芯的操纵控制机构有人控（动）式、机控式、电控式、气控式或它们的组合，目的均为控制阀芯的动作。

从基本原理而言，任何气动阀均可视为一个局部阻力可以变化的节流元件，即通过阀芯相对于阀体的运动来控制阀口的通断及改变开度或节流面积的大小（实质是对阀口的流动阻尼进行控制），从而限制、改变气体的流动或停止，实现对系统的控制和调节作用。只要气流经阀口流动，因流速及动能改变，故会造成不同的进、出口压力损失（压力降低）和温度变化等现象。阀的通过流量 q 与阀的通流面积 A 及进出口间的压力差 Δp 等有关。压力差 Δp 是产生流量的本质原因，阀口无压力差，阀就无气流流动；阀的开口面积 A 愈大，通过的流量愈大。

1.4 气动阀与液压阀的比较

气动阀与液压阀在使用能源、使用特点、压力范围及对泄漏和润滑的要求等很多方面不同（表1-4），这是在使用时需特别注意的。

表1-4　气动阀与液压阀的比较

	项目	气动阀	液压阀
1	使用能源不同	气动控制元件和装置可采用空压站集中供气的方法，根据使用要求和控制点的不同来调节各减压阀的工作压力。气动控制阀可通过排气口直接把压缩空气排放至大气中	液压阀都设有回油管路，便于油箱收集用过的液压油

	项目	气动阀	液压阀
2	使用特点不同	一般气动阀比液压阀结构紧凑,重量轻,易于集成安装,阀的工作频率高,使用寿命长;但噪声较大。气动阀正向低功率、小型化方向发展,已出现功率只有1W甚至0.5W的低功率电磁阀。可与微机和PLC直接连接,也可与电子器件一起安装在印刷线路板上,通过标准板接通气电回路,省却了大量配线,适用于气动工业机械手、复杂的生产制造装配线等场合	一般液压阀噪声较小,但结构、体积和重量大,需设计专门的油路实现集成
3	压力范围不同	气动阀的工作压力范围比液压阀小,工业设备气动系统的工作压力一般低于1MPa。气动阀一般要求具有能承受比工作压力高的耐压强度,而对其冲击强度的要求比耐压强度更高。若气动阀在超过最高容许压力下使用,往往会发生严重事故	液压阀的工作压力及其范围较高,例如常用的液压机,工作压力高达30MPa甚至更高
4	对泄漏要求不同	气动控制阀除间隙密封的阀外,原则上不允许内部泄漏。气动阀的内部泄漏有导致事故的危险。对气动管道来说,允许有少许泄漏;在气动系统中要避免由泄漏造成的压力下降,除防止泄漏外,别无其他方法	液压阀对向外的泄漏要求严格,对元件内部的少量泄漏却是允许的。在液压系统中,可设置压力补偿回路;液压管道的泄漏将造成系统压力下降和对环境的污染
5	对润滑要求不同	气动系统的工作介质为空气,空气无润滑性,故许多气动阀需要油雾润滑,阀的零件应选择不易受水腐蚀的材料,或者采取必要的防锈措施	液压系统的工作介质为液压油,液压阀不存在对润滑的要求

1.5 气动阀及系统的图形符号及应用

1.5.1 气动元件及系统的表示方法——图形符号

气动阀及系统的原理有两种图样表示法:一是如图1-1所示的半结构形式表示法,其特点是表达形象、直观,元件的结构特点清楚明了,但对于复杂系统,图形绘制繁杂难辨;二是标准图形符号表示法,此法由于图形符号仅表示气动元件的功能、操作(控制)方法及外部连接口,并不表示气动元件的具体结构、性能参数、连接口的实际位置及元件的安装位置,故用来表达系统中各类元件的作用和整个系统的组成、管路联系和工作原理,简单明了,便于绘制、辨认与技术交流。利用专门开发的计算机图形库软件,还可大大提高气动系统原理图的设计、绘制效率及质量。除非采用了一些特殊元件,气动行业大多采用图形符号来绘制和表达气动系统原理图。

1.5.2 图形符号标准(GB/T 786.1—2021)

我国迄今先后五次(分别于1965年、1976年、1993年、2009年和2021年)颁布了液压气动图形符号标准。最新标准为GB/T 786.1—2021《流体传动系统及元件图形符号和回路图 第1部分:图形符号》(与国际标准ISO 1219-1:2012等效),它建立了各种符号的基本要素(包括线、连接和管接头、流路和方向指示、机械基本要素、控制机构要素、调节要素等),并制定了液压气动元件(液压元件包含阀、泵和马达、缸、附件;气动元件包含阀、空压机和马达、缸、附件)和回路图表中符号的设计应用规则(含常规符号、阀、泵和马达、缸、附件)。(注：GB/T 786.1—2009于2021年12月1日由修订后的新标准GB/T 786.1—2021《流体传动系统及元件图形符号和回路图 第1部分：图形符号》代替。)在气动系统设计和应用中，推荐采纳这一标准。包括气动阀在内的常用气动图形符号如表1-5所列。

表1-5 常用气动图形符号（GB/T 786.1—2021摘录）

图形符号基本要素					
名称及注册号	符号	用途或符号描述	名称及注册号	符号	用途或符号描述
实线 401V1		供油/气管路，回油/气管路，元件框线，符号框线	倾斜箭头 F027V1		流体流过阀的路径和方向
虚线 422V1		内部和外部先导(控制)管路，泄油管路，冲洗管路，排气管路	正方形 101V21		控制方法(简略表示)，蓄能器重锤、润滑点的框线
点划线 F001V1		组合元件框线	正方形 101V12		马达驱动部分框线(内燃机)
双线 402V1		机械连接、轴、杆、机械反馈	正方形 101V15		流体处理装置框线(过滤器，分离器，油雾器和热交换器)
圆点 501V1		两个流体管路的连接	正方形 101V7		最多四个主油/气口阀的机能位的框线
小圆 2163V1		单向阀运动部分，大规格	长方形 101V2		控制方法框线(标准图)
中圆 F002V1		测量仪表框线(控制元件，步进电机)	长方形 101V13		缸
大圆 2065V1		能量转换元件框线(泵，压缩机，马达)	不封闭长方形 F004V1		活塞杆
半圆 F003V1		摆动泵或马达框线(旋转驱动)	长方形 101V1		功能单元的框线
圆弧 452V1		软管管路	敞口矩形 F068V1		有盖油箱
连接管路 RF050		两条管路的连接标出连接点			

图形符号基本要素

名称及注册号	符号	用途或符号描述	名称及注册号	符号	用途或符号描述
交叉管路 RF051		两条管路交叉没有节点表明它们之间没有连接	半矩形 2061V1		回油箱
垂直箭头 F026V1		流体流过阀的路径和方向	囊形 F069V1		元件：压力容器，压缩空气储气罐、蓄能器，气瓶、纹波管执行器、软管气缸

空气压缩机和马达、缸、增压器及转换器

名称及注册号	符号	名称及注册号	符号	名称及注册号	符号
摆动执行器/旋转驱动装置(带有限制旋转角度功能，双作用) X11280		单作用单杆缸，靠弹簧力返回行程，弹簧腔室有连接口 X11440		行程两端定位的双作用缸 X11500	
摆动执行器/旋转驱动装置(单作用) X11290		双作用单杆缸 X11450		双杆双作用缸，左终点带内部限位开关，内部机械控制，右终点有外部限位开关，由活塞杆触发 X11560	
马达 X11390		双作用双杆缸(活塞杆直径不同，双侧缓冲，右侧带调节) X11460		单作用压力介质转换器(将气体压力转换为等值的液体压力，反之亦然) X11580	
空气压缩机 X11400		带行程限制器的双作用膜片缸 X11470		单作用增压器，将气体压力 p_1 转换为更高的液体压力 p_2 X11590	
变方向定流量双向摆动马达 X11410		活塞杆终端带缓冲的膜片缸，不能连接的通气孔 X11480		波纹管缸 X11600	
真空泵 X11420		双作用缆索式无杆缸，活塞两端带可调节终点位置缓冲 X11530		软管缸 X11610	

气动阀
原理、使用与维护

空气压缩机和马达、缸、增压器及转换器

名称及注册号	符号	名称及注册号	符号	名称及注册号	符号
连续气液增压器(将气体压力 p_1 转换为较高的液体压力 p_2) X11430	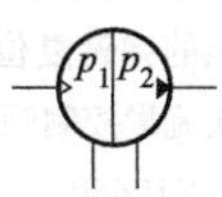	双作用磁性无杆缸,仅右手终端位置切换 X11540	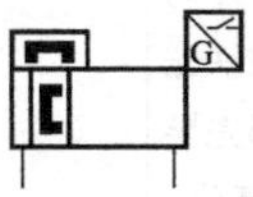	永磁活塞双作用夹具 X11640	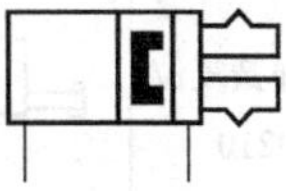

控制机构

名称及注册号	符号	名称及注册号	符号	名称及注册号	符号
具有可调行程限制装置的顶杆 X10020	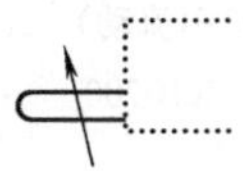	(带有一个线圈的)电磁铁(动作背离阀芯) X10120		机械反馈 X10190	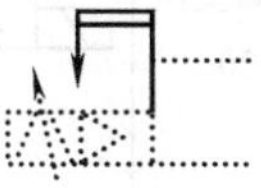
手动锁定控制机构 X10040	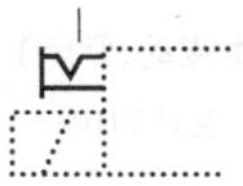	带有两个线圈的电气控制装置,(一个动作指向阀芯,另一个动作背离阀芯) X10130	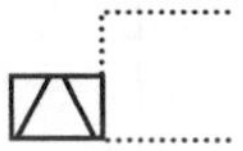	电气操纵的气动先导控制机构 X10170	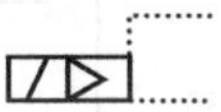
用作单方向行程操纵的滚轮杠杆 X10060	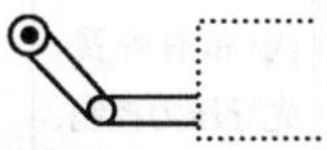	带有一个线圈的电磁铁(动作指向阀芯,连续控制) X10140	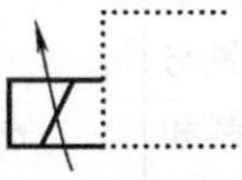	气压复位,从阀进气口提供内部压力 X10080	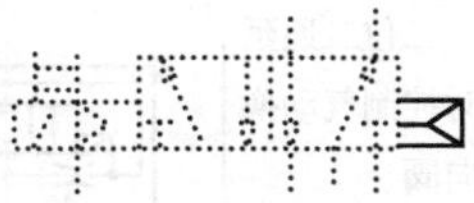
用步进电机的控制机构 X10070	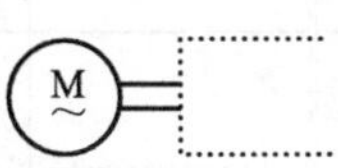	带有一个线圈的电磁铁(动作背离阀芯,连续控制) X10150	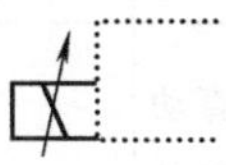	气压复位,从先导口提供内部压力 X10090 注:为更易理解,图中标示出外部先导线	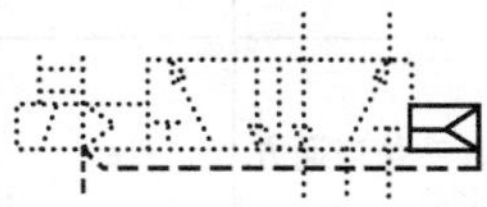
带有一个线圈的电磁铁(动作指向阀芯) X10110		带有两个线圈的电气控制装置(一个动作指向阀芯,另一个动作背离阀芯,连续控制) X10160	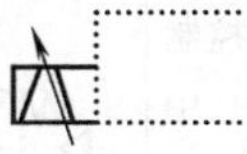	气压复位,外部压力源 X10100	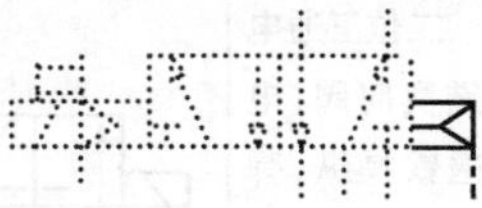

控制元件

名称及注册号	符号	名称及注册号	符号	名称及注册号	符号
二位二通推压换向阀（常闭），弹簧复位 X10210	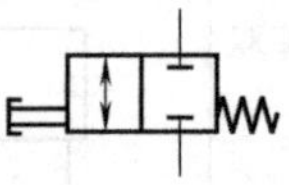	二位五通方向控制阀，电磁铁先导控制，外部先导供气，气压复位，手动辅助控制。气压复位供压具有如下可能：从阀进气口提供内部压力（X10440）；从先导口提供内部压力（X10441）；外部压力源（X10442） X10440 X10441 X10442	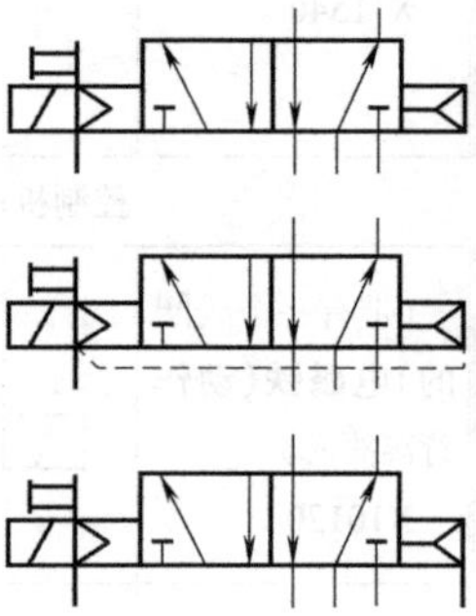	滚轮柱塞操纵的弹簧复位式流量控制阀 X10650	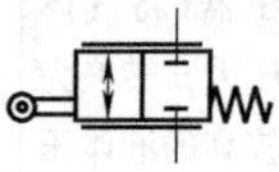
二位二通电磁换向阀（常开），弹簧复位 X10220	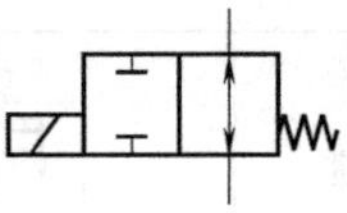			单向阀（只能在一个方向自由流动） X10700	
二位四通电磁换向阀，电磁铁操纵，弹簧复位 X10230	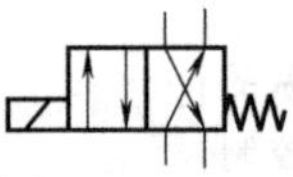			单向阀（带有弹簧，只能在一个方向自由流动，常闭） X10710	
二位二通延时控制气动换向阀 X10250	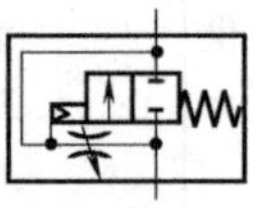	三位五通方向控制阀（中位断开，两侧电磁铁与内部先导控制和手动操纵控制，弹簧复位至中位） X10450	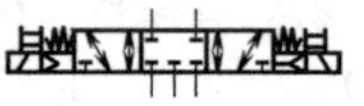	先导式单向阀（带有弹簧，先导压力控制，双向流动） X10720	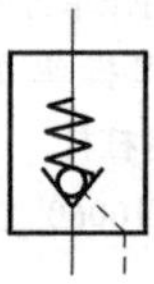
二位三通方向控制阀，滚轮杠杆控制 X10270	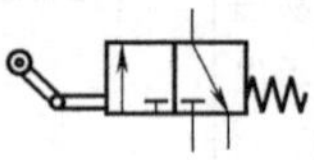	二位五通直动式气动方向控制阀，机械弹簧与气压复位 X10460	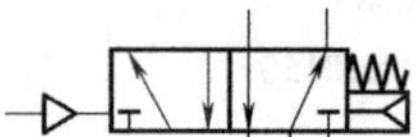	气压锁（双气控单向阀组） X10730	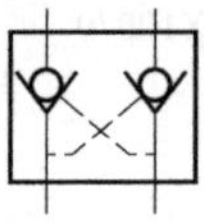
二位三通电磁换向阀，电磁铁操纵，弹簧复位，常闭 X10280	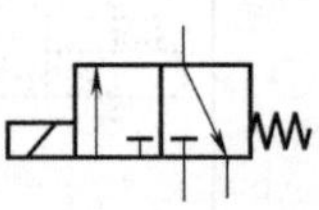	三位五通直动式气动方向控制阀（弹簧对中，中位时两出口都排气） X10470	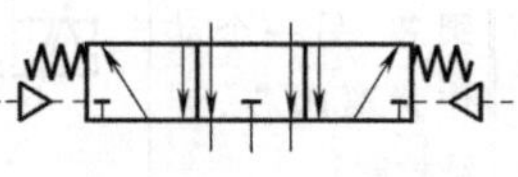	梭阀（"或"逻辑，压力高的入口自动与出口接通） X10740	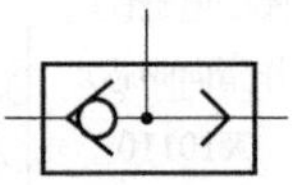

气动阀
原理、使用与维护

控制元件					
名称及注册号	符号	名称及注册号	符号	名称及注册号	符号
带气动输出信号的脉冲计数器 X10300		弹簧调节开启压力的直动式溢流阀 X10500		快速排气阀(带消声器) X10750	
二位三通方向控制阀,差动先导控制 X10310		外部控制的顺序阀 X10530		比例方向控制阀(直动式) X10760	
三位四通方向控制阀,双作用电磁铁直接操纵 X10370		内部流向可逆调压阀 X10540		直动式比例溢流阀(通过电磁铁控制弹簧来控制) X10830	
二位五通方向控制阀,踏板控制 X10400		调压阀,远程先导可调,溢流,只能向前流动 X10570		直动式比例安全阀,(电磁铁直接控制,带有集成电子器件) X10840	
二位五通气动换向阀,先导式压电控制,气压复位 X10410		双压阀("与"逻辑),并且仅当两进气口有压力时才会有信号输出,较弱的信号从出口输出 X10620		直动式比例安全阀(带电磁铁位置闭环控制,集成电子器件) X10850	
三位五通方向控制阀,手动拉杆控制,位置锁定 X10420		流量控制阀,流量可调 X10630		比例流量控制阀(直动式) X10890	
二位五通气动方向控制阀,单作用电磁铁,外部先导供气,手动操纵,弹簧复位 X10430		带单向阀的流量控制阀,流量可调 X10640		比例流量控制阀(直动式,带有电磁铁位置闭环控制,集成电子器件) X10900	

辅件和动力源

名称及注册号	符号	名称及注册号	符号	名称及注册号	符号
软管总成 X11670		计数器 X11960	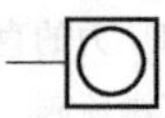	空气干燥器 X12230	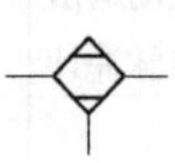
三通旋转接头 X11680	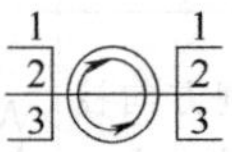	过滤器 X11980	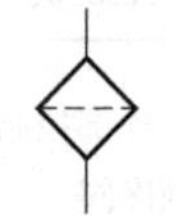	油雾器 X12240	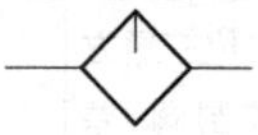
快换接头 （带两个单向阀，断开状态） X11710	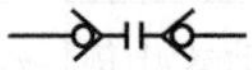	带光学阻塞指示器的过滤器 X12010	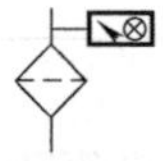	气罐 X12370	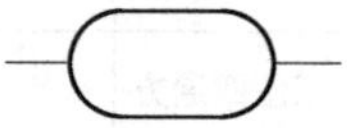
快换接头 （带两个单向阀，连接状态） X11740		带压力表的过滤器 X12020	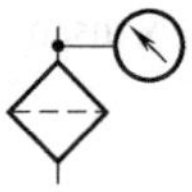	真空发生器 X12380	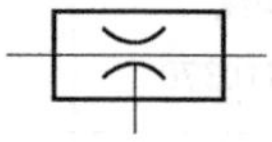
可调节的机械电子压力继电器 X11750	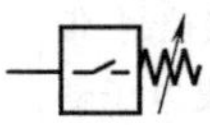	旁路节流过滤器 X12030	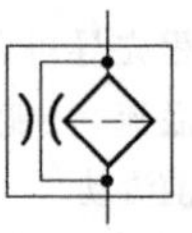	带集成单向阀的真空发生器 X12390	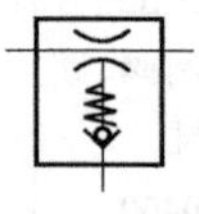
模拟信号输出压力传感器 X11770	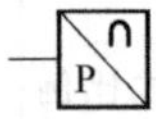	带旁路单向阀的过滤器 X12040	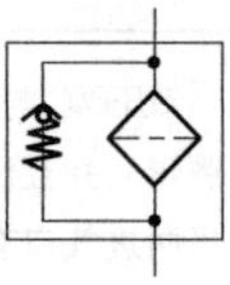	带集成单向阀的三级真空发生器 X12400	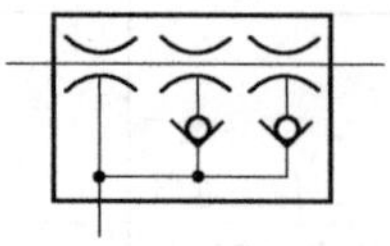
光学指示器 X11790	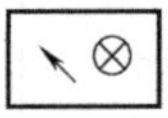	带旁路单向阀、光学阻塞指示器与电气触点的过滤器 X12060	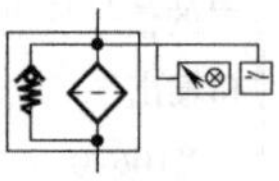	吸盘 X12420	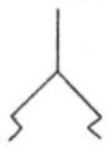
声音指示器 X11810	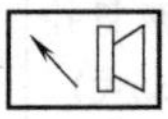	手动排水过滤器，手动调节，无溢流 X12150	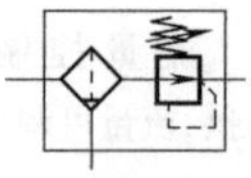	真空吸盘 X12430	
压力测量仪表（压力表） X11820		气源处理装置，包括手动排水过滤器、手动调节式溢流调压阀、压力表和油雾器。上图为详图，下图为简化图 X12160	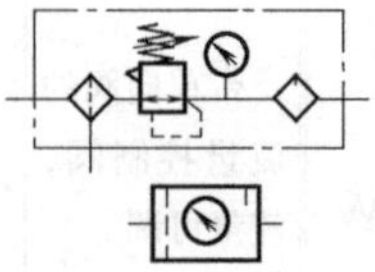	气压源 RF059	

气动阀
原理、使用与维护

辅件和动力源					
名称及注册号	符号	名称及注册号	符号	名称及注册号	符号
压差计 X11830		手动排水流体 分离器 X12180		开关式定时 器 X11950	
带选择功能 的压力表 X11840		带手动排水分 离器的过滤器 X12190		油雾分离器 X12220	

注：1. 表中图形符号按 GB/T 20063《简图用图形符号》及 GB/T 16901.2《图形符号表示规则》中的规则来绘制。与 GB/T 20063 一致的图形符号按模数尺寸 M=2.5mm，线宽为 0.25mm 来绘制。为了缩小符号尺寸，图形符号按模数 M=2.0mm，线宽为 0.25mm 来绘制。但是对这两种模数尺寸，字符大小都应为高 2.5mm，线宽 0.25mm。可以根据需要来改变图形符号的大小以用于元件标识或样本。

2. 表中每个图形符号按照 GB/T 20063 赋有唯一的注册号。变量位于注册号之后，用 V1、V2、V3 等标识。对于 GB/T 20063 仍未规定的注册号，使用基本的注册号。在流体传动领域，基本形态符号的注册号数字前用 "F" 来标识，应用规则的注册号数字前则由 "RF" 来标识，符号的样品用 "X" 标识，流体传动技术领域的范围为 X10000~X39999。

1.5.3 图形符号的含义

图 1-4 为按 GB/T 786.1—2021 绘制出的图 1-1 中的往复直线运动工作装置气动系统原理图，图中的主要气动元件图形符号含义介绍如下。

① 空气压缩机（下简称空压机）图形符号。由一个圆加上一个空心正三角形来表示，正三角形箭头向外，表示压缩空气的方向。圆上、下两垂直线段分别表示排气和吸气管路（气口）。圆侧面的双线和弧线箭头分别表示空压机传动轴和旋转运动。例如图 1-4 中的元件 1-1 即为空压机，空压机组件往往带有储气罐 1-2 和限压安全溢流阀 1-3 等。

② 气罐图形符号。如图 1-4 所示，储气罐 1-2 用类似于平键槽的图形表示。

③ 压力阀和压力表图形符号。方格相当于阀芯，方格中的箭头表示气流的通道。两侧若为直线，则分别代表进、出气管；若一侧为直线，另一侧为向外的空心正三角形，则分别代表进、排气口；图中的虚线表示控制气路，压力阀就是利用控制气路的气压力与另一侧调节弹簧力相平衡的原理进行工作的。例如图 1-4 中的元件 1-3 为溢流阀，用于限定储气罐最高压力以免过载，而元件 3 为调压阀，则用于设置系统供气压力并保持恒定。

压力表的图形符号用一个中圆表示，圆内部的斜箭头表示表头指针。例如图 1-4 中的调压阀 3 自带压力表。

④ 气缸图形符号。用一个长方形加上内部的两个相互垂直的双直线段表示，双垂直线段表示活塞，活塞一侧带双水平线段表示为单活塞杆缸，活塞两侧带双水平线段表示为双活塞杆缸。图中有小长方形和箭头的表示气缸带可调节缓冲器，无小长方形则表示气缸不带缓冲器。例如图 1-4 中的元件 8 为不带可调缓冲器的单活塞杆气缸。

⑤ 过滤器图形符号。由等边菱形加上内部相互垂直的半虚线及实线表示。例如图 1-4 中的元件 2 为过滤器。

⑥ 调压阀图形符号。方格相当于阀芯，方格中的箭头表示油流经的通道，两侧的直线代表进、出气管。图中的虚线表示控制气路，与前述溢流阀一样，调压阀也是利用控制气路

的气压力与另一侧调节弹簧力相平衡的原理进行工作的。例如图1-4中的元件3为调压阀。

⑦ 换向阀图形符号。为改变气体的流动方向，换向阀的阀芯位置要变换，它一般可变动2~3个位置，而且阀体上的通路数也不同。根据阀芯可变动的位置数和阀体上的通路数，可组成×位×通阀。其图形意义为：

a.换向阀的工作位置用方格表示，有几个方格即表示几位阀。

b.方格内的箭头符号"↑"或"↓"表示气流的连通情况（有时与气体流动方向一致），短垂线"┳"表示气体被阀芯封闭的符号，这些符号在一个方格内与方格的交点数即表示阀的通路数。

c.方格外的符号为操纵阀的控制符号，控制形式有手动、机动、电磁、液动和电液动等。例如图1-4中的元件5为二位二通电磁换向阀。

⑧ 节流阀图形符号。两圆弧所形成的缝隙即节流孔道，气体通过节流孔使流量减少，图中的箭头表示节流孔的大小可以改变，也即通过该阀的流量是可以调节的。

⑨ 单向阀图形符号。由一小圆和在一侧与其相切的两短倾斜线段表示，圆两侧的垂线分别表示阀的进气和排气管路。

⑩ 单向节流阀图形符号。如果节流阀旁侧并联单向阀，且二者装在同一阀体内，则为单向节流阀。例如图1-4中的元件7为单向节流阀，它用于缸前进时的进气节流调速和退回排气。

⑪ 消声器图形符号。消声器用一个矩形加上三条小线段表示，矩形外部直线表示进气管，空心正三角形来表示排气方向。图1-4中的元件6即为消声器。

图1-5为按GB/T 786.1—2021绘制的电视机包装机气动真空系统原理图（其执行元件包括气缸和真空吸盘）。元件2、5~14的图形符号意义同前，剩余组成元件图形符号意义如下。

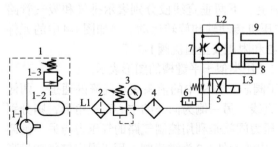
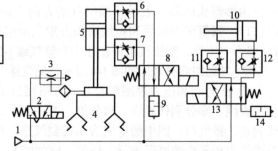

图1-4 用图形符号绘制的往复直线运动工作　　　图1-5 用图形符号绘制的电视机包装机气动
　　　　装置气动系统原理图　　　　　　　　　　　　　真空系统原理图

1—空气机组件；2—过滤器；3—调压阀（带压力表）；　　1—气压源；2—二位三通电磁阀；3—真空发生器；
4—油雾器；5—换向阀；6—消声器；7—单向流量阀；　　4—真空吸盘；5，10—气缸；6，7，11，12—单向节流阀；
8—气缸；9—往复运动工作装置；L1，L2，L3—管路　　　　　8，13—二位四通电磁阀；9，14—消声器

① 气压源的图形符号。用一空心正三角形表示，正三角形箭头的方向表示压缩空气的方向。例如图1-5中的元件1为气压源，用于给气缸和真空吸盘供气。

② 真空发生器的图形符号。两圆弧所形成的缝隙即真空发生通道，其左右两侧的直线段和空心正三角形分别代表正压进气管和排气口，与进气管垂直的直线段代表真空排气管。例如图1-5中的元件3为真空发生器，用于将正压空气变为真空气体。

③ 真空吸盘的图形符号。由两相交折线段表示，其外侧直线段表示进气管。如图1-5中

的元件4为真空吸盘，用于工件的吸附。

图1-5中的电视机包装机气动真空系统原理图工作原理简述如下：气缸5和气缸10配合可实现垂直与水平两个方向的动作，气压源1的压缩空气经真空发生器3产生真空，靠两个真空吸盘4将电视机产品从装配生产线搬下，放上包装材料后，置于纸箱中，完成电视机的包装作业。气缸5和10的运动方向变换分别由二位四通电磁换向阀8和13控制，运动速度分别由单向节流阀6、7和11、12控制。

1.5.4 图形符号的应用

（1）采用图形符号绘制气动系统原理图时的一般注意事项

① 元件图形符号的大小可根据图纸幅面大小按适当比例增大或缩小绘制，以清晰美观为原则。

② 元件和回路图一般以未受激励的非工作状态（例如电磁换向阀应为断电后的工作位置）画出。

③ 在不改变标准定义的初始状态含义的前提下，元件的方向一般可视具体情况水平翻转或90°旋转来绘制。

（2）气动系统原理图的识读

首先应通过相关技术文件和现场实物全面了解主机的功能、结构、运动部件的数量及驱动形式、工作循环及对气动系统的主要要求，同时要了解气动与机械、电气、液压等几个方面的相互联系，特别是系统的控制信号源及其转换和动作状态表等。

在分析气动系统的气流路线时，最好先将系统中的主要元件及各条气路分别进行编码，然后按执行元件划分气路单元，每个单元先看动作循环，再看控制回路、主气路。控制气路应弄明来源与控制对象：主气路的进气路起始点为气压源的排气口，终点为执行元件的进气口；主气路的回气路起始点为执行元件的回气口，终点一般通向大气。要特别注意，当系统从一种工作状态转换到另一种工作状态时，其信号源（即发信元件）是哪些，又是使哪些控制元件动作来实现的。

对于因故没有原理图的气动系统，需结合说明书等文档资料、实物并通过询问现场工作人员进行分析和试探性推断。

1.6 气动阀的类型及特点

气动阀类型繁多，分类方法及名称因着眼点不同而异，故同一种阀可能会有不同名称。

1.6.1 按功能及使用要求分类

（1）普通气动阀

此类阀又称常规气动阀，是最为常见的三大类气动阀方向控制阀、压力控制阀和流量控制阀等的统称。普通气动阀以手动、机动、液动、电动、气动、电气动等输入控制方式，启、闭气流通道，定值控制（断续控制或开关控制）气流压力和流量，多用于气动系统程序控制。

① 方向控制阀。它是用来控制和改变系统中气体的流向的阀类，包括单向型阀、换向型阀等。

② 压力控制阀。它是用来控制和调节系统中气体压力的阀类，包括调压阀（减压阀）、定值器、安全阀（溢流阀）、顺序阀、压力继电器（压力开关）等。

③ 流量控制阀。它是控制调节气流的流量达到控制执行元件速度的阀类，故又称速度控制阀，包括节流阀、单向节流阀（速度控制阀）、排气节流阀及延时阀等。

（2）特殊气动阀

特殊气动阀是在普通气动阀的基础上，为进一步满足某些特殊使用要求发展而成的阀类。这些阀的结构、用途和特点各不相同，多用于特殊用途或系统的连续控制。

① 特殊环境用控制阀。主要用于高低温或高粉尘等特殊环境下的气动系统控制。

② 比例控制阀。它是介于普通气动阀和伺服阀之间的一种气动阀，此类阀可根据输入的电气控制信号（模拟量）的大小成比例、连续、远距离地控制气动系统中气流方向、压力和流量。但目前气动比例控制阀的品种远不及液压比例控制阀丰富。

③ 伺服控制阀。它是根据输入信号，对气动系统中气流压力、流量和方向进行连续跟随控制的阀类，多用于控制精度和响应特性要求较高的闭环控制系统。

④ 数字控制阀。它简称数字阀，是利用数字信息直接控制的一类气动控制阀，有步进电机式、高速开关电磁式和压电驱动器式等。

⑤ 微流控芯片及控制阀。它是以微米尺度空间下对流体进行操控的气动阀。

⑥ 逻辑控制阀。它是用于系统逻辑控制的阀类。按逻辑功能，包括元件内部无可动部件的射流元件和有可动部件的气动逻辑元件（如是门、或门、与门、非门、禁门、双稳态等）。气动逻辑元件在结构原理上基本与普通气动阀中的方向控制阀相同，仅是体积和通径较小，一般用来实现信号的逻辑运算功能。随着近年来气动元件的小型化及可编程逻辑控制器（PLC）在气动技术中的大量应用，气动逻辑元件的应用范围在逐渐减小。

⑦ 真空控制阀。它是用于真空吸附系统的真空控制的阀类，有真空切换阀（真空供给破坏阀）、真空调压阀、真空辅助阀（安全阀）、真空吹气两用阀等。

1.6.2　按阀座和阀芯的相对位置分类

（1）常闭型（常断）

常闭阀的阀孔在初始状态（平时）被阀芯覆盖，在工作状态时阀芯从孔口移开，空气通过孔口产生流动。

（2）常开型（常通）

常开阀的阀芯在初始状态（平时）从孔口移开，在工作状态时阀孔由阀芯覆盖，孔口空气流动被阻止。

1.6.3　按阀芯结构及密封形式分类

（1）截止式气动阀

① 结构原理。截止式阀的阀芯为大于阀座孔径的圆盘，利用圆盘相对于阀座的微小轴向移动，圆盘端面即可对阀口进行启闭及进排气控制。

图1-6为截止式气动阀的基本结构。这是一个二通　（P和A两个气口）常闭型截止式阀。

在初始状态［图1-6（a）］，阀的P口输入压力气体，圆盘式阀芯在弹簧和气压作用下紧压于阀座上使阀关闭，压缩空气不能从A口流出；在工作状态［图1-6（b）］，阀杆受到向下作用力F，阀芯向下移动而脱离阀座使阀开启，压缩空气就能从P口流向A口输出。此即为截止式阀的切换原理。

图1-7为二通（P、A）常开型截止式气动阀的结构原理图。在初始状态时［图1-7（a）］，圆盘式阀芯在弹簧力作用下离开座使阀开启，压缩空气从阀的P口流向A口输出。在工作状态［图1-7（b）］时，阀杆在向上的力F作用下，阀芯紧压在阀座上使阀关闭，流道被关闭，A口没有压缩空气输出。

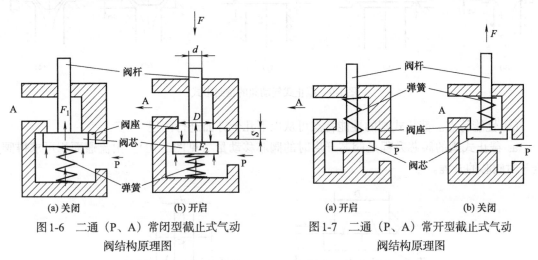

(a) 关闭　　　　　(b) 开启　　　　　　　　　　(a) 开启　　　　　(b) 关闭

图1-6　二通（P、A）常闭型截止式气动　　　　图1-7　二通（P、A）常开型截止式气动
　　　　阀结构原理图　　　　　　　　　　　　　　　　阀结构原理图

图1-8为三通（P、A、O）截止式气动阀的结构原理图。在初始状态［图1-8（a）］，阀芯在弹簧作用下紧压在上阀座上，阀口P和A通道被关闭，阀口A和O连通，阀的输出口A没有压缩空气输出；在工作状态［图1-8（b）］，阀杆受力F后使阀芯离开上阀座而紧压在下阀座上，关闭排气口O，打开P口至A口之间通道，压缩空气从P口流向A口输出。在切换过程中阀芯处于瞬态位置［图1-8（c）］，此时，P、A、O三个孔口相互连通，发生所谓串气现象。对于快速切换的阀，这种串气现象对阀的动作并无什么影响，但在缓慢切换的场合，则可能引起阀的动作不良。

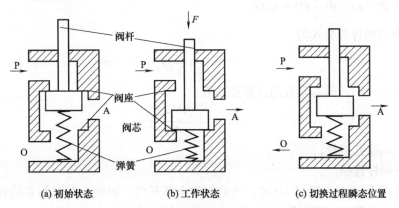

(a) 初始状态　　　　　(b) 工作状态　　　　　(c) 切换过程瞬态位置

图1-8　三通（P、A、O）截止式气动阀结构原理图

② 密封形式。截止式气动阀一般采用非金属软质（橡胶或聚氨酯）的弹性密封结构。

阀芯和阀座之间的密封形式有平面密封和锥面密封两种类型，如图1-9所示。其中图1-9（a）、图1-9（b）和图1-9（c）为平面密封，而图1-9（b）和图1-9（c）分别为球面线接触密封和直线线接触密封；图1-9（d）和图1-9（e）分别为锥面线接触密封和锥面密封。阀芯和阀座密封接触面上的凸起部分可以在阀芯上也可以在阀座上。锥面结构的密封性能要比平面密封好且具有清除密封面上污染物的自洁作用。

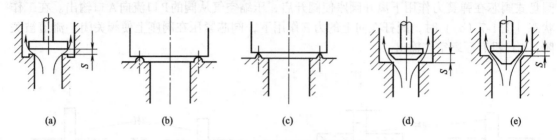

图1-9　截止式气动阀的密封形式

③ 性能特点。截止式阀的性能特点可从以下几个方面进行阐述。

a. 截止式阀的阀芯升程是阀芯开启时的阀芯移动量（见图1-10）。由流通面积可求得阀全开时阀芯的升程。

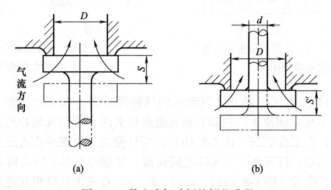

图1-10　截止式气动阀的阀芯升程

对于图1-10（a），由 $\frac{\pi}{4}D^2 = \pi DS$

得阀芯升程的计算公式为

$$S = \frac{1}{4}D \tag{1-1}$$

对于图1-10（b），阀芯升程的计算公式为

$$S' = \frac{D^2 - d^2}{4D} \tag{1-2}$$

式中　D——阀座孔直径；

　　　d——阀杆直径。

当阀芯的升程达到阀通径1/4时，气动阀便全部开启。因阀全开时阀芯的升程较小，故截止式气动阀开启所需时间较短，可获得良好的流量特性。

对于其他结构形式的截止式气动阀阀芯升程S的计算，可根据阀芯结构按几何关系求得。

b. 阀芯上始终有背压作用。例如对于图1-6中的阀，在图1-6（a）的初始状态，若P口所加工作气压为p，则阀芯受到弹簧力F_s和气压作用力$p\frac{\pi}{4}D^2$，阀芯紧压在阀座上，阀口关闭，此时阀芯上受到的向上合力F_1为

$$F_1 = p\frac{\pi}{4}D^2 + F_{t0} \tag{1-3}$$

在图1-6（b）的工作状态，阀被打开，压缩空气从P口流向A口输出。此时阀芯受到向上的弹簧力F_t（$F_t > F_{t0}$）和气压作用力$p\frac{\pi}{4}D^2$的作用，作用在阀芯上的向上合力F_2为

$$F_2 = p\frac{\pi}{4}D^2 + F_t \tag{1-4}$$

式（1-3）和式（1-4）表明，截止式气动阀无论处于关闭还是处于开启状态，在阀芯上始终有气体压力作用，这个气体压力称为背压。由于阀芯始终受背压作用，故阀芯和阀座之间密封性能好。但背压的存在，增加了阀切换时的操纵力。当截止式气动阀采用手动操作时，只适合小通径规格的阀。当气动阀用于高压或大流量时，往往采用先导式控制结构。

c.截止式气动阀的阀芯与阀座之间的密封接触面处的空气泄漏量的大小受密封面加工质量、密封接触面的宽度、密封边界内外的压力差、密封材质、有无润滑密封油脂、阀芯结构及在密封面上产生的压强大小等多种因素的影响，因此一般需要根据阀的用途来确定阀的密封结构。

为了确定阀切换时的操纵力大小，必须确定阀芯和阀座密封接触面上的压强q（单位面积所受的力）。保证密封性能的压强（密封压强）q_m，其大小取决于密封的宽度、材料及工作气压的大小，一般只能由经验公式求得。实际密封压强q需满足$q > [q]$和$q > q_m$（$[q]$为密封材料决定的许用压强）。

d.提高密封可靠性、减小操纵力的方法。由前文对图1-6中阀的受力分析可知，要使阀从关闭状态变为开启状态，A口有输出，必须在阀杆上作用一个操纵力F，且$F > F_1$。反之，若阀从开启状态返回到关闭状态，由于阀芯上已作用了向上的气压力，因此弹簧力F_t不必很大，就可把阀关闭，但是若完全依靠压差作用使阀关闭，则当工作气压太高时，尽管能保证阀完全密封，但阀开启时的操作力F又太大，使操纵困难。

既使阀密封可靠又能操纵简便的两种方法之一是增加一个控制活塞，先导控制气压作用在活塞上产生较大操纵力，以弥补上述缺点；方法之二是利用压力平衡原理，在阀杆两侧增设活塞（图1-11）构成压力平衡式气动阀，活塞受压面积和阀芯受压面积相等。由于初始状态时，工作气压作用在阀杆上的合力为零，大大降低了开启阀的操作力。

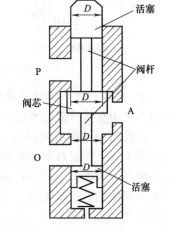

图1-11　压力平衡式截止式气动阀

（2）滑柱式气动阀（圆柱滑阀）

① 结构原理。滑柱式阀的阀芯为圆柱形，通过阀芯相对于阀套孔（或阀体孔）的轴向移动实现阀的通断及气路切换，故此类阀又常称圆柱滑阀（简称滑阀）。

图1-12为滑柱式气动阀的基本结构原理图。这是一个二位三通阀（P、A和B三个气口），图1-12（a）为阀的初始状态，滑柱在弹簧力作用下右移，P口与A口连通，B口关闭，故压缩空气从P口流向A口输出，B口无气压输出。图1-12（b）为阀的工作状态，滑柱在操作力F作用下克服弹簧力左移，P口与B口连通，A口关闭，故压缩空气从P口流向B口输出，A口无气压输出。

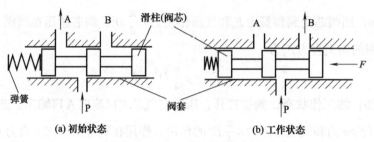

(a) 初始状态　　　　　　　　(b) 工作状态

图1-12　二位三通滑柱式气动阀

滑柱式气动阀在结构上只要对阀套或滑柱的形状、尺寸稍加改变，即可实现多种功能，从而构成多位多通的方向控制阀。例如在如图1-12所示阀的基础上通过增开两个孔口O_1和O_2即可构成如图1-13所示的二位五通阀。

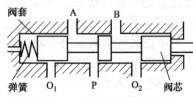

图1-13　二位五通滑柱式气动阀

阀的孔口与滑柱的台肩位置有如图1-14所示的三种结构类型，各有不同特性：一是正重叠（也称负开口），在滑柱切换，P口打开时，排气口O_2已经关闭；二是零重叠（也称零开口），在滑柱切换P口打开的同时，排气口O关闭；三是负重叠（也称正开口），在滑柱切换P口打开的同时，排气口O还是打开的，只有换向结束时，排气口O才关闭，阀在切换过程中，P、A、O三个孔口瞬时相通。在上述三种结构形式中，一般采用的是正重叠结构。

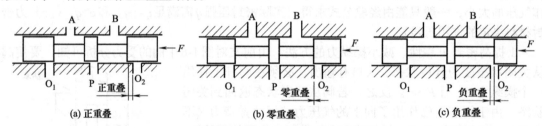

(a) 正重叠　　　　　　(b) 零重叠　　　　　　(c) 负重叠

图1-14　滑柱式气动阀孔口与滑柱的台肩位置类型

② 密封形式。滑柱式阀的密封形式有采用弹性密封件的软质（多为丁腈橡胶等材料）密封和采用金属对金属的间隙密封（硬质密封）的两种形式。

弹性密封结构滑阀如图1-15所示，其中图1-15（a）中的滑阀，其O形密封圈套装在滑柱阀芯上，工作时O形密封圈随阀芯一起移动，为了避免阀芯上的密封圈随阀芯移动过孔时不被破坏，应除去阀套内孔的毛刺；图1-15（b）所示的滑阀，其O形密封圈固定在阀套上，阀套与阀体内孔过盈配合，工作时阀芯在阀套孔内移动，O形密封圈不动；有时O形密封圈固定在阀体上［图1-15（c）］，这是最简单的滑阀结构，由于目前数控技术的普及，这种结构的气动阀愈来愈多。采用弹性密封形式的阀，只要密封件不产生磨损或损坏就不会有空气泄漏，否则就必须更换密封件。即便在最佳使用条件下，弹性密封的寿命也比下文所述的间隙密封差很多。

图1-16为间隙密封式滑阀结构，其阀芯采用金属材质，而阀套采用另一种金属材质，因此得名为硬质密封。其阀芯与阀体（阀套）通过研配方式（即间隙配合）装配，阀套通过O形密封圈固定于阀体内。通常阀芯与阀套之间的间隙仅有几微米，阀工作时会有微量空气泄漏。由于阀套先装上弹性O形密封圈再装入阀体孔内，因此当外力作用在阀体上产生变形时，阀套不受其影响，能确保阀芯动作灵活不被卡死。

气动阀
原理、使用与维护

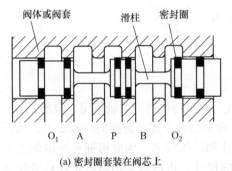

(a) 密封圈套装在阀芯上

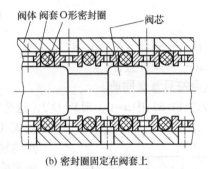

(b) 密封圈固定在阀套上

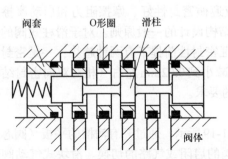

(c) 密封圈安装在阀体上

图1-15　采用弹性密封件的软质密封

③ 性能特点。滑柱式气动阀的性能特点如下所述。

a. 滑柱式气动阀的换向行程比截止式阀大，直接影响阀的轴向尺寸和动作频率。以图1-17中的滑阀为例分析如下：阀在换向时，滑柱从右侧（实线位置）切换至左侧（虚线位置）的行程应满足以下条件

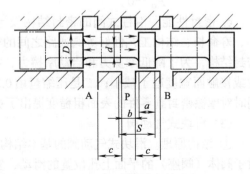

图1-16　采用金属对金属的间隙密封（硬质密封）滑阀　　图1-17　滑阀换向行程

$$S = \frac{c-a}{2} + b + \frac{c-a}{2} + a = b + c \tag{1-5}$$

式中　a——滑柱台阶宽度，同时起着导向和防止泄漏的密封作用；

　　　b——沟槽宽度；

　　　c——两相邻通口之间的距离，随密封形式不同而异。

另外，空气流过宽度为b的沟槽的流通面积$A_1 = \pi Db$，流过滑柱部分的流通面积$A_2 = \pi(D^2 - d^2)/4$。

若$A_1 = A_2$，则$b = (D^2 - d^2)/(4D)$。同时考虑到a、b、c三者的关系$c \geq a \geq b$，若以最小值$c = b$代入式（1-5）可得

$$S = b + c = 2b = \frac{D^2 - d^2}{2D} \tag{1-6}$$

式中　D——阀套（滑柱）直径；

　　　d——阀杆直径。

其余符号意义同前。

若式（1-6）中 $d=0$，则 $S=D/2$，这是滑柱式气动阀行程的最大极限值，显然，比式（1-1）或式（1-2）所示的截止式阀的换向行程要大，从而影响到阀的轴向尺寸和动作频率。为此可通过改进加工工艺的方法来缩小轴向尺寸；也可以采用将截止式和滑柱式两种结构特点结合起来的同轴截止式结构。如图1-18所示，阀的流道之间的密封为截止式结构，这种阀的换向行程短且易于提高阀的动作频率，又易实现多位多路阀的功能。

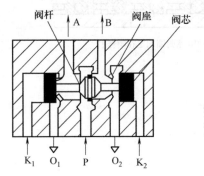

图1-18　同轴截止式阀

b. 滑柱受力平衡，阀的操纵力不受工作气压大小影响。如图1-17所示，初始状态时P口与A口相通。从P口输入的工作气压 p 作用在滑柱左右台阶的两侧面，因滑柱的二台阶直径相同，故气压作用在滑柱上的合力 $F=0$，即滑柱受力是平衡的，阀切换的操纵力 F 由式（1-7）决定：

$$F = \sum F_f + G + F_o \tag{1-7}$$

式中　$\sum F_f$——阀换向时滑柱上所受的总摩擦力；

　　　G——滑柱重力，水平移动时 $G=0$；

　　　F_o——阀的复位力，弹簧复位时为弹簧力，气压复位时为气压力，双控阀的复位力 $F_o = 0$。

c. 密封性能。滑柱式阀的密封结构设计也应遵循密封性好、摩擦阻力和启动摩擦阻力小、寿命长、结构工艺性好等阀通路之间的密封结构设计的一般原则。对于滑柱式阀的弹性密封结构，为了降低摩擦力和启动摩擦力，在保证密封性前提下有两种趋势：一是密封件宽度或接触面宽度趋于减小；二是压缩量由0.2mm减小到0.02mm左右（相对双向密封结构），同时对摩擦密封副零件的表面粗糙度提出了更高的要求。

（3）滑块式气动阀

① 结构原理。滑块式气动阀的基本结构如图1-19所示，通过开有沟槽的平板（阀芯）相对于阀体（阀座）的平面上孔位置的滑动，实现阀的启闭或气路的切换。滑块式气动阀的阀芯一般采用金属材料，而不使用弹性材料。为增加耐磨性，也有采用陶瓷、塑料等材料作为阀芯的。为了减小切换时的摩擦阻力，阀芯和阀座接触平面必须采用精加工（研磨配合），保证压紧密封。阀块（阀芯）压紧在阀体的平面上，在压紧方向上通常作用有气压力和弹簧

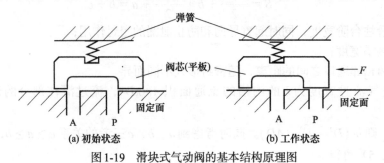

图1-19　滑块式气动阀的基本结构原理图

力，因此阀是在气压力压紧的状态下受操纵的，其操纵力 F 是随气压力和阀的通径大小变化而变化的，压力越高或阀的通径越大，则操纵力也越大，故当滑块式气动阀作为自动控制元件使用时，一般限于往复动作的小型气动阀。

按照密封面的结构不同，如图 1-20 所示，滑块式气动阀有平面、球面及锥面等三种结构类型。按滑块运动方式，平面结构又有往复式（图 1-19）和回转式 ［图 1-20（a）］ 两种，后者适用于人力操纵（手柄或脚踏）及机械操纵的场合。

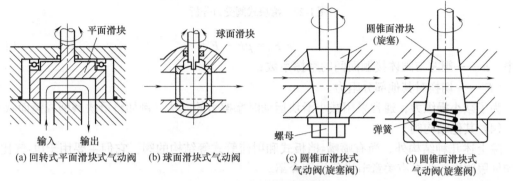

(a) 回转式平面滑块式气动阀　(b) 球面滑块式气动阀　(c) 圆锥面滑块式
气动阀(旋塞阀)　(d) 圆锥面滑块式
气动阀(旋塞阀)

图 1-20　滑块式阀的类型

图 1-20（b）为使用广泛的球面滑块式气动阀（简称球阀），在阀芯和阀体之间增加了一个聚四氟乙烯塑料的密封环用以保证密封，具有密封可靠、流动阻力小的特点，多用于气源管道的截止阀及开关。

图 1-20（c）、（d）为圆锥面滑块式气动阀（常称为旋塞阀），用旋塞（阀芯）绕阀体中心线旋转达到阀的启闭，多见于人力控制或机械控制的换向阀中，作为手动-自动转换或气源分配之用。其中图 1-20（c）所示的阀是靠拧紧阀芯下面的螺母压紧密封面来实现密封的；图 1-20（d）中阀的密封是靠气压本身来实现的，旋塞的小端面伸出阀体外，气体通过进口处旋塞上的小孔（图中未画出）进入大端，将旋塞向上压紧，旋塞大端弹簧也起压紧作用。

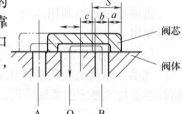

图 1-21　滑块式阀的切换行程

② 性能特点。滑块式气动阀的性能特点有以下几点。

a. 阀的切换行程。如图 1-21 所示，阀全开时阀芯的行程 S 为

$$S = b + a + 2\frac{c-a}{2} = b + c \qquad (1-8)$$

式中　　a——滑块台阶的宽度，同时起着导向和防止泄漏的密封作用；

　　　　b——通道直径；

　　　　c——两相邻通口之间距离。

b. 压紧力与密封性。以图 1-22 中的平面滑块式阀为例，进行受力分析。图 1-22（a）为气压力上顶式结构，工作气压 p 作用在阀芯的有效面积 A_1 上，产生的上顶气压力为 $F_1 = pA_1$，弹簧压紧阀芯的弹簧力为 F_t。于是作用在阀芯上的向下合力为 $F = F_t - pA_1$。但当气压力较高时，要求的弹簧力将会很大，且阀容易产生泄漏。为此，可采用如图 1-22（b）所示的气压力下压式结构，气压 p 经小孔作用在阀芯上端面面积 A 上产生的向下气压力压紧阀体平面，作用在阀芯上的向下合力为 $F = F_t + pA$。且气压力越高，压得越紧。

c. 操纵力。由上文分析可知，作用在滑块式阀芯上的力垂直于阀芯往复运动方向的压紧力 F，故阀切换的操纵力 F_0 由式（1-9）决定：

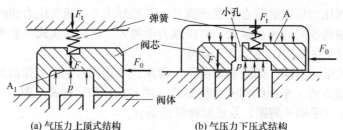

图1-22 滑块式阀受力分析

$$F_0 = \mu F + F' \tag{1-9}$$

式中 μ——阀芯与阀体接触面间的摩擦系数；

      F'——切换时其他部分阻力。

为了减小操纵力，通常采用减小滑块运动时摩擦力的方法（例如将滑块磨削成镜面状）。

（4）其他结构阀

除上述几种结构外，尚有喷嘴-挡板式和射流管式等结构的阀，它们主要用于电-气比例阀和伺服阀中，将在有关章节进行详细介绍。

1.6.4 按操纵方式分类

（1）人力（控）操纵阀

人力（控）操纵阀是利用按钮、旋钮、手柄及手轮、踏板等进行控制（人控），适合手动或半自动、小型或不常调节的气动系统使用。

（2）机械操纵阀

机械操纵阀是利用挡块、滚轮及碰块、弹簧等进行控制（机控），主要适合自动化加工机械使用。

（3）气动操纵阀

气动操纵阀是利用液体压力所产生的力进行控制（气控），适宜自动化程度要求高或控制性能有特殊要求的系统采用。

（4）电动操纵阀

电动操纵阀是利用开关型电磁铁、比例电磁铁、力马达等电气-机械转换器进行控制（电控），适合自动化程度要求高或对控制性能有特殊要求的气动系统采用。

（5）电气动操纵阀

电气动操纵阀是利用电动（电磁铁等）和气动的组合进行控制的，适宜自动化程度要求高或对控制性能有特殊要求的气动系统采用。

上述各操纵方式的图形符号表示可参见表1-5。

1.6.5 按安装连接方式分类

当气动阀与其他元件集成为一个完整气动控制装置时，集成方式与阀的安装连接方式相关。根据安装连接方式不同，气动阀分为以下三类。

（1）管式连接阀

管式连接阀是通过螺纹实现阀件间及阀件与管件之间的安装连接的阀类。此类阀又可分为三种：第一种是管式阀，如图1-23（a）所示，在阀的进气口、排气口和工作气口拧上消声器，气管与管接头相连，具有结构简单、重量轻、安装柔性大的优点，但阀只能沿管路分散布置，可能的漏气环节较多，多用于采用插入式快速接头和简单的气动系统；第二种是单个半管式阀，如图1-23（b）所示，在阀的工作气口拧上气接头并与气管相连，而进气口和排气口则安装在气路板上；第三种是集成板半管式阀，如图1-23（c）所示，在阀的工作气口拧上气接头并与气管相连，而进气口和排气口则安装在整体式气路板上，气路板采用统一供气、统一排气的方式。

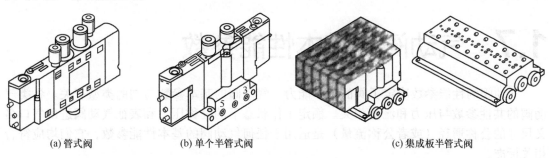

(a) 管式阀　　　　　　　(b) 单个半管式阀　　　　　　　(c) 集成板半管式阀

图1-23　气动阀的管式安装连接

（2）板式连接阀

板式连接阀即板式安装连接的气动阀，简称板式阀，是通过专门的连接板（阀板）实现阀件之间的安装连接，阀用螺钉固定在连接板上，阀的进气口、排气口和工作气口都开设在阀板上。具有占用空间小，外形整齐美观，节省配管配线，便于集中管理和检修的显著优点。

对于单个板式阀，按阀在连接管的位置又分为侧面安装和底面安装两种，前者（见图1-24）一侧为进气口和排气口，另一侧为工作气口；后者的进气口和排气口及工作气口均安装在底面，目前此种安装方式应用较少。单个板式安装的阀在装拆、维修时不必拆卸管路，对于复杂的气动系统极为便利。

（3）集装式连接阀

集装式连接是在板式连接基础上出现的新的连接方式。如图1-25所示，当多个板式连接阀通过集装式（集成板式）安装连接时，将多个阀板并联连接成一体的集装板（也称集成

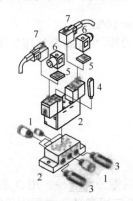
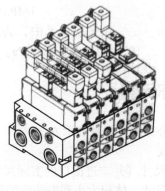
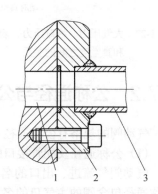

图1-24　单个板式连接阀侧面安装　　图1-25　集装式（集成板式）　　图1-26　气动阀的法兰式安装连接
1—快插接头；2—单个底板（侧面接口）；　　安装连接　　1—气动阀口；2—连接法兰；3—系统管路
　3—消声器；4—手动控制工具；
　5—发光密封件；6—插座；7—电磁阀

板），集装板可安装于专用导轨上或机座上，两侧用端块组件封堵，各阀的进气口和排气口及工作气口可以共用（各阀的排气口可集中排气也可单独排气）。此种安装连接方式可根据安装阀的数量和回路结构进行位数增减拼装，构成复杂的气动系统，其占用空间小，节省和简化配管配线，节省费用，便于快速更换维修，是一种应用最为广泛的安装连接方式。

（4）法兰式安装连接

如图1-26所示，主要用于规格较大（如公称通径在32mm以上）的气动管道阀上，很少用于控制阀中。

1.7 气动阀的基本性能参数

气动阀的性能参数决定了阀的工作能力。气动阀的基本参数与阀的类型有关。各类气动阀的共性参数与压力和流量相关。额定工作状态下的公称压力和表征气动阀进出气口名义尺寸的公称通径（或者公称流量）是适用于任何气动阀的基本性能参数，它们均应符合相关标准。

1.7.1 公称压力

在气动元件与系统中，单位面积气体上的作用力称为压力（压强），用 p 表示。

气动阀的公称压力（又称额定压力）是按阀的基本参数所确定的名义压力，用 p_g 表示。

公称压力可以理解为压力级别的含义，它标志着气动阀的承载能力大小，通常气动系统的工作压力（系统运行时的压力）不大于阀的公称压力则是比较安全的。

在真空吸附技术中，将绝对压力低于大气压力的那部分压力值，称为真空度。此时相对压力（表压力）为负值。由图1-27可知，以大气压为基准计算压力时，基准以上的正值是表压力，基准以下的负值就是真空度。

压力的法定计量单位是 Pa（帕，N/m^2），也可用 MPa 表示。

$$1MPa=10^6Pa=10^3kPa$$

在气动技术中，为简化常取"当地大气压"为 $1×10^5Pa=0.1MPa=100kPa$。

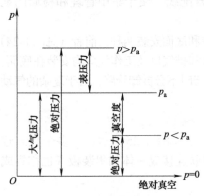

图1-27　大气压力、绝对压力、表压力和真空度之间的关系

1.7.2 公称通径与公称流量

气动阀的规格有公称通径和公称流量两种表示方法。

（1）公称通径及配管接口螺纹

气动阀气流进、出口的名义尺寸（并非进出口的实际尺寸）叫做公称通径，用 D_g 表示。公称通径包含阀的主气口的名义尺寸、体积大小和安装面的尺寸等三层意义，主要用于阀的规格。

我国气动阀公称通径的常用法定计量单位采用毫米（mm）。为了与连接管道的规格相对应，气动阀的公称通径采用管道的公称通径（管道的名义内径）系列参数，故阀的通径一旦确定之后，所配套的管道规格也就选定了。由于气动阀主气口的实际尺寸受到气流速度等参数的限制及结构特点的影响，所以阀的主气口的实际尺寸不见得完全与公称通径相同。事实上公称通径仅用于表示气动阀的规格大小，所以不同功能但通径规格相同的两种气动阀（如方向阀和压力阀）的主气口实际尺寸未必相同。

通径在各制造厂商的产品说明书中一般用公制（mm）或英制（in）二种形式表示。即阀中的配管接口螺纹除了公制M外，还有G和R、NPT、NPTF等几种英制螺纹，其中G是非密封圆柱管螺纹，四种密封管螺纹R分别是圆柱内螺纹Rp、与圆柱内螺纹配合的圆柱外螺纹R1、圆锥内螺纹Rc、与圆锥内螺纹配合的圆锥外螺纹R2，G和Rc螺纹的牙型角都是55°。NPT和NPTF都是牙型角60°的密封圆锥管螺纹（美国ANSI标准），代号多了F的，表示"干密封"，比NPT螺纹连接更紧密。圆柱螺纹的螺纹锥度是0，圆锥螺纹的锥度都是1∶16。

（2）公称流量

气动阀在额定工况下通过的名义流量（又称额定流量）叫做公称流量，用q_g或Q_g表示，它标志气动阀的通流能力。

我国气动阀公称流量的常用法定计量单位采用L/min（升/分）或m^3/s（米^3/秒），二者的换算关系为1L/min=0.0000167m^3/s。

由于型号不同但通径规格相同的阀会有不同的流量（有的会相差很大），不同制造厂商制造的同型号和同接管螺纹的气动阀的流量也不尽相同。所以在实际应用中，不能盲目根据阀的通径大小来认定它能否与气动执行元件相匹配，必须根据阀的流量（从产品样本查得）来选型和确定。

1.8　对气动阀的基本要求

尽管不同的气动系统所使用的控制阀类型不同，但其基本要求却近乎相同。

（1）制造精度高、动作灵敏、使用可靠、工作时冲击振动小。

（2）阀口开启，气流通过时压力损失小；阀口关闭时，密封性能好。

（3）结构紧凑，安装、调节、使用、维护方便。

（4）工作效率高，通用性和互换性好。

1.9　气动技术的应用及发展

1.9.1　气动（阀）技术的应用

气动技术与液压技术一起，和现代社会中人们的日常生活、工农业生产、科学研究活动有着日益密切的关系，已成为现代机械设备和装置中的基本技术构成、现代控制工程的基本技术要素和工业及国防自动化的重要手段，并在国民经济各行业以及几乎所有技术领域中有着日益广泛的应用。

① 能源工业：煤矿机械中的胶轮车、自动下料机、矿用架柱支撑手持式钻机、便携式矿山救援裂石机、煤矿气动单轨吊、矿用连接器自动注胶机、煤矿支架搬运车电源开关操纵系统、矿山安全救援设备气动强排卫生间等；电力机械中的变压器线圈自动打磨设备、电缆

剥皮机等；石油机械钻机及绞车、车载式重锤震源等。

② 冶金及金属材料成形领域：冶金机械中的钢管修磨机、带材纠偏系统（气液伺服导向器）、板材配重系统、烧结矿自动打散与卸料装置、热轧带钢表面质量检测装置、连轧棒材齐头机；金属材料成形机械中的焊条包装线、冲床上下料机械手、送料器、石油钢管通径机、半自动冲孔模具、板料折弯机、水平分型覆膜砂射芯机、低压铸造机液面加压系统等。

③ 化工及橡塑工业：化工机械中的化工药浆浇注设备、膏体产品连续灌装机、磨料造粒机、铅管封口机、桶装亚砷酸自动打包机、防爆药柱包覆机等；橡塑机械中的丁腈橡胶目标靶布料器、注塑机全自动送料机械手等。

④ 机械制造装备工业：机床及数控加工中心中的自动换刀机构、钻床、壳体类零件气动铆压装配机床、微喷孔电火花机床电极进给系统、涡旋压缩机动涡盘孔自动塞堵机、矿用全气动锯床、打标机、切割平板设备、加工中心进给轴可靠性试验加载装置、零件压入装置等；工装夹具及功能部件中的数控车床真空夹具、气动肌腱驱动夹具、柴油机柱塞偶件磨斜槽自动化翻转夹具、肌腱驱动的形封闭偏心轮机构和杠杆式压板夹具、棒料可控旋弯致裂精密下料系统、智能真空吸盘装置、空气轴承（气浮轴承）等。

⑤ 汽车零部件工业：车内行李架辅助安装举升装置、汽车顶盖助力吊具、汽车滑动轴承注油圆孔自动倒角专机、汽车零部件压印装置、汽车三元催化器GBD封装设备、汽车涂装车间颜料桶振动机；汽车座椅调角器力矩耐久试验台架、汽车翻转阀气密检测设备等。

⑥ 轻工与包装行业：轻工机械中的纸盒贴标机、胶印机全自动换版装置、网印机、卷烟卷接机组阀、烟草切丝机离合器、盘类陶瓷产品成型干燥生产线、盘类瓷器磨底机、布鞋鞋帮收口机、晴雨伞试验机、点火器自动传送系统、纸张专用冲孔机等；包装机械中的杯装奶茶装箱专用机械手、纸箱包装机、料仓自动取料装置、微型瓶标志自动印刷装置、码垛机器人多功能抓取装置、彩珠筒烟花全自动包装机、方块地毯包装机、高速小袋包装机、自动物料（药品）装瓶系统等。

⑦ 电子信息产业与机械手及机器人领域：电子家电工业中的光纤插芯压接机、微型电子元器件贴片机、电机线圈绕线机恒力压线板、超大超薄柔性液晶玻璃面板测量机、铅酸蓄电池回收处理刀切分离器、笔记本电脑键盘内塑料框架埋钉热熔机、印刷电路板自动上料机等；各类机械手如自动化生产线机械零件抓运机械手、教学用气动机械手、车辆防撞梁抓取翻转机械手、医药安瓿瓶开启机械手、采用PLC和触摸屏的生产线工件搬运机械手等；各类机器人中的蠕动式气动微型管道机器人、电子气动工业机器人、连续行进式缆索维护机器人等。

⑧ 农林机械、建材建筑机械与起重工具：农林机械中的动物饲养饲料计量和传送装置、粪便收集和清除装置、剪羊毛和屠宰设备、禽蛋自动卸托机、自动分拣鸡蛋平台、苹果分类包装搬运机械手、家具木块自动钻孔机等；建材建筑机械中的砖坯码垛机械手、陶瓷卫生洁具（坐便器）漏水检验装置、混凝土搅拌机、内墙智能抹灰机及系统等；起重工具中的限载式气动葫芦、智能气动平衡吊、升降电梯轿厢双开移门系统等。

⑨ 城市公交、铁道车辆与河海航空（天）领域：城市公交中的客车内摆门、气动式管道公共交通系统等；铁道车辆中的机车整体卫生间冲洗系统、客车电控塞拉门、高速铁道动车组等；河海航空（天）设备中的船舶前进倒车的转换装置、海上救助气动抛绳器、气控式水下滑翔机、垂直起降火箭运载器着陆支架收放装置等。

⑩ 医疗康复器械与公共设施：医疗康复器械中的气动人工肌肉驱动踝关节矫正器、反应式腹部触诊模拟装置、动物视网膜压力仪等；文体设施中的弦乐器自动演奏机器人、场地自行车起跑器、"绝对深度"游艺机等；食品机械中的爆米花机、碾米机碾米精度智能控制、

纸浆模塑餐具全自动生产线等。

应当说明的是，上述各行业和领域应用气动技术的出发点是不同的。例如煤矿机械主要利用气动技术防爆、安全可靠的优点，轻工、包装及食品等小负载机械设备主要利用气动技术绿色无污染、反应快、实现逻辑控制和便于安装维护的优点，机械手和工业机器人的末端执行机构则主要利用真空吸附技术精巧、灵活，便于抓取轻小工件的特点，等等。

1.9.2　气动（阀）技术的发展

与液压技术比较，气动技术的发展要晚。在19世纪后期才出现了利用压缩空气输送信件的气动邮政，并将气动技术用于舞台灯光设备，印刷机械，木材、石料与金属加工设备，牙医钻具和缝纫机械，等等。第二次世界大战后，为了解决宇航、原子能等领域中电子技术难于解决的高温、巨震、强辐射等难题，加速了气动技术的研究。自20世纪50年代末，美军Harry Diamond实验室首次公开了某些射流控制的技术内容后，气动技术作为工业自动化的廉价、有效手段受到人们的普遍重视，各国竞相研制、推广。20世纪60年代中期，法国LECO等公司首先研制成功了对气源要求低、动作灵敏可靠的第二代气动元件，继之各工业发达国家在气动元件及系统的研究、应用方面都取得了很大进展，各种结构新颖的气缸、新型气源处理装置等新型气动元件、辅件也不断涌现。随着工业技术的发展和生产自动化要求的提高，气动控制元件也有不少改进，气动逻辑元件和真空元件的研究和应用也取得了很大进展。随之，气动技术的应用领域也得到迅猛扩展，涵盖了机械、汽车、电子、冶金、化工、轻工、食品、军事各行业。

随着当代IT工业及互联网+、通信技术、传感技术、人工智能技术的不断发展，以及新技术、新产品、新工艺、新材料等在工业界的应用，作为低成本的自动化手段，为了应对电气传动与控制技术（如伺服传动、直线电机及电动缸等）的挑战，气动技术及气动阀的各类产品作为各类自动化主机配套的重要基础件正在发生革命性变化，特别是通过与当代微电子技术（芯片技术）、计算机信息技术（软件技术）、互联网技术、大数据、物联网、云计算、控制技术和材料学及机械学的集成和整合创新，以使其立于不败之地。就我国气动行业的发展而言，在"十三五"规划中曾对技术路线的开发，采用了"一低、三高、四化"的方针。即低功耗，高响应、高精度、高可靠，体积轻小型化、功能复合集成化、结构模块化、机气电一体化。在"十四五"规划中"一低、三高、四化"依然是气动元器件开发上的指导方针，初步拟定新的"四个化"，即"数字化、信息化、网络化、智能化"，作为"十四五"规划气动产业化的"新四化"。表1-6是气动（阀）技术及产品的一些发展趋势。

表1-6　气动（阀）技术及产品的发展趋势

序号	趋势	举例
1	标准化	气缸和电磁阀作为气动技术的基础产品，其标准化大大影响气动产品质量和气动技术的应用发展，故新的ISO 15552标准结合过去ISO 6432标准，使得占整个气动驱动器用量80%以上的气缸都归入了ISO标准的范畴；新的ISO 15407标准，结合过去ISO 5599/1-2标准（1~6号阀的二位五通板式连接界面尺寸标准），也使得占整个电磁阀用量55%以上的板式电磁阀归入了ISO标准的范畴
2	微型化	气动驱动器内置滚珠导轨，大拇指大小，其有效截面积为0.2mm²的超小型、零壁厚片状电磁阀。作为整体发展规划的"微气动技术"，如气动硅微流控芯片、PDMS微流控芯片及PDMS微阀及系统正逐步成为气动技术领域的热点

序号	趋势	举例
3	模块化	气动执行元件的模块化已经逐渐成为一种趋势,设计者只需要查找产品样本中驱动器允许的推力、行程、许用径向力、许用转矩等数据,分析其是否能满足实际工况要求,不必再设计带导轨的驱动机构。国内外大多采用了积木式的砌块结构,缩短了设计者在自动流水线的设计制造、调试及加工的周期
4	集成化、复合化	目前的气动元件已涉及各种技术的互相融合和精确配合。常见的是气动与材料、电子、传感器、通信、日益壮大的机电一体化等其他技术的紧密结合,使得过去根本意想不到的具有综合特性的集成化气动产品(如气动手指、气动人工肌肉和气动阀岛等)不断涌现出来,将来新的集成化气动产品会更多地替代传统的气动元件
5	系统化	通过制造商提供的系统整体解决方案,用户不必再考虑如何选择气动元件,如何装配、调试,而是把需求提出来,即可得到方案并应用于系统,即插即用(插上气源、电源就可使用)
6	低能耗、高精度、高频响	国外电磁阀的功耗已达0.5W,还将进一步降低,以适应与微电子结合;执行元件的定位精度提高,刚度增加,使用更方便,附带制动机构和伺服系统的气缸应用越来越普遍;各种异型截面缸筒和活塞杆的气缸甚多,这类气缸因活塞杆不回转,应用在主机上时,无需附加导向装置即可保持一定精度。气动技术及产品正向高速、高频、高响应方向发展,如气缸工作速度将提高到1~2m/s,有的要求达5m/s,电磁阀的响应时间将小于10ms,寿命将提高到5000万次以上
7	安全可靠	管接头、气源处理元件的外壳等耐压试验的压力提高到使用压力的4~5倍,耐压时间增加到5~15min,还要在高、低温度下进行试验,以满足诸如轧钢机、纺织流水线、航海轮船等设备对可靠性的较高要求,避免在工作时间内因为气动元件的质量问题而中断,造成巨大损失。普遍使用无油润滑技术,满足某些特殊要求
8	智能化、状态监测/可诊断	气动技术与电子技术、IT、传感器、通信技术密不可分,气动元件智能化水平大幅提高。用传感器代替传统流量计、压力表,以实现压缩空气的流量、压力的自动控制,节能并保证使用装置正常运行。传感器实现气动元件及系统具有故障预报和自诊断功能,阀岛技术和智能阀岛越来越趋向于成熟,可实现对阀岛的供电、供气故障进行诊断,对电气部分的输入/输出模块中的工作状态进行控制,以及对传感器-执行器的故障诊断等
9	以太网和芯片技术的应用	随着芯片的大量生产、成本降低,将来以太网和微芯片在分散装置中的应用越来越普遍,以太网将成为工业自动化领域的传递载体,其一端与计算机控制器相接,另一端接到智能元件(如智能阀岛、伺服驱动装置等),数千里之外,完全可实现设备的遥控、诊断和调整

第2章
气动控制阀中的共性问题

2.1 工作介质

2.1.1 空气的功用及形态

气动阀及系统的工作介质是压缩空气，其主要功用是传递能量和工作信号，提供和传递气动元件和系统失效的诊断信息等。一个气动系统运转品质的优劣，在很大程度上取决于所使用的工作介质。

空气可分为干空气和湿空气两种形态：含有水蒸气的空气称为湿空气，去除水分的、不含有水蒸气的空气称为干空气。气压传动与控制以干空气为工作介质。

2.1.2 空气的主要物理性质

（1）密度和比容

单位体积内空气的质量称为密度，计算公式为

$$\rho = M/V \quad (\text{kg/m}^3) \tag{2-1}$$

单位质量气体所占的体积称为比容，即

$$v = V/M \quad (\text{m}^3/\text{kg}) \tag{2-2}$$

空气的密度与其所处的状态有关。空气密度会随压力 p 的增大而增大，随温度 t 增大而减小。干空气的密度表达式为

$$\rho = 3.482 \times 10^{-3} p/(273 + t) \quad (\text{kg/m}^3) \tag{2-3}$$

湿空气的密度表达式为

$$\rho = 3.482 \times 10^{-3} p - 0.378 \varphi p_s/(273 + t) \quad (\text{kg/m}^3) \tag{2-4}$$

式中　V——均质气体的体积，m^3；

$\quad\quad M$——均质气体的质量，kg；

$\quad\quad p$——空气的绝对压力，Pa；

$\quad\quad t$——空气的温度，℃；

$\quad\quad \varphi$——空气的相对湿度，%；

$\quad\quad p_s$——温度为 t 时饱和空气中水蒸气的分压力，Pa。

干空气在标准大气压、温度20℃时的密度为 $\rho = 1.205\text{kg/m}^3$。

（2）黏性

空气运动时产生摩擦阻力的性质称为黏性，黏性大小常用运动黏度 ν 表示。计算公式为

$$\nu = \mu/\rho \quad (m^2/s) \tag{2-5}$$

式中　μ——空气的绝对黏度，$Pa \cdot s$；

　　　ρ——空气的密度，kg/m^3。

空气黏度受压力变化的影响极小，通常可忽略。而空气黏度随温度升高而增大，主要是因温度升高后，空气内分子运动加剧，使分子间碰撞增多。

（3）可压缩性和膨胀性

空气的气体分子间距较大，约为气体分子直径的9倍，其距离约为 $3.35 \times 10^{-9}m$，内聚力较小，从而使空气在压力和温度变化时，体积极易变化。随压力增大而气体体积减小的性质称为气体的可压缩性；随温度增大而气体体积增大的性质称为气体的膨胀性。空气的可压缩性和膨胀性比液体大得多，这是气体和液体的主要区别，故在气动阀及其他元件的设计和使用时应予以考虑。

2.1.3　压缩空气的污染控制

在气动阀及系统运转中，由于压缩空气的质量对阀及系统的工作可靠性和性能影响很大，而压缩空气混入污染物（如灰尘、液雾、烟尘、微生物颗粒等）极易引起元件及管道锈蚀、喷嘴及阀件的堵塞及密封件变形等（见表2-1），会降低气动阀与系统及主机的工作可靠性，成为阀与系统动作失常及故障的原因。故在气动阀及其他元件与系统使用中，要特别注意压缩空气的污染及预防。

表 2-1　压缩空气中的污染物及其影响对象

污染物	受污染影响的元件或设备	除去方法
水分	气缸 喷漆用气枪 一般气动元件	空气过滤器 除湿器、干燥器
油分	食品机械 射流元件	除油用过滤器 无油空气压缩机
灰尘	一般生产线用高速气动工具 过程控制仪表 空气轴承、微型轴承	过滤器(50~75μm) 过滤器(25μm) 过滤器(5μm)

压缩空气的污染主要来自水分、油分和灰尘等三个方面。其一般控制方法如下。

① 应防止冷凝水（冷却时析出的冷凝水）侵入压缩空气而致使元件和管道锈蚀，影响其性能。为此，应及时排除系统各排水阀中积存的冷凝水；经常注意自动排水器、干燥器的工作状态是否正常；定期清洗分水过滤器、自动排水器的内部零件等。

② 应设法清除压缩空气中的油分（使用过的、因受热而变质的润滑油），以免其随压缩空气进入系统，导致密封件变形、空气泄漏、摩擦阻力增大，阀和执行元件动作不良等。对较大油分颗粒，可通过油水分离器和分水过滤器的分离作用和空气分开，从设备底部排污阀排出；对较小油分颗粒，可通过活性炭的吸附作用清除。

③ 应防止灰尘（大气中的灰尘、管道内的锈粉及磨耗的密封材料碎屑等）侵入压缩空

气，从而导致运动件卡死、动作失灵、堵塞喷嘴等故障，加速元件磨损、降低使用寿命等。为了除去空气中浮游的微粒，使用空气净化装置为最有效的方法，几种典型空气净化装置见表2-2。同时还应经常清洗空压机前的预过滤器，定期清洗过滤器的滤芯，及时更换滤清元件，等等。

表2-2　典型空气净化装置

污染物种类	净化装置种类	捕集效率/%	备　注
一般灰尘和烟尘	空调用过滤器	50~70	使用玻璃纤维制成的普通过滤器。当被灰尘堵塞时可取下更换
	电集尘器	85~95	用声压电极板捕集灰尘
	室内设置式过滤器	85~99	由高性能过滤器(或电集尘器)与空气过滤器组合而成
有害气体	气体过滤器	50~90	采用活性炭过滤器
清净室中的微粒子	超高性能过滤器	99.97	是空气过滤器、活性炭过滤器与超高性能过滤器的组合

2.2　气体状态及热力过程

气体以某种状态存在于空间，气体的状态通常以压力、温度和体积三个参数来表示。气体由一种状态到另一种状态的变化过程称之为气体状态变化过程。气体状态变化中或变化后处于平衡时各参数的关系用气体状态方程及状态变化方程（基本热力过程）进行描述。

2.2.1　理想气体状态方程

不计黏性的气体即为理想气体，一定质量的理想气体在某一平衡状态时的状态方程为

$$pV = MRT \tag{2-6}$$

$$pv = RT \tag{2-7}$$

式中　T——气体热力学温度，K；

R——气体常数 J/(kg·K)，干空气为 $Rg=287$J/(kg·K)，水蒸气为 $Rs=462.05$J/(kg·K)。

其余符号意义同上。

当压力 p 在 0~10MPa，温度在 0~200℃之间变化时，pv/RT 的比值接近 1，误差小于 4%。由于气动技术中的工作压力通常在 2MPa 以下，故此时将实际气体视为理想气体引起的误差相当小。

2.2.2　理想气体的基本热力过程（表2-3）

表2-3　理想气体的基本热力过程

序号	变化过程	描述	方程	说明
1	等容变化过程(查理定律)	一定质量的气体，在容积保持不变时，从某一状态变化到另一状态的过程，称为等容过程	$\dfrac{p_1}{T_1} = \dfrac{p_2}{T_2} =$常数	p_1、p_2——起始状态和终了状态的绝对压力，Pa；T_1、T_2——起始状态和终了状态的热力学温度，K。在等容状态变化过程中，压力的变化与温度的变化成正比，当压力增大时，气体温度随之增大

序号	变化过程	描述	方程	说明
2	等压变化过程(盖-吕萨克定律)	一定质量的气体,在压力保持不变时,从某一状态变化到另一状态的过程,称为等压过程	$\dfrac{v_1}{T_1}=\dfrac{v_2}{T_2}$=常数	v_1、v_2——起始状态和终了状态的气体比容,m^3/kg。其余符号意义同前。 在等压变化过程中,气体体积随温度升高而增大(气体膨胀),反之气体体积随温度下降而减小(气体被压缩)
3	等温变化过程(波意耳定律)	一定质量的气体,当温度不变时,从某一状态变化到另一状态的过程,称为等温过程	$p_1v_1=p_2v_2$=常数	在等温状态过程中,气体压力增大时,气体体积被压缩,比容下降;反之,则气体膨胀,比容上升
4	绝热变化过程	一定质量的气体,在状态变化过程中,与外界无热量交换,此状态变化过程,称为绝热过程	$\dfrac{T_2}{T_1}=\left(\dfrac{p_2}{p_1}\right)^{\frac{k-1}{k}}=\left(\dfrac{v_1}{v_2}\right)^{k-1}$	k——气体绝热指数,自然空气可取$k=1.4$。 在绝热变化过程中,气体状态变化与外界无热量交换,系统靠消耗内能做功。气动技术中,快速动作如空气压缩机的活塞在气缸中的运动被认为是绝热过程。在绝热过程中,气体温度变化很大,例如空压机压缩空气时,温度可高达250℃,而快速排气时,温度可降至-100℃
5	多变过程	不加任何限制条件的气体状态变化过程,称为多变过程	$\dfrac{T_2}{T_1}=\left(\dfrac{p_2}{p_1}\right)^{\frac{n-1}{n}}=\left(\dfrac{v_1}{v_2}\right)^{n-1}$	n——气体多变指数,n在0~1.4变化,自然空气可取$n=1.4$。 其余符号意义同前。 在某一多变过程中,多变指数n保持不变;对于不同的多变过程,n有不同的值。上述四种变化过程均可视为多变过程的特例,工程实际中大多数变化过程为多变过程

注:1. 表中绝热过程和多变过程均由热力学第一定律和理想气体状态方程(2-6)得到;其余则由(2-7)得到。

2. 工程实际中大多数变化过程为多变过程,等容、等压、等温和绝热等四种变化过程均可视为多变过程的特例。在某一多变过程中,多变指数n保持不变;对于不同的多变过程,n有不同的值。

2.3　气体的定常管流

2.3.1　基本概念

(1)实际流体和理想流体、定常流动和非定常流动

实际流体具有黏性。理想流体是一种假想为无黏性的流体。

气体流动时,全部运动参数(如压力p、速度u、密度ρ)都不随时间而变化的流动称为定常流动(也称稳定流动),例如流量控制阀开度一定时管道内的流动。参数随时间变化的流动称为非定常流动,例如气缸的充气放气过程及换向阀启闭过程中的流动等。

(2)流线、缓变流和急变流

流线是指某瞬时流动空间中由不同流体质点组成的一条光滑曲线(图2-1),曲线上各点

的切线方向即为该点的速度方向，并指向液体流动的方向。流线的形状与液体的流动状态有关：定常流动时，流线的形状不随时间变化；由于任一瞬时液体质点的方向只有一个，因此流线既不能相交又不能转折。

流线几乎是平行直线的流动称为缓变流（如等截面长管道内的流动），流线不平行或不是直线的流动称为急变流（如弯管或阀门内的流动）。

（3）层流和紊流

流体质点的运动轨迹层次分明、互不掺混的流动称为层流，流体质点运动轨迹杂乱无章的流动称为紊流。

（4）一元流动、管道通流截面、流量和平均流速

气体的运动参数仅与一个空间坐标有关的流动称为一元流动。通常认为，流速只与一个空间坐标有关便是一元流动，例如在收缩角不大的收缩管内，各截面上的平均流速只与轴线坐标有关。

如图2-2所示，与直径为d的管道中所有流线正交的截面称为通流截面（过流断面），其截面积用A表示。

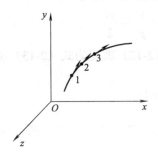

图2-1　流线

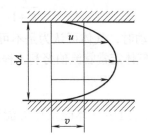

图2-2　管道通流截面、流量和平均流速

单位时间内流过通流截面的气体量称为流量，它反映了气动元件和管道的通流能力。对于不可压缩流动的气体量常以体积度量，称为体积流量q，其常用单位是m^3/s或L/min；压缩流动的气体量常以质量度量，称为质量流量q_m，其常用单位是kg/s。

流体在管道内的流速u的分布规律很复杂（见图2-2），故常用平均流速（假设通流截面上各点的流速均匀分布）v来计算流量，体积流量和质量流量即为

$$q = vA \tag{2-8}$$
$$q_m = \rho vA \tag{2-9}$$

式中　A——通流截面的有效作用面积，m^2。

2.3.2　连续性方程

连续性方程，是质量守恒定律在气体力学中的应用。

一元不可压缩气体定常管流，其体积流量保持不变，管内任意两截面之间的连续性方程为

$$q_1 = v_1 A_1 = v_2 A_2 = q_2 \tag{2-10}$$

此式表明，在流量不变情况下，流速与通流截面积成反比，即通流截面积A大处流速低，截面积小处流速高。

一元可压缩气体定常管流的连续性方程为

$$q_m = \rho_1 v_1 A_1 = \rho_2 v_2 A_2 = 常数 \tag{2-11}$$

式中　q_m——气体流经每个截面的质量流量，kg/s；

v——通流截面上的气体平均流速，m/s；

A_1、A_2——两任意通流截面的面积，m²；

v_1、v_2——两任意通流截面的液体平均流速，m/s；

ρ_1、ρ_2——两任意通流截面的气体密度，kg/m³。

2.3.3　伯努利方程

伯努利方程是能量守恒定律在气体力学中的应用。

（1）气体一元流动伯努利方程

在气动系统中，由于气流速度一般很快，基本上来不及与周围环境进行热交换，故可忽略，认为是绝热流动。当考虑气体的可压缩性（密度$\rho \neq$常数），并忽略位置势能与气体较小黏度带来的损失能量时，绝热流动下可压缩理想气体的伯努利方程为

$$\frac{k}{k-1} \times \frac{p_1}{\rho_1} + \frac{v_1^2}{2} = \frac{k}{k-1} \times \frac{p_2}{\rho_2} + \frac{v_2^2}{2} \tag{2-12}$$

在低速流动时，气体可认为是不可压缩的，则式（2-12）就变为式（2-13）所列的一元不可压缩理想气体定常管流伯努利方程：

$$p_1 + \frac{\rho v_1^2}{2} = p_2 + \frac{\rho v_2^2}{2} \tag{2-13}$$

此式表明管道中气体能量压力能和动能之和守恒，即速度高处压力低，速度低处压力高。

实际气体管流的伯努利方程为

$$p_1 + \frac{\rho v_1^2}{2} = p_2 + \frac{\rho v_2^2}{2} + \Delta p \tag{2-14}$$

式中　p_1、p_2——两任意通流截面的压力；

v_1、v_2——两任意通流截面的液体平均流速；

Δp——截面1到截面2之间的管流压力损失，它包括沿程压力损失Δp_λ和局部压力损失Δp_ζ两个部分。

沿程压力损失可用如下达西公式计算：

$$\Delta p_\lambda = \lambda \frac{l}{d} \times \frac{\rho v^2}{2} \tag{2-15}$$

式中　λ——沿程阻力系数，与气体流动状态（层流和紊流）相关，可通过手册相关曲线查得；

l——管长；

d——管径。

局部压力损失Δp_ζ一般可用如下公式进行计算：

$$\Delta p_\zeta = \xi \frac{\rho v^2}{2} \tag{2-16}$$

式中　ξ——局部阻力系数，其具体数值可根据局部阻力装置的类型从有关手册查得；

ρ——气体密度，kg/m³；

v——气体的平均流速，m/s。

（2）多变过程下气体的能量方程为

气动阀
原理、使用与维护

$$\frac{n}{n-1} \times \frac{p_1}{\rho_1} + \frac{v_1^2}{2} = \frac{n}{n-1} \times \frac{p_2}{\rho_2} + \frac{v_2^2}{2} \qquad (2\text{-}17)$$

式中，p_1、p_2为两任意通流截面的压力。其余符号意义同前。

（3）流体机械（空压机、鼓风机等）对气体做功时的能量方程

空压机、鼓风机等流体机械在绝热流动下气体的能量方程为

$$\frac{k}{k-1} \times \frac{p_1}{\rho_1} + \frac{v_1^2}{2} + L_k = \frac{k}{k-1} \times \frac{p_2}{\rho_2} + \frac{v_2^2}{2} \qquad (2\text{-}18)$$

$$L_k = \frac{k}{k-1} \times \frac{p_1}{\rho_1}\left[\left(\frac{p_2}{\rho_1}\right)^{\frac{k-1}{k}} - 1\right] + \frac{1}{2}(v_2^2 - v_1^2) \qquad (2\text{-}19)$$

多变过程下气体的能量方程为

$$\frac{n}{n-1} \times \frac{p_1}{\rho_1} + \frac{v_1^2}{2} + L_n = \frac{n}{n-1} \times \frac{p_2}{\rho_2} + \frac{v_2^2}{2} \qquad (2\text{-}20)$$

$$L_n = \frac{n}{n-1} \times \frac{p_1}{\rho_1}\left[\left(\frac{p_2}{\rho_1}\right)^{\frac{n-1}{n}} - 1\right] + \frac{1}{2}(v_2^2 - v_1^2) \qquad (2\text{-}21)$$

式中，L_k、L_n分别为绝热过程、多变过程中流体机械对单位质量气体所做的全功，J/kg。其余符号意义同前。

2.3.4 马赫数及气体的可压缩性

可压缩空气在气动元件或系统中高速流动时，其密度和温度会发生较大变化，其管流及计算与不可压缩流动有所不同。在可压缩管流中，经常使用马赫数Ma［某点气流速度v与当地声速（声波在介质中的传播速度）a之比，即$Ma=v/a$］。当$Ma<1$时，称之为亚声速流动；当$Ma=1$时，称之为声速流动或临界流动；当$Ma>1$时，称之为超亚声速流动。

马赫数是气体流动的重要参数，它反映了气流的压缩性。马赫数越大，气流密度的变化越大。当气流速度$v=50\text{m/s}$时，气体密度变化仅为1%，可不计气体的压缩性；当气流速度$v=140\text{m/s}$时，气体密度变化达8%，一般要考虑气体的压缩性。事实上，在气动系统中，气体速度一般较低且已被预先压缩过，故可认为是不可压缩流体（指流动特性）的流动。

气体在截面积变化的管道中流动，在马赫数$Ma>1$和$Ma<1$两种情况下，气体的运动参数如密度、压力、温度等随管道截面积变化的规律截然不同。当马赫数$Ma=1$时，即气流处于声速流动时，气流将收缩于变截面管道的最小截面上以声速流动。

2.4 收缩喷嘴（气动阀口）气流特性

收缩喷嘴是将气体压力能转换为动能的元件，是气动控制阀等元件和气动系统中的常见结构，可用来实现气流参数调节等功能。如图2-3所示，左端大容器中的气体经右端的喷嘴流出，容器内流速$v_0 \approx 0$，压力为p_0，温度为T_0；设喷嘴出口截面积为A_e，喷嘴出口处压力为p_e。

p_e改变会导致喷嘴两端的压力差改变，从而影响整个流动状态：

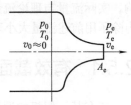

图2-3 收缩喷嘴气体流动

如果$p_e=p_0$，喷嘴中气体不流动，即喷嘴流速为零；

如果p_e减小，则容器中的气体经喷嘴流出。当p_e减小到临界流动压力（$p_e>0.528p_0$）时，气流变为亚声速状态。此时，由前述能量方程得出的截面流速和连续方程可得出通过喷嘴的质量流量q_m(kg/s)为

$$q_m = A_e p_0 \sqrt{\frac{2k}{R(k-1)T_0}} \sqrt{\left(\frac{p_e}{p_0}\right)^{\frac{2}{k}} - \left(\frac{p_e}{p_0}\right)^{\frac{k+1}{k}}} \tag{2-22}$$

当p_e继续降低到临界流动压力（$p_e=0.528p_0$）时，喷嘴出口截面上的气流速度达到声速大小，此时通过喷嘴的质量流量q_m(kg/s)为

$$q_m = \left(\frac{2}{1+k}\right)^{\frac{1}{k-1}} A_e p_0 \sqrt{\frac{2k}{R(k+1)T_0}} \tag{2-23}$$

若p_e继续降低，由于喷嘴截面出口的气流速度已经达到声速大小，同样以声速传播的背压p_e扰动将不能影响喷嘴内部的流动状态，喷嘴出口截面的流速保持声速大小，压力保持为临界压力。故此时无论背压如何降低，喷嘴出口截面始终保持为声速流动，称为超临界流动状态。

为便于工程使用，现将上述二式的质量流量转化为基准状态下的体积流量如下：

当$p_0>p_e>0.528p_0$时，亚声速流动的体积流量q(m³/s)为

$$q = 3.9 \times 10^{-3} A_e \sqrt{\Delta p p_0} \sqrt{\frac{273}{T_0}} \tag{2-24}$$

当$p_e<0.528p_0$时，喷嘴出口截面上的气流速度达到声速，此时通过喷嘴的质量流量q(m³/s)为

$$q = 3.9 \times 10^{-3} A_e p_0 \sqrt{\frac{273}{T_0}} \tag{2-25}$$

式中　　A_e——喷嘴出口截面积，m²；

$\quad\quad\quad p_e$——喷嘴出口处的绝对压力，Pa；

$\quad\quad\quad \Delta p$——喷嘴前后压降，$\Delta p = p_0 - p_e$；

$\quad\quad\quad p_0$——容器内的绝对压力，Pa；

$\quad\quad\quad T_0$——容器中气体热力学温度，K。

上述收缩喷嘴流量特性公式式（2-22）~式（2-25）对于气动阀口等节流小孔均适用。

2.5　气动元件和系统的流量特性的表示方法

包括气动阀在内，任何气动元件气动回路皆是由各种截面尺寸的通道或节流孔组成的，流经气动元件或回路的流量是与截面积有关的。但由于流动空气的压缩性和黏性等因素的影响，实际流量与理论流量存在一定差距，故在气动技术中，气动元件和系统的气体的通流能力除了用前述流量大小表示外，常用有效截面积S值和通流能力C值等来描述。

2.5.1　有效截面积S值

若有某一假想的通流截面积为S的通路，假如其流量与某一气动元件或气动装置的流量

相等，则S便称为某气动元件或气动装置的有效截面积S值。

（1）圆形节流孔口的有效截面积

如图2-4所示为常见的气体通过圆形孔口（面积为A_0）流动。由于孔口边缘尖锐，而流线又不可能突然转折，气流经孔口后流束发生收缩，其最小截面积称为有效截面积，并用S表示。有效截面积S与实际截面积A_0之比称为收缩系数，以α表示，即

$$\alpha = S/A_0 \tag{2-26}$$

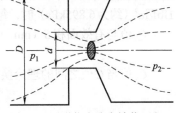

图2-4　圆形节流孔有效截面积S

对于如图2-4所示的圆形节流孔口，其孔口直径为d、面积为$A_0=\pi d^2/4$。节流孔上游直径为D。令$\beta=(d/D)^2$，根据β值可从图2-5中的曲线查得收缩系数α值，从而计算出有效截面积S。

（2）气动管道的有效截面积S

对于内径为d、长为l的气动管道，其有效截面积S仍按式（2-26）计算，此时的A_0为管道内孔的实际截面积，式中的收缩系数α由图2-6查取。

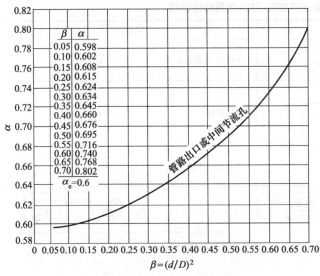

图2-5　圆形节流孔的收缩系数α

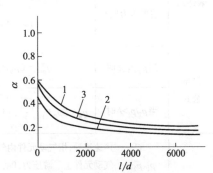

图2-6　管道的收缩系数α
1—$d=11.6\times10^{-3}$m的具有涤纶编织物的乙烯软管；
2—$d=2.52\times10^{-3}$m的尼龙管；
3—$d=(1/4\sim1)$in[①]的瓦斯管

（3）多个气动元件组合后的有效截面积S

气动系统中由若干元件并联、串联合成的有效截面积S分别由以下二式确定：

$$S = S_1 + S_2 + \cdots + S_n = \sum_{i-1}^{n} S_i \tag{2-27}$$

$$\frac{1}{S^2} = \frac{1}{S_1^2} + \frac{1}{S_2^2} + \cdots + \frac{1}{S_n^2} = \sum_{i=1}^{n} \frac{1}{S_i^2} \tag{2-28}$$

式中，S_i（$i=1$，2，$\cdots$，n）为各组成元件的有效截面积。

2.5.2　气动阀的通流能力

在规定压差下，气动阀全开时，单位时间内通过阀的气体体积或质量数称为阀的通流能

---

① 注：1in=25.4mm。

力，可用米制单位或英制单位表示。

C值是用米制单位表示的阀的通流能力，其定义为阀在全开状态下，以密度$1g/cm^3$的清水在阀前后压差保持$1kgf/cm^2$（98.1kPa），每小时通过阀的水的体积数。

C_V值是用英制单位表示的阀的通流能力，其定义为阀在全开状态下，阀全开后压差保持$1lbf/in^2$（约为6.895kPa）时，每分钟流过温度为15.6℃（60°F）的水的加仑数（1USgal=3.785L）。

C_V值与有效面积S（mm^2）之间的理论换算公式为

$$S = 16.98C_V \tag{2-29}$$

C_V值与C值之间的理论换算公式为

$$C_V = 1.167C \tag{2-30}$$

2.5.3　国际标准ISO 6358流量特性参数

国际标准采用两组参数和流量公式表示气动元件的流量特性，如表2-4所列。

表2-4　国际标准ISO 6358流量特性参数

项目		第Ⅰ组		第Ⅱ组	
参数及表达式	声速流导C	$C=\dfrac{q_m}{\rho_0 p_1}\sqrt{\dfrac{T_1}{T_0}}$	压缩效应系数s		$s=\dfrac{1}{1-b}$
	临界压力比b	$b=1-\dfrac{\Delta P/P_1}{\sqrt{1-\sqrt{1-\left(\dfrac{q_m}{q_m^{※}}\right)^2}}}$	有效面积A		$A=C\rho_0\sqrt{sRT_0}$
流量公式	当$p_2/p_1\leq b$时	$q_m^{※}=C\rho_0 P_1\sqrt{\dfrac{T_1}{T_0}}$	当$\Delta p/p_1\geq 1/s$时		$q_m^{※}=\dfrac{Ap_1}{\sqrt{sRT_1}}$
	当$p_2/p_1> b$时	$q_m=C\rho_0 P_1\sqrt{\dfrac{T_1}{T_0}}\sqrt{1-\left(\dfrac{p_2/p_1-b}{1-b}\right)^2}$	当$\Delta p/p_1<1/s$时		$q_m=\dfrac{Ap_1}{\sqrt{RT_1}}\sqrt{\dfrac{2\Delta p}{p_1}\left(1-s\dfrac{\Delta p}{2p_1}\right)}$
符号含义	C——声速流导，指气动元件内气流速度为声速时的导通能力，$m^4\cdot s/kg$； p_1、p_2——气动元件上下游压力，Pa； T_1——上游温度，K； ρ_0——标准状态下的密度，$\rho_0=1.205kg/m^3$； T_0——标准状态下温度，$T_0=293.15K$； s——压缩效应系数； A——有效面积； q_m——质量流量，kg/s； ※——临界状态				

注：标准中有效面积由A表示，本书中用S表示。

国际标准采用两组参数C、b和s、A中任一组表征气动元件的流量特性，能比较准确地反映气动元件的性能，而且实际使用方便。若已知气动元件的C、b值，便可按公式求出在任意压差Δp下通过气动元件的流量，使气动元件具有一个比较完整的压力-流量特性。此外，用参数C、b和s、A表征气动元件的流量特性，其含义明确。C值反映了处于临界状态的气动元件上游单位压力可允许通过的最大流量，C值愈大，说明气动元件的性能愈好。b值反映了气动元件达到临界状态所必须的条件。在相同流量条件下，b值越大，说明在气动元件上产生的压降越小。因此，参数C和b分别从流量和压降两方面反映了气动元件的流量特性。

气动阀
原理、使用与维护

同样，参数s值反映了气动元件达到临界状态所需要的最低压缩程度。在相同条件下，s值愈大，说明气动元件中气体介质消耗的能量越小。A值反映了气动元件处于不可压缩流体流动状态，在相同条件下，流过相同的理想节流孔口的有效面积。A值愈大，说明气动元件在低速流动时的流量特性越好。故参数s和A同样反映了气动元件的流量特性。

2.5.4　阀的常用公称通径及相应流量性能、接管螺纹

如前所述，气动阀的规格直接反映了阀的通流能力，是阀的基本参数，也是用户对换向阀进行选型的重要依据之一。通常用阀的配管的公称通径来表示，也有用螺纹管接头的公称通径来表示。阀的常用公称通径及相应的流量性能、接管螺纹等如表2-5所列，供选型参考。

表2-5　阀的常用公称通径及相应流量性能、接管螺纹

公称通径/mm		6	8	10	15	20	25	32	40	50
连接螺纹	公制/mm	M10×1	M14×1.5	M18×1.5	M22×1.5	M27×2	M33×2	M42×2	M50×2	M60×2
	英制/in	G1/8	G1/4	G3/8	G1/2	G3/4	G1	G1 1/4	G1 1/2	G2
S值/mm^2		10	20	40	60	110	190	300	400	650
$K_v(C)$值		0.50	1.01	2.0	3.0	5.6	9.6	15.2	20.2	32.8
C_v值		0.59	1.18	2.4	3.5	6.5	11.2	17.7	23.6	38.3
额定流量/(mm^3·h^{-1})		2.5	5	7	10	20	30	50	70	100
压力降/MPa		≤0.02	≤0.015	≤0.015	≤0.015	≤0.012	≤0.012	≤0.012	≤0.01	≤0.01

2.6　气动阀的阻力控制原理（气阻、气容及气桥）

2.6.1　概述

尽管气动阀的种类众多、功能结构互不相同，但它们对气动系统压力、流量等进行控制的实质都是通过控制阀芯的位置从而对阀口的气流阻力进行控制，达到调节压力或流量目的。故任何一个气动阀的阀口均可视为一个气阻，同时，气阻也表示着其对气流的阻力；类似地，那些储存和释放气体的空间（如各种腔室、容器和管道）均可视为气容，当然气容同时也表示着压力变化对空间容积（或流量）变化的影响。

为了便于采用气-电对应方法分析说明气动阀等元件和回路的原理及特性，在气动技术中经常要用到气阻和气容的概念。事实上，气阻和气容既分别是相应的气动元件结构，又分别代表相应的参数，即二者均具有双重含义。因为在气动系统中，气阻和气容分别是调速和延时等调节控制阀等元件不可缺少的基础结构。此外，很多气阻网络可利用惠斯通电桥形式来表示为所谓的气桥。

2.6.2　气阻及其特性

（1）气阻R的定义

压力差变化Δp对相应质量流量变化Δq_m的比值称为气阻R，即

$$R = \Delta p / \Delta q_m \quad (\text{Pa} \cdot \text{s/kg}) \tag{2-31}$$

在已知气阻的流量-压力特性方程情况下，利用式（2-31），可以求出其液阻。

（2）气阻的结构类型及特性

① 按工作特征，气阻分为恒定气阻、可变气阻和可调气阻三种结构类型。如图2-7（a）、（c）所示的毛细管（细长孔）、薄壁孔为恒定气阻；如图2-7（e）、（f）所示的球阀、喷嘴-挡板阀为可变气阻；如图2-7（b）、（d）所示的两种圆锥-圆锥形、圆锥-圆柱形锥阀为可调气阻。

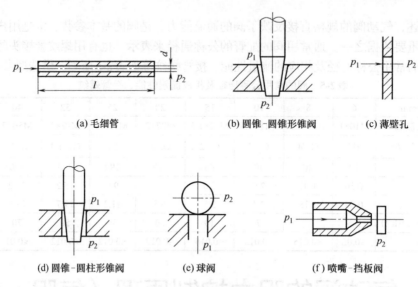

(a) 毛细管	(b) 圆锥-圆锥形锥阀	(c) 薄壁孔
(d) 圆锥-圆柱形锥阀	(e) 球阀	(f) 喷嘴-挡板阀

图2-7 常用气阻结构形式

② 按流量特性，气阻有线性气阻和非线性气阻之分。

a. 线性气阻。其流动状态为层流、通过气动元件的流量 q_m 与其两端压差成正比。圆管层流、毛细管、恒定节流孔、缝隙流动都是线性气阻，其气阻 $R = \Delta p / \Delta q_m$ 为常数。

对于毛细管线性气阻，其质量流量用哈根-泊肃叶（Hagen-Poseulle）公式表示为

$$q_m = \rho \frac{\pi d^4}{128 \mu l} \Delta p$$

按式（2-31）可导出其气阻为

$$R = \frac{128 \mu l}{\rho \pi d^4} \tag{2-32}$$

式中　q_m——质量流量，kg/s；

　　　ρ——气体密度，kg/m³；

　　　d、l——圆管直径、长度，m；

　　　μ——气体动力黏度，Pa·s；

　　　Δp——压降，Pa。

如果管长较短，要考虑扰动影响，故采用式（2-31）计算气阻，应乘以修正系数 ε（其取值见表2-6），即

$$R = \varepsilon \frac{128 \mu l}{\rho \pi d^4} \tag{2-33}$$

由式（2-32）和式（2-33）可知，线性气阻与管道长度及气体动力黏度成正比，与管道

气动阀
原理、使用与维护

直径的4次方成反比。

表2-6 毛细管气阻修正系数 ε

长径比 l/d	∞	500	400	300	200	100	80	60	40	30	20	15	10
修正系数 ε	1	1.03	1.05	1.06	1.09	1.16	1.25	1.31	1.47	1.59	1.86	2.13	2.73

b. 非线性气阻。其流动状态为紊流，流量 q_m 与压力差 Δp 的关系为非线性的。

长径比 l/d 很小的薄壁节流孔即为非线性气阻，其质量流量为

$$q_m = C_d A \sqrt{2\rho\Delta p}$$

按式（2-31）可导出其气阻为

$$R = v/2C_d A \tag{2-34}$$

以上二式中　　q_m——质量流量，kg/s；

C_d——流量系数，由试验决定，一般取值 $C_d=0.6$；

A——薄壁孔通流面积，m^2；

ρ——气体密度，kg/m^3；

v——薄壁孔气流平均速度，m/s；

Δp——气流经过薄壁孔的压降，Pa。

喷嘴、扩散器和其他节流装置等局部阻力装置也为非线性气阻，根据局部压力损失 Δp_ξ

公式（2-16）及流量公式 $q_m = \rho v A = \rho v \dfrac{\pi d^2}{4}$，可得局部阻力非线性气阻为

$$R = \frac{\Delta p}{\Delta q_m} = \frac{2\xi v}{\pi d^2} \tag{2-35}$$

式中符号意义同前。

2.6.3　气容及其特性

由于气体可压缩，在一定容积腔室中所容的气体量将因压力不同而异。故在气动元件和系统中，凡是能储存和释放气体的空间（如各种腔室、容器和管道）均有气容性质。

（1）气容 C 的定义

一气室单位压力变化所引起的气体质量变化称为气容 C，即

$$C = \frac{\mathrm{d}M}{\mathrm{d}p} = V\frac{\mathrm{d}\rho}{\mathrm{d}p} \quad (s^2 \cdot m) \tag{2-36}$$

（2）气容的形式及特性

气容有定积气容和可调气容之分，而可调气容在调定后的工作过程中，其容积也是不变的。工作过程中容积不变的多变过程气容为

$$C = \frac{V}{nRT} \quad (s^2 \cdot m) \tag{2-37}$$

式中　M——气体质量，kg；

p——气体绝对压力，Pa；

V——气体容积，m^3；

ρ——气体密度，kg/m^3；

n——多变指数，与压力变化快慢有关，其取值范围 $n=1.0\sim1.4$，压力变化较慢取小值，否则取大值。

2.6.4　气阻、气容的耦合及其特性

（1）气阻的串联与并联及其特性

气动阀中常见的气动阻力装置的组合形式是气阻的串联与并联（图2-8）。

① 气阻的串联。两气阻R_1与R_2串联时的压力、流量和气阻之间的关系为

$$\Delta p = q_m(R_1 + R_2) = q_m R \tag{2-38}$$

式中，R为总气阻（当量气阻），$R = R_1 + R_2$。

② 气阻的并联。两液阻R_1与R_2并联时的压力、流量和气阻之间的关系为

$$\Delta p = q_m R_1 R_2/(R_1 + R_2) = q_m R \tag{2-39}$$

式中，R为总气阻，$R = R_1 R_2/(R_1+R_2)$。

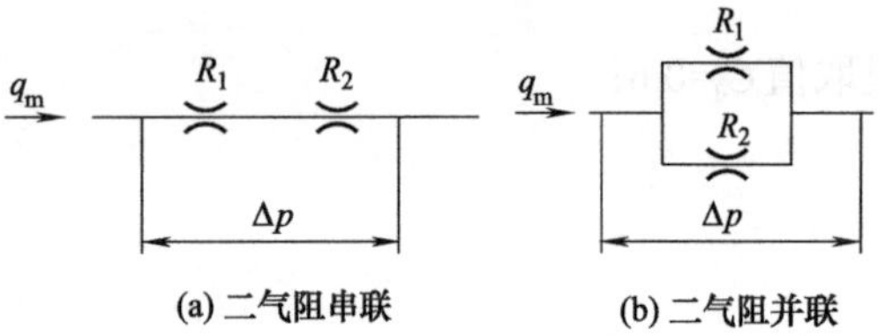

（2）气阻和气容的耦合

常见的阻容耦合气路如图2-9所示，注意到气动部件等效线路中无串联气容存在，气容应并联接地，并利用节点定律（节点处质量流量之和为零）和回路定律（总压力差等于各元件之间的压力差之和），可得出如下方程组：

图2-8　气阻的串联与并联

图2-9　气阻与气容的耦合气路

$$\begin{cases} p_1 = q_{m1}R_1 + q_{mc}z_C \\ 0 = q_{m2}R_2 - q_{mc}z_C \\ q_{m1} = q_{mc} + q_{m2} \\ p_2 = q_{m2}R_2 \end{cases} \tag{2-40}$$

式中　R_1、R_2——气阻1、气阻2；

$\quad\quad z_C$——气容C的容抗，$z_C = 1/(sC)$，s为Laplace（拉普拉斯）算子；

$\quad q_{m1}$、q_{m2}——通过气阻1和2的流量；

$\quad\quad q_{mc}$——通过气容的流量。

由式（2-40）可解得

$$\begin{cases} p_1 = q_{m2}(R_1 + R_2 + R_1R_2sC) \\ p_2 = q_{m2}R_2 \end{cases} \tag{2-41}$$

该阻容线路的传递函数为

$$W(s) = \frac{p_2}{p_1} = \frac{R_2}{R_1 + R_2} \times \frac{1}{1 + R_p sC} \tag{2-42}$$

其中

$$R_p = \frac{R_1 R_2}{R_1 + R_2}$$

由式（2-42）可知，阻容耦合环节是一个放大系数$K = \dfrac{R_2}{R_1 + R_2}$，时间常数$\tau = R_p C$的惯

性环节。

2.6.5 气桥及其功能特性

（1）四通滑阀气动全桥

如图2-10（a）所示为通过一个滑柱式零开口（阀处于零位时，阀口关闭）四通滑阀控制双杆气缸的原理图。阀口P为气源口，阀口A和B为工作气口，T为排气口。当阀芯左移时，P口→A口相通，B口→T口通大气；当阀芯右移时，P口→B口相通，A口→T口通大气。阀芯位移量x越大，阀的节流口开口量越大。

零开口四通滑阀由4个节流口构成，而节流口是由阀芯凸肩和阀套一对锐边（控制边）之间的环形面积。四个节流口1~4形成开度可调的4个可变气阻R_1~R_4网络，对R_1~R_4进行控制，即可使气缸两端产生一定压差而运动。

此气阻网络可用类似惠斯通电桥的形式来表示和分析［图2-10（b）］，故称之为气桥。图中的四节流口滑阀，是一个典型的四臂可变气动全桥。图中，p_0和p_b为阀的工作压力和排气口压力，p_{c1}和p_{c2}分别为气缸Ⅰ和Ⅱ腔工作压力（负载压力），A_{T1}、A_{T2}、A_{T3}、A_{T4}为节流口1、2、3、4的通流面积，q_{m1}、q_{m2}、q_{m3}、q_{m4}为节流口1、2、3、4的质量流量。这里，节流口气阻R相当于电桥中的电阻R，压力p或Δp相当于电桥中的电压U，流量q_m相当于电桥中的电流I。气桥的总工作压差为供气压力p_0与排气压力p_b之差，气桥的两个气阻（节流口）控制一个排气腔（即气缸的一个控制腔）。

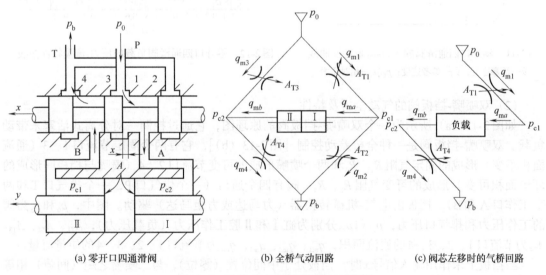

(a) 零开口四通滑阀 (b) 全桥气动回路 (c) 阀芯左移时的气桥回路

图2-10　零开口四通滑阀及其气动全桥

改变阀芯和阀套的相对位置就改变了各节流口面积即气阻大小，从而改变了作用在负载上的压力和流量。图中x为外加控制信号。当阀芯左移且x增大时，液阻R_1、R_4因节流口1、4开度增大而减小；反之液阻R_1、R_4增大。当阀芯右移且x增大时，液阻R_2、R_3因节流口2、3开度增大而减小；反之液阻R_2、R_3增大。当阀芯处于中间位置时，4个控制节流口均关闭。

如图2-10（a）所示，阀芯左移时，节流口1、4打开，节流口2、3仍关闭，此时的气桥回路就成了节流口1、4与负载串联的形式，如图2-10（c）所示。高压气体经节流口1流入气缸Ⅰ腔，形成高压腔；气缸的Ⅱ腔内的气体经节流口4通向大气，形成低压腔。由于Ⅰ腔

和Ⅱ腔的压力差，使得活塞产生了向左的输出力为

$$F = p_{L}A = (p_{c1} - p_{c2})A \tag{2-43}$$

式中　p_{L}——气缸两腔的压力差；

　　　A——活塞有效作用面积。

其余符号意义同前。

当阀芯右移时，全桥就成了节流口 2、3 与负载串联的形式。

对零开口四通滑阀进行受力和运动分析，可得到其压力-流量特性曲线及其负载的压力-流量特性曲线，分别如图 2-11 和图 2-12 所示。

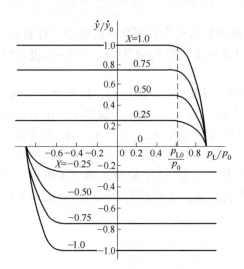

图2-11　零开口四通滑阀的压力-流量特性曲线
$\dot{y}$—活塞速度；$\dot{y}_0$—参考速度；p_{L}/p_0—相对压力

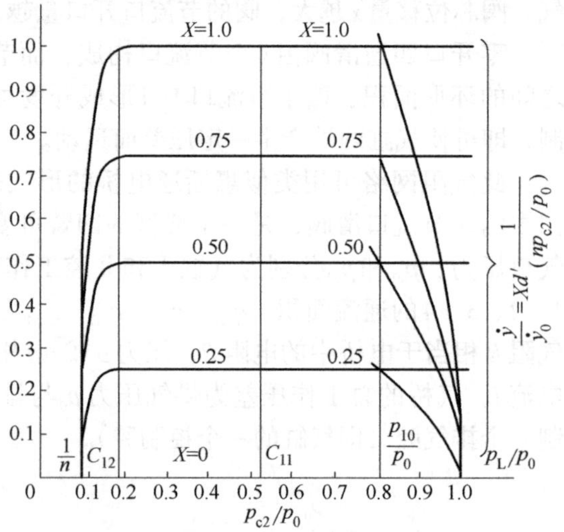

图2-12　零开口四通滑阀负载的压力-流量特性曲线

（2）双喷嘴-挡板阀的气动全桥及特性

如图 2-13（a）所示为一个双喷嘴-挡板阀的原理图，它通过控制一对分离式活塞来带动负载。双喷嘴-挡板阀是一种全桥差动控制［图 2-13（b）］，它有两个固定节流口 1、3（通流面积不变）形成的固定气阻 R_1、R_3 和两个喷嘴形成的可变节流口 2、4（喷嘴与挡板间形成的环形面积可变）形成的可变气阻 R_2、R_4，阀有四个通口（一个供气口 P，一个排气口 T 和两个工作口 A 和 B）。挡板由电气-机械转换器（力马达或力矩马达）驱动。图中，p_0 和 p_b 为阀的工作压力和排气口压力，p_{c1} 和 p_{c2} 分别为缸Ⅰ和Ⅱ腔工作压力（负载压力）；A_{T1}、A_{T2}、A_{T3}、A_{T4} 为节流口 1、2、3、4 的通流面积，q_{m1}、q_{m2}、q_{m3}、q_{m4} 为节流口 1、2、3、4 的质量流量。

当挡板上未作用输入信号 x 时，挡板处于中间位置（零位），与二喷嘴之距（间隙）相等（$x_{01}=x_{02}$），故二喷嘴控制腔的压力 p_{c1} 与 p_{c2} 相等，此时称阀处于平衡状态。若挡板自零位向左移动的距离为 x，则挡板与左侧和右侧节流口间隙分别变为 x_0-x 和 x_0+x。阀的上述平衡状态将被打破，即左侧活塞和右侧活塞的压力一侧增大，另一侧减小，从而就有负载压力信号 p_{L}（$p_{c1}-p_{c2}$）输出，去控制两个活塞（负载）运动。因双喷嘴-挡板阀是四通阀，故可用于控制对称气缸。通过调节可变气阻即可实现对负载压力和流量的控制。

双喷嘴-挡板阀的压力-流量特性曲线和负载的压力-流量特性曲线分别如图 2-14 和图 2-15 所示。

（3）单喷嘴-挡板阀气动半桥及基本功能

图 2-16（a）中的单喷嘴-挡板阀是一个三通口（一个为进气口、一个排气口和一个工作气

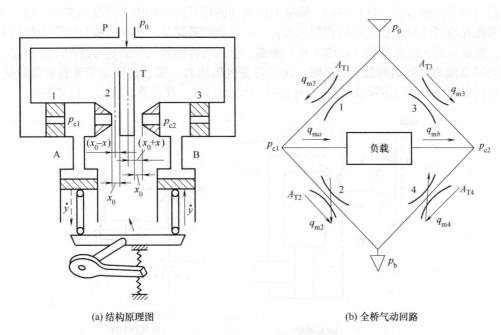

(a) 结构原理图　　　　　　　　(b) 全桥气动回路

图2-13　双喷嘴-挡板阀及其气动全桥

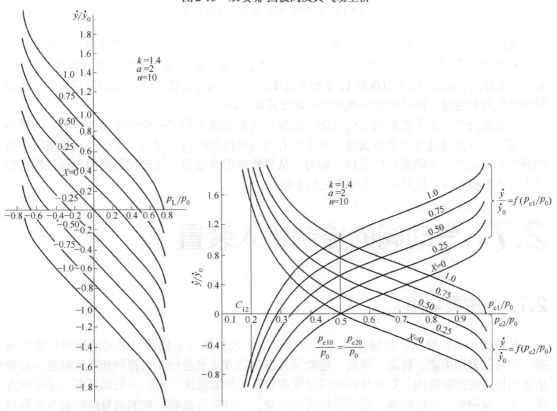

图2-14　双喷嘴-挡板阀的压力-流量
　　　　　特性曲线

图2-15　双喷嘴-挡板阀负载的压力-流量特性曲线

口）阀，主要由一个固定节流孔和由喷嘴-挡板组成的可变节流孔等组成，挡板由电气-机械转换器（力马达或力矩马达）驱动。喷嘴与挡板间的环形面积构成了可变节流口，用于改变固定节流孔与可变节流孔之间的控制压力 p_c。由于单喷嘴阀是三通阀，故只能用于控制差动气缸，控制压力 p_c 与负载腔（缸的大腔）相连，恒压气源的供气压力 p_0 与缸的小腔相连。当挡板与喷嘴端面之间的间隙 x_f 减小时，由于可变气阻增大，使通过固定节流孔的流量 q_{m1} 减小，在固定节流孔处的压降也减小，因此控制压力 p_c 增大，推动负载运动，反之亦然。

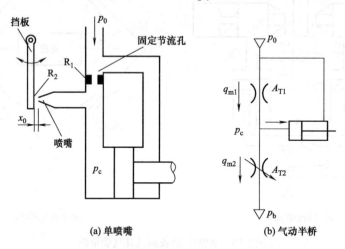

(a) 单喷嘴　　　　　　　(b) 气动半桥

图2-16　单喷嘴-挡板阀及其气动半桥

　　从阻力控制角度，单喷嘴-挡板阀可视为由两个气阻 R_1、R_2 组成的气阻网络，故单喷嘴阀是一种典型的气动半桥 [见图2-16（b）]，图中 p_0、p_b、p_c 为阀的工作压力、排气口压力、缸工作腔压力；A_{T1}、A_{T2} 为节流口1、2的通流面积，q_{m1}、q_{m2} 为节流口1、2的质量流量。通过对两个气阻的控制，即可使缸两端产生一定压差而运动。

　　在气动阀中，为了控制阀芯的运动，需要在阀芯端面上形成一个可控的气压力。此可控的气压力，一般通过气动半桥获得。几乎所有的气动控制阀均采用这一原理，只是液压半桥的形式不同而已。不同类型的全桥，都可以从半桥的组合获得。气动控制阀的先导控制气路多为气动半桥原理，故又称为先导级气动半桥。

2.7　气动阀的控制输入装置

2.7.1　主要功用

　　各种气动阀的操纵、控制都是通过力（力矩）或位移（角位移）形式的机械量来实现的，它可以采用手动、机动、气动、电动及其组合等方式来进行。当控制规律比较复杂或要求达到较高的控制性能（如较快的响应速度和较高的控制精度）时，一般都需要采用电控方式。由于这种方式的控制输入信号是较弱的电量，所以需将微弱的控制信号经控制放大器处理和功率放大后，由某种形式的电气-机械转换器将电量转换成控制气动阀运动所需的机械量。因此，控制输入装置，即控制放大器和电气-机械转换器是电控气动阀必不可少的重要部分。当输入控制信号足以满足电气-机械转换器的转换要求（如由继电器输出的电量去控制开关式气动阀的电磁铁）时，则可不采用控制放大器。

2.7.2 控制放大器

（1）功用与要求

控制放大器简称控制器，其主要功用是驱动、控制受控的电气-机械转换器，满足系统的工作性能要求。在闭环控制场合它还承担着反馈检测信号的测量放大和系统性能的控制校正作用。控制放大器（特别是电-气比例/伺服）作为控制系统中的第一个环节，其性能优劣直接影响着系统的控制性能和可靠性。与液压系统所用控制放大器相同，对气动系统中控制放大器的一般要求见表2-7。

表2-7 对控制放大器的一般要求

序号	要　求
1	控制功能强,能实现控制信号的生成、处理、综合、调节、放大
2	线性度好,精度高,具有较宽的控制范围和较强的带载能力
3	动态响应快,频响宽
4	功率放大级的功耗小
5	抗干扰能力强,有很好的稳定性和可靠性
6	输入输出参数、连接端口和外形尺寸标准化、规范化

（2）分类与选用

按受控的电气-机械转换器的种类不同，控制放大器主要分为四种类型，其适用对象见表2-8。还可按结构形式和功率级工作原理对控制放大器进行详细分类（表2-9）。

表2-8 按转换器的种类对控制放大器的分类

序号	类型	匹配的电气-机械转换器	适用对象
1	伺服控制放大器	力马达、力矩马达	伺服阀,伺服系统控制器
2	比例控制放大器	比例电磁铁、压电晶体	比例阀,比例系统控制器、压电驱动器式电-气数字阀
3	开关控制放大器	高速开关电磁铁	高速开关阀,数控系统控制器
4	步进电动机控制放大器	步进电动机	步进电动机式电-气数字阀(微阀),步进式数控系统控制器

表2-9 按结构形式和功率级工作原理对控制放大器的分类

	类型	特　点	适用对象
按通道数分	单通道	只能控制一个电气-机械转换器	单个电气-机械转换器
	双通道或多通道	相当于两个或多个放大器的有机组合,结构紧凑	两个或多个电气-机械转换器的独立控制
按是否带电反馈分	带电反馈	设有测量、反馈电路和调节器,但不一定有颤振信号发生器,常被置于阀的内部	电反馈电液控制阀,某些闭环控制系统的控制器
	不带电反馈	没有测量、反馈电路和调节器,但一般有颤振信号发生器	不带电反馈的电液控制阀
按功放管工作原理分	模拟式	属于连续电压控制形式,功放管工作在线性放大区,电气-机械转换器控制线圈两端的电压为连续的直流电压,功耗较大	伺服阀、比例阀及其相应的控制系统控制器
	开关式	功放管工作在截止区或饱和区,即开关状态,电气-机械转换器控制线圈两端电压为脉冲电压,功耗很小	高速开关阀、步进式数字阀、数控比例阀及其相应的数控系统控制器,其中数控比例阀可以是普通的比例阀

类型		特点	适用对象
按输出 信号极 性分	单极性	只能输出单向控制信号	比例阀,单向工作的电气-机械转换器
	双极性	能输出双向控制信号	伺服阀,双向工作的电气-机械转换器
按输出 信号类 型分	恒压型	内部电压负反馈	各类控制电动机
	恒流型	内部电流负反馈,时间常数小,稳定性好	各类控制阀,电气-机械转换器
	全数字式	以微处理器(单片机)为核心构成全数字式控制 电路,实现计算机直接控制	脉宽调制(PWM)控制阀,步进电动机

（3）典型构成

控制放大器的结构、原理和参数因电气-机械转换器的形式和受控对象的不同而异。控制放大器的典型构成如图2-17所示，它通常包括以下几种电路。

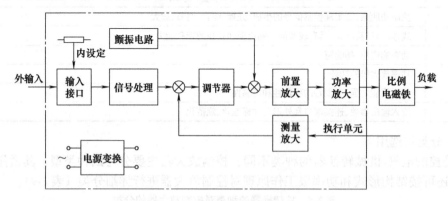

图2-17　控制放大器的典型构成

① 用以产生各处电路所需直流电压的电源变换电路。

② 满足各种外部设备需要的输入信号发生电路（模拟量输入接口、数字量输入接口、遥控接口等）。

③ 为适应不同控制对象与工况要求的信号处理电路（斜坡、阶跃发生器，平衡电路，初始电流设定电路，等等）。

④ 用于改善电反馈控制阀或系统动态品质的调节器［有比例（P）、积分（I）、微分（D）、比例-积分（P-I）、比例-微分（PI）、比例-积分-微分（PID）等形式］。

⑤ 为减小摩擦力等因素导致电控阀出现的滞环的颤振信号发生器，以及测量放大电路和功率放大电路等。对于不同类型的控制放大器在结构上具有一定差别，尤其是信号处理电路，常需要根据系统要求进行专门设计。根据不同的适用场合与要求，也常省略某些部分，以简化结构和成本并提高工作可靠性。

（4）选型及使用

作为气动产品非生产厂商的一般用户，多数情况下是直接选用所购气动控制阀附带的控制放大器，仅在现有控制放大器产品不能满足使用要求时才自行设计。对控制放大器进行选型的依据是气动阀的功用、结构、原理及其气动和电气参数、电气-机械转换器的形式和规格、使用场合等。例如，当电气-机械转换器为线圈电感较大的比例电磁铁、伺服型力马达（或力矩马达）时，则应采用电流负反馈式的伺服放大器，以免因线圈转折频率低而限制电气-机械转换器的频宽。对于开关型数字阀而言，应采用脉宽调制形式的控制放大器。当电气-机械转换器为步进电机时，则控制放大器应具有变频信号源和脉冲分配器。

由于控制放大器的具体结构及性能参数因不同生产厂商及产品系列型号不同而异，故应按生产厂商的使用说明书的要求进行选择、安装调试和运转维护。

2.7.3 电气-机械转换器

（1）功用要求及分类

① 功用。电气-机械转换器是电-气控制阀的直接输入器件，它将来自控制放大器的电信号转换成力或力矩，去操纵气动放大器中阀芯的位移或转角。控制阀乃至整个气动系统的动态响应性能、稳态控制精度和工作可靠性，都在很大程度上取决于电气-机械转换器性能的优劣。

② 要求。对电气-机械转换器的一般要求有：

a.具有足够的输出力和位移。

b.稳态特性好，线性度好，灵敏度高，死区小，滞环小。

c.动态性能好，响应速度快。

d. 结构简单、尺寸紧凑、制造方便，输入输出参数和连接尺寸标准化，规范化。

e.在某些情况下，要求能在特殊环境（如高压、高温、易爆、腐蚀等）下使用。

③ 分类。电气-机械转换器的种类繁多，按照作用原理（与磁系统）特征不同分为电磁式、感应式、电动力式、电磁铁式、永磁式、极化式、压电式，动圈式、动铁式，直流、交流等类型。按结构形式与性能特点分为：开关型电磁铁、比例电磁铁、动圈式和动铁式力马达、动圈式和动铁式力矩马达、压电晶体及压电陶瓷、步进电机及伺服电机等类型。

为了节省篇幅，此处仅对使用面广和使用量大的开关型电磁铁（普遍应用于普通电磁换向阀、高速控制阀、微流控芯片及电磁微阀中）及电-气数字阀中所使用的步进电机进行简介。对于电-气比例/伺服控制阀中常用的电气-机械转换器，如比例电磁铁、动圈式力马达和动铁式力马达、动圈式和动铁式力矩马达、压电晶体等转换器则集中在第8章中结合所驱动的控制阀进行详细介绍。

（2）开关型电磁铁

① 功能类型。阀用开关型电磁铁是一种特定结构的牵引电磁铁，它根据线圈电流的"通""断"使衔铁吸合或释放，故只有"开"和"关"两个工作状态。根据工作频率不同，分为普通开关电磁铁和高速开关电磁铁。

普通开关电磁铁的功率较大，多数与换向阀配套，组成普通电磁换向阀，工作频率较低（通常为几赫兹）；而高速开关电磁铁的功率较小，多用于脉宽调制（PWM）式高速开关阀，工作频率很高（可达几千赫兹）。

② 普通开关电磁铁。普通开关电磁铁有交流型、直流型和交流本整型（本机整流型）等三种类型。交流本整型电磁铁插座内本身带有半波整流器件，采用交流电源进行本机整流后，由直流进行控制，电磁铁仍为一般的直流型，并无其他特殊之处。

交流电磁铁与直流电磁铁都是主要由线圈、衔铁及推杆等组成。线圈通电后，在上述零件中产生闭合磁回路及磁力（吸力特性见图2-18），吸合衔铁，使推杆移动；断电

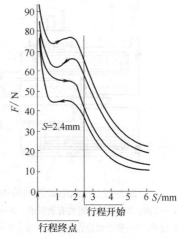

图2-18 电磁铁的吸力特性曲线

时电磁吸力消失，依靠阀中设置的弹簧的作用力而复位。交流电磁铁和直流电磁铁的特点比较见表2-10。普通开关电磁铁的电气特性详见第3章表3-6。

表2-10 交流和直流阀用电磁铁的特点比较

项 目		特 点	
序号	内容	交流电磁铁	直流电磁铁
1	电源要求	不需要特殊电源	需要专门的直流电源或整流装置
2	使用电压	常用的电源电压为 AC 24V、36V、48V、110V、220V，频率为50Hz	直流电磁铁常用的电源电压为 DC 12V、24V、42V、48V
3	启动电流及功耗	启动电流为吸持电流的2~5倍，有无功损耗	启动电流与吸持电流相同；无功损耗较小
4	负载	感性负载，温升时吸力变化小	阻性负载，温升时吸力下降大
5	反应速度 通电后	立即产生额定吸力	滞后0.5s达到额定吸力
	反应速度 断电后	吸力很快消失	滞后0.5s吸力才消失
6	允许切换频率	较低，通常为数十次每分钟	高，一般允许120次/分，甚至高达300次/分
7	冲击与噪声	较大	较小
8	导磁材料与结构	硅钢片；层叠结构，磁极形状为平面形	工业纯铁；磁极形状为锥形火盆口形
9	阀芯卡阻后果	线圈因电流过大而烧坏	不会烧坏线圈
10	体积	较大	小
11	可靠性	较差	较高
12	寿命	短，数百万次至一千万次	长，可达一千万次以上
	说明	交流和直流电磁铁的工作电压波动范围应在额定电压的±15%之间，电压太高容易使电磁铁线圈发热烧坏，反之则电磁铁吸力不足，影响换向阀的工作可靠性	

　　按照衔铁工作腔是否有油液浸入，包括交流本整型在内的每种电磁铁又有干式和湿式两种。干式电磁铁与阀体之间有密封膜隔开，电磁铁内部没有流体，湿式则相反。

　　如图2-19所示，干式电磁铁与阀连接时，在推杆10的外周有密封圈，可以避免流体进入电磁铁，线圈9的绝缘性能也不受流体的影响，但由于推杆上受密封圈摩擦力的作用而会影响电磁铁的换向可靠性。

　　湿式电磁铁（见图2-20）的导磁套是一个密封筒状结构，与阀连接时仅套内的衔铁1的工作腔与滑阀直接连接，推杆5上没有任何密封，套内可承受一定的流体压力，线圈7仍处于干的状态。湿式电磁铁由于取消了推杆上的密封而提高了可靠性，衔铁工作时处于润滑状

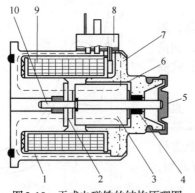

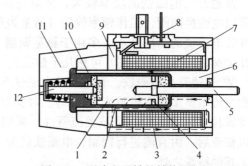

图2-19　干式电磁铁的结构原理图　　　　图2-20　湿式电磁铁的结构原理图

1—壳体；2—穿过气隙的有效磁通；3—衔铁；4—粉末冶金轴承；5—供手动操作的橡胶后盖；6—穿过气隙的磁通；7—端盖；8—电源插头；9—线圈；10—推杆

1—衔铁；2—穿过气隙的磁通；3—磁力线；4—不导磁部分；5—推杆；6—轭铁；7—线圈；8—电源插头；9—垫圈；10—耐牙套；11—端盖；12—手动突出件

态，并受到油液的阻尼作用而使冲击减弱，因此正在逐渐取代传统的干式电磁铁。

③ 高速开关电磁铁。它的结构与上述普通型湿式直流电磁铁类似，只是体积较小，结构更简单，衔铁与阀芯常连接成一体。它由脉宽调制（PWM）信号控制，输入高电平时带动阀芯动作，低电平时通过弹簧复位，其工作特性与图2-18相同。

（3）步进电机

众所周知，步进电机在数控机床等机械加工设备中早已被普遍使用。

在气动控制阀中，步进电机是一种数字式的回转运动电气-机械转换器，它将电脉冲信号转换成相应的角位移。它由专用的驱动电源（控制器）供给电脉冲，每输入一个脉冲，电机输出轴就转动一个步距角（每一脉冲信号对应的电机转角），实现步进式运动。步进电机既可以按输入指令进行位置控制，也可以进行速度控制。步进电机常见的步距角有0.75°、0.9°、1.5°、1.8°、3°等。

按工作原理不同，步进电机有反应式（转子为软磁材料）、永磁式（转子材料为永久磁铁）和混合式（转子中既有永久磁铁又有软磁体）等，各式步进电机的具体工作原理可参阅相关文献资料。反应式步进电机结构简单，应用普遍；永磁式步进电机步距角大，不适合控制；混合式步进电机自定位能力强且步距角较小。研究实践表明，混合式步进电机用作电-气数字流量阀和电-气数字压力阀的电气-机械转换器，控制性能和效果良好。

因为步进电机直接用数字量控制，不需DAC（数/模转换器）即能与微型计算机联用，控制方便，调速范围大，位置控制精度高，工作时的转数不易受电源波动和负载变化的影响，因此常通过一定的传动机构（如丝杠-螺母机构、凸轮机构等）构成电-气数字阀及PDMS微阀，用以驱动阀芯运动。也能作为一般的转角转换元件。但是，由于步进角固定，影响分辨率和精度，承受大惯量负载能力差，动态响应速度较慢，效率较低，驱动电源结构复杂，价格较高。

步进电机需要专门的驱动电源，要求的步距角越小则驱动电源和电机的结构越复杂。转矩-频率特性是指动态输出转矩与控制脉冲频率的关系，其示例见图2-21。由图可见，在连续运行下，步进电机的电磁转矩会随工作频率升高而急剧下降。

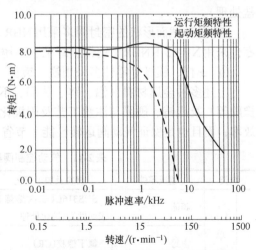

图2-21 步进电机的转矩-频率特性曲线

当决定采用步进电机作为气动阀的电气-机械转换器时，应根据实际使用要求的负载力矩、运行频率、控制精度等，并依据制造商的产品样本及使用指南提供的运行参数和转矩-频率特性曲线选择合适的步进电机系列型号、容量及配套的驱动电源。步进电机在使用中应注意合理确定运行频率，否则将导致带载能力降低而产生丢步甚至停转现象，使步进电机及其驱动的气动阀工作失常。

2.8 气动阀的材质及工艺

为了保证气动控制阀在完成既定功能的同时，并具有性能优良、工作可靠、气密性好和工作寿命长的特点，其各组成主要零件必须合理选用材料及加工工艺，并提高零件间耦合表面和关键部位的加工尺寸精度和表面粗糙度。

从对SMC（中国）有限公司和费斯托（中国）有限公司两大公司现有气动阀产品材料的不完全统计资料（表2-11）看，除了标准件外，组成气动阀的主要零部件的材料及工艺具有如下特点。

① 主体（阀体）、阀盖等外漏零件常采用的材料有铝及铝合金（阳极氧化铝/阳极氧化精制铝合金）、锌、黄铜、树脂、PBT（聚对苯二甲酸丁二酯）纤维、不锈钢等。以铝及铝合金、锌为材料的零件多采用压铸工艺生产（如压铸铝、压铸锌等），并进行银箔、铬酸盐等喷涂处理；采用黄铜材料的零件，其表面多进行无电解镀镍处理。流量阀、压力阀等控制阀的调节手轮常用材料除了PBT外，还有POM（聚甲醛）合成树脂、铝合金、锌合金、不锈钢、黄铜和ABS（丙烯腈-丁二烯-苯乙烯共聚物）等。

② 阀芯、阀座常采用不锈钢、回火铝、黄铜（无电解镀镍处理）、NBR（丁腈橡胶）、PBT、铝、HNBR（氢化丁腈橡胶）、铝•HNBR、压铸锌等材料制作。滑柱、活塞等零件的滑动表面进行阳极氧化处理或塑料喷涂，不仅可以提高滑动件的耐磨性，而且能降低始动摩擦阻力。

③ 作为气动阀中的常用功能零部件的膜片及膜片组件，其常采用的制作材料有耐气候性NBR、铝合金、氟橡胶、PP（聚丙烯）、PTEE（聚四氟乙烯）等，也有轧制钢板、不锈钢和钢等。

④ 阀内弹簧（复位弹簧和调压弹簧及其他用途弹簧）常用材料为不锈钢、钢丝（铬酸盐处理）。

⑤ 各种截面形状的密封圈多采用NBR、FKM（氟橡胶）、HNBR等橡胶材料；密封垫等零件采用NBR、HNBR、钢带、纤维、不锈钢等材料。

⑥ 螺杆、锁母等零件多采用铁（镀镍、铬酸锌）、结构钢（无电解镀镍）和不锈钢等。

上述多种金属材料（铝、锌、黄铜、不锈钢等）和非金属材料（特别是工程塑料和合成橡胶等）及压铸、硬膜与注塑工艺及阳极化、镀镍及喷涂等工艺不仅提高了阀的质量和生产效率，而且也是保证气动阀运转性能、节省材料、降低成本的有效办法。

表2-11 气动控制阀组成零部件材料及处理方式

阀类		组成零件	材料及加工工艺	阀类		组成零件	材料及加工工艺
方向阀	单向阀	阀体	SUS316L（二次熔炼），表面抛光+钝化处理	方向阀	带单向阀的快插管接头	插头主体、插头主体	黄铜（无电解镀镍）
		密封	氯丁橡胶（CR）			密封件、阀座和插头O形圈	NBR
		主体	黄铜/不锈钢			阀芯、阀座、套环、隔套	PBT
		密封件橡胶材质	NBR/FKM/CR			锁环	耐冲击PBT
	先导式单向阀	主体	ZDC（镀铂）			套筒	冷轧钢板（无电解镀镍）
		先导阀主体、导轨、活塞、阀盖	黄铜（无电解镀镍）			夹头、单向阀弹簧、套筒弹簧	不锈钢
		阀芯	不锈钢、NBR			阀芯O形圈	FKM
		橡胶密封件	NBR			套筒罩	耐久性NBR
		弹簧、环	不锈钢		电磁换向阀	主阀体	压铸铝、压铸锌，铸铝、铸锌，铝合金
		导向套	PBT/黄铜（无电解镀镍）			主阀盖	树脂、铝合金
		六角螺母	SUS（日本不锈钢）			滑阀阀芯、滑阀	铝、特殊树脂（HNBR）、铝•HNBR、弹性体密封

气动阀
原理、使用与维护

阀类		组成零件	材料及加工工艺	阀类		组成零件	材料及加工工艺
方向阀	电磁换向阀	阀芯组件	铝·HNBR	方向阀	大功率阀	复位弹簧、导轴	不锈钢
		先导阀体、控制活塞、端板、中心衬套、灯盖	树脂			座阀芯	铝合金、NBR
						主体	铝合金
		滑柱、滑套、阀套	不锈钢/NBR,铝合金、金属密封	压力阀	微型减压阀	阀芯导座、阀盖	黄铜(无电解镀镍)
						活塞	POM
		通道块(连接板)、底板	树脂、压铸锌、压铸铝			阀芯	黄铜,橡胶衬材质为HNBR
		接口垫片	HNBR			调压螺杆,面板螺母,六角螺母	铁(镀镍,铬酸锌)
		底板	压铸铝				
		隔板	铝合金			调压弹簧	钢丝(铬酸锌)
		衬套	铝合金,黄铜			阀芯弹簧	不锈钢
		侧阀座	黄铜、NBR			弹簧压板	钢带(铬酸锌)
		复位弹簧	不锈钢			Y形圈、O形圈	NBR
		连接件	钢板			托架	钢带(电着涂装)
		内六角螺钉	钢			释放套	POM、不锈钢
		O形密封圈、垫片、橡胶堵头	NBR		先导式减压阀	主体、阀盖、容室	压铸铝(银箔涂装)
		密封圈	HNBR			阀芯导座	压铸锌(银箔涂装)
	机控阀	阀体、阀座	PBT			调压弹簧	钢丝
		阀芯、O形密封圈	NBR			排气阀组件(含膜片)	铝合金
		推杆	POM			调压弹簧	钢丝
		弹簧	不锈钢			阀芯弹簧	不锈钢
		衬垫	钢带			手轮	ABS
		螺塞	黄铜(无电解镀镍)		带油雾器减压阀	主体、壳体	压铸铝
	微型机控阀	阀体	PBT			阀盖	聚缩醛、压铸铝
		阀杆、阀座、柱塞	聚乙醛			杯组件	压铸铝
		阀芯、衬垫、O形圈	NBR			膜片组件	耐气候性NBR
		弹簧、杠杆	不锈钢			阀芯组件	黄铜·HNBR
	手指阀	阀体	PBT			阀芯弹簧	不锈钢
		旋钮、凸轮环、杆	POM			O形圈	NBR
		弹簧导向套	黄铜(无电解镀镍)			垫圈	纤维
		弹簧	不锈钢			手轮	POM
		密封件、阀芯	NBR		集装式减压阀	本体	压铸铝(铬酸盐处理)
	残压释放阀	阀体	压铸铝(铬酸盐处理)			集装板	铝合金(铬酸盐处理)
		阀座	压铸锌(铬酸盐处理)			阀芯导座、活塞	黄铜
		轮	锌合金(铬酸盐处理)			调压弹簧	钢丝(铬酸锌)
		阀芯、控制活塞	黄铜			调压螺杆	构造用钢(无电解镀镍)
		弹簧座	结构钢			阀芯	黄铜·HNBR
		圆柱销、弹簧	钢丝(铬酸盐处理)			阀弹簧	不锈钢
		复位弹簧	不锈钢			阀导向	POM
		密封件	PVC(聚氯乙烯)			O形圈	NBR
		O形圈	NBR		精密减压阀	主体、阀盖	压铸铝
	大功率阀	阀体、盖	铝合金铸件			喷嘴膜片组件	铝、耐气候性NBR
		调压活塞、阀导套	铝合金				

阀类	组成零件	材料及加工工艺	阀类	组成零件	材料及加工工艺
压力阀	精密减压阀 — 密封件	HNBR、NBR	流量阀(速度控制阀)	带快换管接头的洁净型速度控制阀 — 阀体	聚丙烯树脂(无电解镀镍)
	精密减压阀 — 膜片隔板	聚乙醛		手轮、针阀、针阀导向、护环	黄铜(无电解镀镍)/SUS304
	精密减压阀 — 供气膜片	耐气候性NBR		锁母	钢(无电解镀镍)
	精密减压阀 — 排气膜片组件	钢、铝、耐气候性NBR		U形圈	HNBR
	精密减压阀 — 阀芯组件	不锈钢、铝、HNBR		O形圈	NBR
	洁净型减压阀 — 阀体、嵌入套、螺母、环	New PFA(新型可溶性聚四氟乙烯)		限位器	SUS304
	洁净型减压阀 — 阀芯导座、隔板	PVDF(聚偏二氯乙烯)		带残压排气的速度控制阀 — 阀体	PBT/黄铜(无电解镀镍)
	洁净型减压阀 — 阀盖	PPS(聚苯硫醚)		针阀、护环	黄铜(无电解镀镍)
	洁净型减压阀 — 先导膜片、耐压膜片	氟橡胶		锁母	钢(无电解镀镍)
	洁净型减压阀 — 膜片座	PP		手轮	铝合金(红色涂装)
	洁净型减压阀 — 膜片、阀芯膜片	PTEE		按钮	POM
	洁净型减压阀 — 弹簧座、复位弹簧	SUS304		U形圈	HNBR
	增压阀 — 储气罐	不锈钢、碳钢(涂装)		O形圈	NBR
流量阀(速度控制阀)	带刻度的通用速度控制阀(管式) — 主体	PBT/黄铜(无电解镀镍)		弯头体	PBT
	旋钮、阀盖、齿轮	POM		限拔销	不锈钢
	针阀芯	PBT		带先导单向阀的速度控制阀 — 阀体、手轮	PBT
	针阀芯导座	黄铜(无电解镀镍)		先导阀体、针阀、先导阀座、导环、活塞、阀盖	黄铜(无电解镀镍)
	U形圈	HNBR		锁母	钢(铬酸锌)
	O形圈	NBR		U形圈	HNBR
	密封垫	NBR、不锈钢		DY密封圈、O形圈	NBR
	大容量直通速度控制阀 — 阀体、下盖阀芯、导座	铝合金		弹簧、环	不锈钢
	针阀芯	黄铜		带节流消声器的快速排气阀 — 阀体、手轮	PBT
	手轮	锌合金/碳钢		阀座环、针阀、针阀导座	黄铜(无电解镀镍)
	单向阀	NBR·黄铜		消声器	PVA海绵
	弹簧	不锈钢		锁母	钢(铬酸锌)
	O形圈	NBR		阀芯	HNBR
	特殊环境用不锈钢速度控制阀 — 阀体、弯头阀体、手轮	PBT		密封件、O形圈	NBR
	针阀、针阀导座、锁母	SUS303		隔环	POM
	U形圈	HNBR		密封垫	不锈钢/NBR
	O形圈	NBR		节省空气型速度控制阀 — 阀体、端盖	PBT/黄铜(无电解镀镍)
	密封垫	NBR·不锈钢		手轮、针阀、定子	POM
	难燃性一字头螺丝刀调节速度控制阀 — 阀体	PBT/黄铜(无电解镀镍)		弹簧	钢丝
	针阀芯、阀芯座圈	黄铜(无电解镀镍)		U形圈、阀O形圈	HNBR
	弹簧	钢线		针阀及轴O形圈、Y形圈	NBR
	U形圈	HNBR			
	O形圈	NBR			
	隔板	黄铜(无电解镀镍)			
	垫片	NBR/不锈钢			

续表

阀类	组成零件	材料及加工工艺
真空控制阀 — 减压阀	膜片组件、阀芯组件	HNBR
真空控制阀 — 真空逻辑阀	主体	黄铜(无电解镀镍)
	阀芯	铝
	O形圈	HNBR
	弹簧	不锈钢
	滤芯	相当于CAC403
	垫圈	NBR+不锈钢
电-气比例/伺服控制阀 — 比例调压阀、电子真空比例阀	阀体、盖、阀芯导座	铝合金
	偏置弹簧、阀弹簧	不锈钢
	膜片组件	耐气候性NBR、轧制钢板、不锈钢、铝合金、钢组
	给气阀、排气阀	HNBR/黄铜
	密封圈、O形圈	NBR
	导杆	黄铜
	O形圈压板	铝合金
	十字槽盘头小螺钉	钢
	壳组件	树脂、硅橡胶
	底板	树脂
电-气比例/伺服控制阀 — 先导式比例减压阀（先导阀部分）	阀体	锌合金铸件
	调压活塞、护圈	铝合金
	弹簧、阀芯导座	不锈钢
	阀芯	铝合金·橡胶
	杆	不锈钢·橡胶
先导式比例减压阀（主阀部分）	阀体、阀盖、调压活塞	铝合金铸件
	弹簧、轴	不锈钢
	阀芯导座	铝合金
	座阀阀芯	铝合金·橡胶
小型电-气比例流量阀	固定铁芯、复位弹簧、调整螺杆、套筒组件、波形垫圈	SUS

阀类	组成零件	材料及加工工艺
电-气比例/伺服控制阀 — 小型电-气比例流量阀	可动铁芯组件	SUS、铝、FKM 或 SUS、PPS、PTEE、FKM
	主体	黄铜/SUS
	O形圈	FKM
	底板	C36/黄铜/SUS
	十字槽盘头小螺钉、螺母	钢
	线圈罩	SPCE
	磁石块	SUY
先导式电-气比例压力流量阀	主体、底板、电磁铁盖组件	铝合金(金属涂料)
	端盖	铝合金
	滑柱、阀套	特殊不锈钢
	弹簧	不锈钢/琴钢丝
	衬套	树脂
	设定套、弹簧座	黄铜
	垫圈、O形圈、锁母	NBR
	内六角螺钉	铬钼钢
滑阀式比例方向控制阀	壳体	阳极氧化铝/阳极氧化精制铝合金
	滑阀阀芯	回火铝
	电子元件外壳	电镀丙烯腈-丁二烯-苯乙烯/加强型聚酰胺
	密封件	丁腈橡胶
	阀盖	加强型聚酰胺
	标签	聚酯
电-气比例节流阀	壳体	阳极氧化精制铝合金
	密封件	FPM、HNBR
压力/开关真空	壳体	铸铝

注：1. 本表资料主要来自SMC（中国）有限公司和费斯托（中国）有限公司网站及电子产品样本。

2. 表中几种材料的代号含义及特性见表2-12。

表2-12　几种气动阀用工程材料的代号含义及特性

序号	材料代号	中文名称	主要特性
1	SUS	日本JIS标准的不锈钢	例如SUS304是日本SUS系列奥氏体不锈钢。相当于我国的0Cr19Ni10,美国的304。具有良好的耐蚀性、耐热性、低温强度和力学性能,冲压弯曲等热加工性好,无热处理硬化现象,无磁性

序号	材料代号	中文名称	主要特性
2	PBT	聚对苯二甲酸丁二酯	又名聚对苯二甲酸四次甲基酯。(Polybutyleneterephthalate,PBT),是对苯甲酸与1,4-丁二醇的缩聚物。可由酯交换法或直接酯化法经缩聚而制得。PBT和PET一起被称为热塑性聚酯。PBT为乳白色半透明到不透明、结晶型热塑性聚酯 PBT为热塑性塑料,为适用于不同加工业者使用,一般多少会加入添加剂,或与其他塑料掺混,随着添加物比例不同,可制造不同规格的产品。PBT具有耐热性、耐气候性、耐药品性、电气特性佳、吸水性小、光泽良好等特点,广泛应用于电子电器、汽车零件、机械、家品用等行业,而PBT产品又与PPS、PC、POM、PA共称为五大泛用工程塑料
3	POM	聚甲醛合成树脂	聚甲醛为乳白色不透明的结晶型线形聚合物。综合性能好,抗疲劳性是热塑性塑料中最好的,常温下力学性能优秀,耐磨耗,摩擦系数小,尺寸稳定性好,表面光泽,抗蠕变性、耐扭曲性、抗反复冲击性、去载回复性好。但成型收缩率大,热稳定性差,易燃烧,在大气中暴晒易老化。适于制作减磨耐磨零件、传动零件以及化工仪表等零件
4	ABS	丙烯腈-丁二烯-苯乙烯共聚物	又称ABS塑料,是目前产量最大,应用最广泛的聚合物。ABS是丙烯腈(A)、丁二烯(B)和苯乙烯(S)的三元共聚物。大部分ABS无毒,不透水,但略透水蒸气,吸水率低,室温浸水一年吸水率不超过1%,物理性能不起变化。ABS树脂制品表面可以抛光,能得到高度光泽的制品 ABS具有优良的综合物理和力学性能,极好的低温抗冲击性能。尺寸稳定性、电性能、耐磨性、抗化学药品性、染色性、成品加工和机械加工较好。ABS树脂耐水、无机盐、碱和酸类,不溶于大部分醇类和烃类溶剂,而容易溶于醛、酮、酯和某些氯代烃中。ABS树脂热变形温度低可燃,耐气候性较差。熔融温度在217~237℃,热分解温度在250℃以上
5	NBR	丁腈橡胶	丁腈橡胶是由丁二烯和丙烯腈经乳液聚合法制得的材料,丁腈橡胶主要采用低温乳液聚合法生产,耐油性极好,耐磨性较高,耐热性较好,黏结力强 丁腈橡胶主要用于制作耐油制品,如耐油管、胶带、橡胶隔膜和大型油囊等;也常用于制作各类耐油模压制品,如油封、皮碗、膜片、活门、波纹管、胶管、密封件、发泡等;同时丁腈橡胶也用于制作胶板和耐磨零件。国外主要用于汽车、航空、印刷、纺织和机械制造业等 丁腈橡胶虽然具有优良的物理力学性能和加工性能,但长期在酸性汽油和高温(150℃)环境中使用性能不如氟橡胶和丙烯酸橡胶,为此,德国、加拿大和日本有些公司开发出性能优异的氢化丁腈橡胶(HNBR)
6	HNBR	氢化丁腈橡胶	氢化丁腈橡胶(HNBR)是以改善丁腈橡胶的耐热性、耐气候性为目的,通过氢化NBR聚合物主链中所含的双键而成的一种橡胶。HNBR具有优良的耐油性、耐腐蚀、耐氧化、耐高温,尤其是耐低温性能,并具有机械强度和耐磨性高的特点,缺点是价格较高 HNBR可制作V带、多用三角环的底层胶、隔振器等,也可制备密封圈、密封件、耐热管等,以及发电站的各种橡胶密封件,也用作液压管、液压密封、发电站用电缆护套,还可作印刷和织物辊筒、武器部件及航天用密封件、覆盖层、燃油囊等,HNBR胶乳可用作表面涂层(画),纺织、纸张、皮革、金属、陶瓷、无纺布纤维用的黏合剂,以及发泡橡胶、浸渍胶乳产品等
7	FKM	氟橡胶	氟橡胶指主链或侧链的碳原子上含有氟原子的合成高分子弹性体。氟橡胶可以分为氟碳橡胶、氟硅橡胶、氟化磷腈橡胶等三种基本类型 氟原子的引入,使得氟橡胶具有以下特性:优异的耐高温性能,使用温度范围为-60~+250℃;优异的耐油性能(对高温燃料油、含硫润滑油、液压油、双酯油类等各种油类的耐受性能均优于其他橡胶);优良的耐强腐蚀介质和强氧化剂的性能(对发烟硝酸、浓硫酸、盐酸、过氧化氢、浓碱等强腐蚀介质作用的稳定性均优于其他橡胶);良好的力学性能、电绝缘性能和抗辐射性能;良好的耐真空性能。由于氟橡胶在所有合成橡胶中综合性能最佳,故有"橡胶王"的俗称。特别适合用作各类密封件的材料 FKM为欧洲对氟橡胶的缩写,美国对氟橡胶的缩写为FPM

序号	材料代号	中文名称	主要特性
8	PP	聚丙烯	聚丙烯(Polypropylene,PP)是一种半结晶的热塑性塑料。具有较高的耐冲击性,力学性能强韧,抗多种有机溶剂和酸碱腐蚀。在工业界有广泛的应用,是常见的高分子材料之一。澳大利亚的钱币也使用聚丙烯制作 聚丙烯主要用于各种长、短丙纶纤维的生产,用于生产聚丙烯编织袋、打包袋、注塑制品等,也用于生产电器、灯饰、照明设备及电视机的阻燃零部件
9	PTEE	聚四氟乙烯	聚四氟乙烯(Teflon 或 PTFE),俗称"塑料王",是由四氟乙烯经聚合而成的高分子化合物,具有优良的化学稳定性、耐腐蚀性、密封性、高润滑不黏性、电绝缘性和良好的抗老化耐力。用作工程塑料,可制成聚四氟乙烯管、棒、带、板、薄膜液压气动系统的组合密封件等。一般应用于性能要求较高的耐腐蚀的管道、容器、泵、阀以及雷达、高频通信器材、无线电器材等

第3章
方向控制阀及阀岛

3.1　功用及种类

气动方向控制阀（简称方向阀）的功用是控制压缩空气的流动方向和气流通断，以满足执行元件启动、停止及运动方向的变换等工作要求。

在各类气动控制元件中，方向阀种类最多，分类方式也较多，如图3-1所示。不同类型的方向阀主要体现在功能、结构、操纵方式、作用特点、密封形式及安装连接方式上。

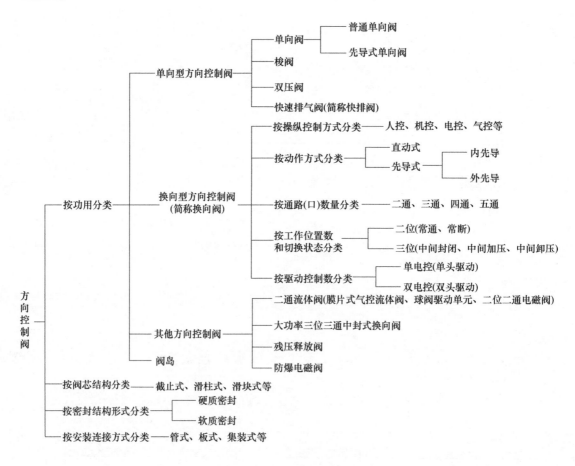

图3-1　方向控制阀的分类

气动阀
原理、使用与维护

3.2 单向型方向阀

单向型方向阀只允许气流一个方向流动，包括普通单向阀、先导式单向阀、梭阀、双压阀和快速排气阀等。

3.2.1 普通单向阀

（1）结构原理

图3-2（a）为内螺纹的管式普通单向阀结构原理图。当正向进气时，进、排气口P、A接通，当进气压力降低时，阀起截止作用，使介质不能逆向返回，保持系统压力，故又称止回阀；反向进气时，P、A口截止，靠阀芯2与阀座5间的密封胶垫4实现密封。国内外大多数单向阀产品均为此类结构，只是外形结构及连接方式有所不同而已，普通单向阀的图形符号如图3-2（b）所示。图3-3（a）、（b）、（c）分别为内螺纹式、外螺纹式和端部带有快换接头的管式单向阀实物外形图。

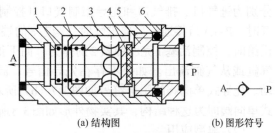

(a) 结构图　　　　　(b) 图形符号

图3-2　普通单向阀结构原理及图形符号

1—弹簧；2—阀芯；3—阀体；4—密封胶垫；
5—阀座；6—密封圈

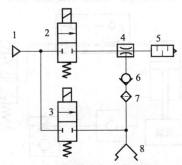

(a) 无锡市华通气动制造有限公司KA系列产品 (b) SMC(中国)有限公司AKH.AKB系列产品 (c) 费斯托(中国)有限公司H系列产品

图3-3　三种管式单向阀的实物外形图

（2）典型应用

单向阀的典型应用是防止气动介质逆流和防止重物下落。如图3-4所示为简易真空保持回路，单向阀6可用于防止吸盘8的介质向真空发生器4逆流；图3-5为防止储气罐内的压力逆流

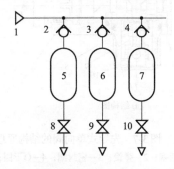

图3-4　用单向阀的简易真空保持回路

1—气压源；2，3—二位二通电磁阀；4—真空发生器；
5—消声器；6—单向阀；7—过滤器；8—真空吸盘

图3-5　用单向阀的防止储气罐内压力逆流回路

1—气压源；2~4—单向阀；5~7—储气罐；8~10—截止阀

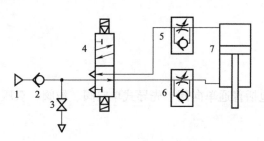

图3-6 用单向阀的防止重物下落回路

1—气压源；2—单向阀；3—截止阀；4—二位五通电磁阀；
5，6—单向节流阀；7—气缸

回路，单向阀2、3、4分别用于阻止储气罐5、6、7的压力逆流；图3-6为防止重物下落回路，在气缸7拖动重物等待期间，单向节流阀5、6封堵了气缸工作腔气体，重物被短时保持。

3.2.2 先导式单向阀

（1）结构原理

先导式单向阀具有除了具有普通单向阀的正向流通反向截止功能外，通过外部气压控制还可实现反向流通。图3-7（a）为一种先导式单向阀的结构原理，阀上的三个气口P、A、K分别为进气口、排气口和先导控制气口（控制口）。在控制口K无信号供给条件下，正向进气时，P→A口接通；反向进气时，阀芯8的端面与阀座接触将阀口关闭。当控制口K有信号供给时，控制活塞1克服弹簧2的弹力，向下推动阀芯8，导通P、A口，压缩空气便会流入气缸或从气缸流出。如果不存在先导信号，阀就会切断气缸的排气通道，气缸就会停止运动。先导式单向阀的图形符号如图3-7（b）所示。SMC（中国）有限公司AS-X785系列先导式单向阀即为这种结构，其实物外形如图3-8所示。

（2）典型应用

先导式单向阀适用于气缸短时间的定位和制动场合，例如图3-9中的回路，当二位五通电磁阀2通电切换至上位时，压缩空气经阀2和5进入气缸无杆腔，同时反向导通阀4，气缸

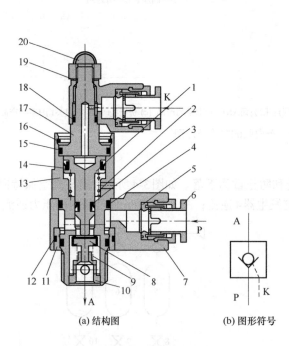

(a) 结构图　　(b) 图形符号

图3-7 先导式单向阀的结构原理

1—控制活塞；2—弹簧；3—密封圈；4—O形圈；5—密封件；
6—快换接头；7—接头体；8—阀芯；9—弹簧；10—弹簧座；
11—密封件；12—O形圈；13—导控体；14—密封件；15—O形圈；16—环；17—盖；18—O形圈；19—垫圈；20—堵头

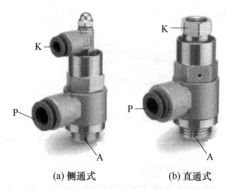

(a) 侧通式　　　　　(b) 直通式

图3-8 先导式单向阀实物外形图

[SMC（中国）有限公司AS-X785系列产品]

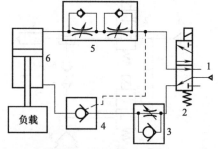

图3-9 利用先导式单向阀防止气缸自行下降回路

1—气压源；2—二位五通电磁阀；3—单向节流阀；
4—先导式单向阀；5—双单向节流阀；6—气缸

气动阀
原理、使用与维护

下腔经阀3中的节流阀和阀2排气，负载下行。当二位五通电磁阀2断电处于图示下位状态时，先导式单向阀4的控制口K无信号，该阀反向关闭，故气缸6有杆腔气体被封闭，负载停位。

3.2.3　或门型梭阀

（1）结构原理

或门型梭阀相当于反向串接的两个单向阀（共用一个双作用阀芯），故具有两个入口及一个出口，工作时具有逻辑"或"的功能。图3-10（a）、（b）分别为或门型梭阀的结构原理图及图形符号，当A口或B口有压力气体作用时，C口有压力气体输出。在图示状态，阀芯2在A口压力气体作用下左移，使B口关闭，A口开启，气流由C口排出。同样，当B口有压力气体作用时，阀芯右移，使B口开启，A口关闭，气体由C口排出。当A、B口同时有压力气体作用时，压力高者工作。通常A、B口只允许一个口有压力气体作用，另一口连通大气。广东肇庆方大气动有限公司QS系列梭阀、SMC（中国）有限公司VR1210、1220系列梭阀及费斯托（中国）有限公司产品OS系列或门即为此类结构，图3-11是其实物外形图。

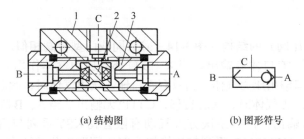

(a) 结构图　　　　　　　　(b) 图形符号

图3-10　或门型梭阀结构原理

1—阀体；2—阀芯；3—阀座

(a) QS系列梭阀　　　　　　(b) VR1210、1220系列梭阀　　　　　(c) OS系列或门型梭阀
（广东肇庆方大气动有限公司产品）　[SMC(中国)有限公司产品]　　　[费斯托(中国)有限公司产品]

图3-11　或门型梭阀实物外形图

（2）典型应用

或门型梭阀在逻辑回路和程序控制回路中被广泛采用，例如图3-12中的手动-自动换向回路，操作手动阀1或电磁阀2都可以通过梭阀3使气动阀4换向，从而使气缸7换向，故这种回路又称为或回路，单向节流阀5和6用于气缸7的正反向调速。图3-13为使用或门型梭阀的互锁回路，当手动阀1或2切换至左位时梭阀4动作，则气控阀5切换至左位，此时若阀3也切换至左位，则回路无输出3；若阀1和2都处于如实右位，则只要操纵阀3，回路便有输出3。

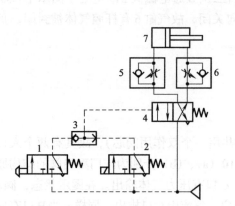

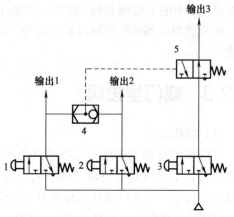

图3-12 使用或门型梭阀的手动-自动换向回路

1—二位三通手动阀；2—二位三通电磁阀；3—梭阀；4—二
位四通气控阀；5，6—单向节流阀；7—气缸

图3-13 使用或门型梭阀的互锁回路

1~3—二位三通手动阀；4—或门型梭阀；
5—二位三通气控阀

3.2.4 与门型梭阀

（1）结构原理

与门型梭阀（双压阀）的结构［图3-14（a）］同或门型梭阀相似。该阀只有当A、B口同时输入压力气体时，C口才有输出。当A、B口都有压力气体作用时，阀芯2处于中位，A、B、C口连通，C口输出压力气体。当只有A口输入压力气体时，阀芯左移，C口无输出。同样，只有B口输入压力气体时，阀芯右移，C口也无输出。当A、B口气体压力不相等时，则气压低的通过C口输出。广东肇庆方大气动有限公司KSY系列与门型梭阀（双压阀）、SMC（中国）有限公司VR1211F系列带快换接头双压阀即为此类结构，图3-15是其实物外形图。

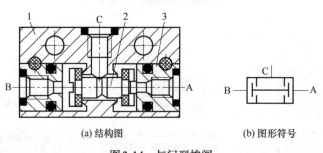

(a) 结构图   (b) 图形符号

图3-14 与门型梭阀

1—阀体；2—阀芯；3—阀座

(a) KSY系列与门型梭阀（双压阀）　　(b) VR1211F系列带快换接头双压阀
(广东肇庆方大气动有限公司产品)　　[SMC(中国)有限公司产品]

图3-15 与门型梭阀实物外形图

气动阀
原理、使用与维护

（2）典型应用

与门型梭阀也在有互锁要求的回路中被广泛采用，如图3-16所示为该阀在钻床气动控制系统中的应用回路。行程阀1为工件定位信号，行程阀2为夹紧工件信号。当两个信号同时存在时，与门型梭阀3才输出压力气体，使气动换向阀4切换至左位，气缸5驱动钻头开始钻孔加工。否则，阀4不能换向。可见，与门型梭阀对行程阀1和行程阀2起到了互锁作用。

如图3-17所示的另一种与门型梭阀应用回路，当出口压力不同的电磁阀1和2都通电切换至左位时，输出1及输出2便有信号输出；当输出1及输出2都有信号输出时，一旦手动阀3切换至左位，输出3便有信号；当电磁阀1和2任一个断电复位至右位时，即便阀3处于左位，输出3也无信号。

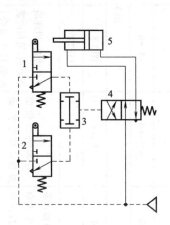

图3-16　钻床系统与门型梭阀应用回路

1，2—二位三通行程阀；3—梭阀；

4—二位四通气控阀；5—气缸

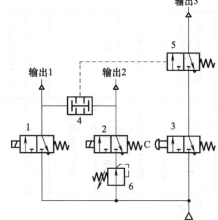

图3-17　与门型梭阀的另一种应用回路

1，2—二位三通电磁阀；3—二位三通手动阀；4—梭阀；

5—二位三通气控阀；6—减压阀

3.2.5　快速排气阀

快速排气阀（简称快排阀）是为了加快气缸运动速度作快速排气之用的阀，按阀芯结构不同有膜片式和唇式等形式，其中膜片式较为多见。在快速排气阀的排气口还可带或不带快换管接头或消声器。

（1）结构原理

图3-18（a）为膜片式快速排气阀的结构图，当P口有压力气体作用时，膜片1下凹，关闭排气口T，气体经膜片圆周上所开的小孔2从A口排出。当P口的压力气体取消后，膜片在

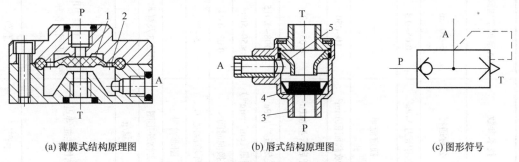

(a) 薄膜式结构原理图　　　　(b) 唇式结构原理图　　　　(c) 图形符号

图3-18　快速排气阀结构原理及图形符号

1—膜片；2—小孔；3—阀体；4—唇形阀芯；5—阀座

表3-1　单向型方向阀产品概览

技术参数	KA系列单向阀	KA系列单向阀	AK系列单向阀	AKH、AKB系列带快换接头单向阀	H系列单向阀	AS-X785系列先导式单向阀	HGL系列先导式单向阀	VCHC40系列5.0MPa用单向阀
公称通径	6~50mm	3~25mm	1/8~1"	4~12mm	M5、G1/8~G3/4	6~12mm	M5、G1/8~G1/2	G3/4、1"
使用压力/MPa	0.05~0.8	0.05~0.8	0.02~1.0	-0.1~1.0	0.04~1.2	0.1~1.0	0.5~1.0	0.05~5.0
额定流量	—	—	见样本	—	115~2230L/min	—	130~1400L/min	工作介质:空气、惰性气体
有效截面积/mm²	10~650	5~190	25~230	—	—	—	—	140
开启压差/MPa	0.03~0.01	0.03~0.01	—	0.005	—	先导控制压力 ≥50%工作压力	先导控制压力为 0.2~1.0	0.05
关闭压差/MPa	0.008~0.015	0.008~0.025	—	—	—	—	—	—
泄漏量/(cm³·min⁻¹)	≤50~500	—	—	—	—	—	—	—
换向时间/s	0.03~0.04	—	—	—	—	—	—	—
环境温度/℃	5~50	-25~80	-5~60	-5~60	-10~60	-5~60	-10~60	—
图形符号	图3-3及样本	样本	图3-2(b)	图3-4	图3-5	图3-8	图3-7(b)	图3-2(b)
实物外形图	样本	—	样本	—	—	—	样本	样本
质量/g	—	—	105~315	—	—	35~250	—	1002
结构性能特点	管式连接，用于气体止回及保压	管式连接，结构简单，使用可靠，无需特殊维护	开启压力低，通流能力大	有直通型和直通接头型，用于真空保持、储气罐压力保持、止逆、防止自重落下	有内/外螺纹型接头换接头型及带管接头型，耐腐蚀	强度高，耐环境能力强，可与内螺纹/管接头组合；可暂时中间停止	适用于气缸短时定位和制动等安全相关的系统	阀座采用聚氨酯弹性体，提高了高压环境下的耐久性
生产厂	①②	③	④	④	⑤	④	⑤	④

气动阀
原理、使用与维护

技术参数	KS系列 或门型梭阀	QS系列 或门型梭阀	VR1210、1220系列梭阀	OS系列 或门型梭阀	KSY系列与门梭阀（双压阀）	VR1211F系列 带快换接头双压阀	ZK系列与门	KKP系列快速排气阀 气门
公称通径	3~25mm	3~25mm	1/8″、1/4″	2.4~6.5mm	3~15mm	3.2~6mm	2.4~4.5mm	6~50mm
工作压力/MPa	0.05~0.8	0.05~0.8	0.05~1.0	0.16~1.0	0.05~0.8	0.05~1.0	0.16~1.0	0.12~0.8
额定流量	—	0.7~30m³/h		120~1170L/min	—	100~170L/min	120~500L/min	—
有效截面积/mm²	4~190	额定流量下压降：≤ 0.01~0.025MPa	7,15	—	4~60	1.5~2.3	—	P→A:10~650 A→O:20~900
开启压差/MPa	—		0.05	—	—	—	—	—
关闭压差/MPa	—			—	—	—	—	—
泄漏量/(cm³·min⁻¹)	10~50	≤30~250		≤30~250	30~120	—	—	50~300
换向时间/s	—	≤0.03		—	—	—	—	0.03~0.06
环境温度/℃	5~50	-5~50	-5~60	-10~60	-10~50	-5~60	-10~60	5~50
图形符号	样本	图3-11(a)	图3-11(b)	图3-11(c)	图3-15(a)	图3-15(b)	样本	图3-19(c)
实物外形图	—	图3-11(b)		图3-11(c)	图3-15(a)	图3-15(b)	样本	图3-19(a)
质量/g	—	—	24.45	10~110	—	26.4~27	10~45	—
结构性能特点	结构类似两个单向阀的组合，两个气信号分别从同一输气口输出，两个气信号同后后干扰	气压信号系统管路中的调整用中继元件，带快换接头。经常是常开的空气从高压侧侧输出出		倒钩式接头，用于3mm内径的气管	螺纹连接	仅P1、P2两方都供气时，输出侧才有输气出；在不同压力的场合，低压侧的压力从输出侧侧输出	倒钩接头，用于3mm内径的气管	常配置在气缸和换向阀之间，适用于远距离调整又有速度要求的系统
生产厂	①②	③	④	⑤	③	④	⑤	①②

技术参数	KP系列快速排气阀	AQ240F、340F系列快速排气阀	AQ 1500~5000系列快速排气阀	SE系列快速排气阀	SEU系列带消声器快速排气阀	C-AQ系列快速排气阀	KAB系列可控型单向阀
公称通径	3~25mm	4~6mm	M5、1/8~3/4"	5~15mm	5~15mm	M5、1/8"	8~25mm
工作压力/MPa	0.12~0.8	0.1~1.0	0.05~1.0	0.05~1.0	0.05~1.0	0.1~1.0	0.25~1.0
额定流量/(m³·h⁻¹)	—	—	—	300~6480	550~4020	—	—
有效截面积/mm²	P→A:4~190 A→O:8~300	P→A:1.7~4 A→O:2.5~4	P→A:2~135 A→O:2.8~180	—	—	—	—
开启压差/MPa	—	—	—	—	—	—	先导压力>工作压力
关闭压差/MPa	—	—	—	—	—	—	
泄漏量/(cm³·min⁻¹)	—	—	—	—	—	—	0
换向时间/s	—	—	—	—	—	—	
环境温度/℃	-20~50	-5~60	-5~60	-20~75	-20~75	-5~60	-25~70
图形符号	图3-19(b)	图3-19(c)	图3-18(c)	图3-19(d)	样本	图3-18(c)	样本
实物外形图	—	—	样本	样本	样本	与图3-19(c)类似	—
质量/g	—	—	25~650	75~200	65~320	5~13	—
结构性能特点	体积小，外形美观，性能良好；适用于要求气缸快速运动的场合	带快换接头，直接安装，节省空间	排气特性好，流通能力大；有唇式、膜片式和内置快换接头式	可提高气缸回程时的活塞速度。该阀需直接装到气缸排气口上，以便更好地利用快速排气阀功能	可通过消声器减少排气噪声		也称气动安全阀，直接接至气缸入口，正常情况下，换向阀及气缸正常工作，一旦外部气源突然失压，可控单向阀立即动作，封死气路，防止气路压缩空气外泄，气缸仍有力，起到安全保护作用
生产厂	③	④	④	⑤	⑤	⑥	③

注：1. 生产厂：①济南派特菲特气动元件有限公司；②无锡市华通气动制造有限公司；③广东肇庆市华通气动有限公司；④SMC（中国）有限公司；⑤费斯托（中国）有限公司；⑥浙江西克迪气动有限公司（乐清）。

2. 各系列单向阀的技术参数、外形安装连接形式及尺寸等以生产厂产品样本为准。

弹力和A口的压力气体作用下复位，P口关闭，A口的压力气体经T口排向大气。图3-18（b）为唇式快速排气阀的结构图，当压缩空气从P口流入时，唇形阀芯4上移其截面封堵排气口T，气体通过唇形阀芯与阀座内孔之间环形缝隙从A口进入气缸。当气口P处的压力下降时，从气口A到T排气。图3-18（c）为快速排气阀的图形符号。

图3-19为几种快速排气阀的实物外形图。

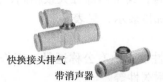

(a) KKP系列膜片式快速排气阀	(b) KP系列快速排气阀	(c) AQ240F.340F系列快速排气阀	(d) SE系列快速排气阀
(济南杰菲特气动有限公司产品)	(广东肇庆方大气动有限公司产品)	[SMC(中国)有限公司产品]	[费斯托(中国)有限公司产品]

图3-19　快速排气阀实物外形图

（2）典型应用

快速排气阀通常安装在换向阀和气动执行元件之间使用，使气缸内的空气不经换向阀而由此阀直接排出。由于排气快，缩短了气缸的返程时间，提高了气缸的往复速度，特别适用于远距离控制又有速度要求的系统。图3-20为快速排气阀的应用回路，带消声器的快速排气阀4、5设置在气缸6和二位五通电磁阀3之间，即可提高气缸6的正反向运动速度。

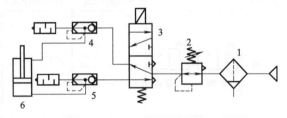

图3-20　双向快速排气阀应用回路
1—分水过滤器；2—定值器；3—二位五通电磁阀；4, 5—带消声器快速排气阀；6—气缸

3.2.6　单向型方向阀的性能参数

单向型方向阀的主要性能参数有公称通径、使用压力、额定流量、有效截面积、开启和关闭压力、泄漏量、换向时间等。

3.2.7　单向型方向阀产品概览（表3-1）

3.3　换向型方向阀

3.3.1　类型参数

（1）功用及类型

换向型方向阀简称换向阀，用于改变气流方向，从而改变执行元件的运动方向、控制气流的开关通断等。

气动换向阀由主体部分和操纵部分组成。阀芯和阀体为阀的主体部分，阀芯工作位置数有二位和三位等，通路数有二通、三通、四通及五通等，阀芯结构有截止式（提动式）、滑柱式（柱塞式）和滑块式等，各种阀芯结构的性能特点可参见1.6.3节。方向阀输出状态的改变，可以用人力、机械力、气压力和电磁力操纵（控制）来实现，故阀的操纵控制方式有人控（旋钮、按钮、肘杆、双手、脚踏等）、机控、电磁、气控等多种。

不同类型的换向阀，其主体部分大致相同，区别多在于操纵机构和定位机构。这些内容基本均可用图形符号加以表示，见表3-2。

（2）性能参数

换向型方向阀的性能参数有公称通径、工作压力范围、流量特性及截面积、换向时间、工作频率、泄漏量和耐久性等。

表3-2 换向型方向阀的通路数和位数及操纵控制方式的图形符号及特点

通路（口）数	二位	三位			说明
		中位封闭式	中位加压式	中间泄压式	
二通	(图形符号) 常断　常通				为改变气流方向，换向阀的阀芯位置要变换，一般可变动2~3个位置，而且阀体上的通路数也不同。根据阀芯可变动的位置数和阀体上的通路数，可组成※位※通阀。其图形符号意义为： ①方格表示换向阀的工作位置，有几个方格即表示几位阀 ②方格内的箭头符号"↑"或"↓"表示气流的连通情况（有时与气流方向一致），短垂线"┬"表示气流被阀芯封闭，这些符号在一个方格内与方格的交点数（主阀口数，不包括控制口）即表示阀的通路数 ③方格外的符号为操纵阀的操纵控制符号，操纵控制方式有人控、机控、电磁、气控等 ④阀的静止位置（即未加控制信号时的状态）称为零位。电磁阀的零位是指断电时的状态 ⑤二通、三通阀有常通和常断之分。常通是指阀未加控制信号（即零位）时，有输出；反之，常断阀在零位时，无输出
三通	(图形符号) 常断　常通	(图形符号)			
四通	(图形符号)	(图形符号)	(图形符号)	(图形符号)	
五通	(图形符号)	(图形符号)	(图形符号)	(图形符号)	

气口的表示	阀的气口可用字母表示，也可用数字表示（符合ISO 5599标准）				
	气口	字母表示	数字表示	气口	字母表示	数字表示
	输入口（进气口）	P	1	控制口	X、Y、Z	12、14
	输出口（工作气口）	A、B、C	2、4	输出信号清零的控制口		10
	排气口	R、S、T	3、5	外部控制口		81、91
	泄漏口	L		控制气路排气口		82、84

操纵控制方式的特点及图形符号	各种操纵控制方式的特点
	① 人力控制:利用人力来操纵阀换向。使用频率较低,动作速度慢,操作力小,故阀的通径小;操纵灵活,可按人的意志随时改变控制对象的状态,可实现远距离控制;在手动系统中,一般直接操纵气动执行元件;在半自动和自动系统中多作为信号阀使用
	② 机械控制:利用执行机构或者其他机构的机械运动(如借助凸轮、滚轮、杠杆和撞块等)操纵阀杆使阀换向。根据阀芯头部结构形式有直动圆头式、滚轮式和可通过式等类型
	③ 电磁控制是利用电磁力使阀换向的。按驱动控制数有单电控和双电控两类电磁阀:单电控阀(单头驱动)是指阀的一个工作位置由控制信号获得,另一个工作位置是当控制信号消失后,靠其他外力(如弹簧力)来获得(称为复位方式);双电控阀(双头驱动)是指阀有两个控制信号。对于二位双控式阀,当一个控制信号消失,另一个控制信号未加入时,能保持原阀位不变,称阀具有记忆功能,相当于"自锁"。利用双电控阀这种特性,在设计机电控制回路或编制PLC程序时,让电磁阀线圈动作1~2s即可,以保护电磁阀线圈不受损坏。 按动作方式电磁阀有直动式和先导式两种:直动式电磁阀利用电磁力直接推动阀杆(阀芯)换向,具有结构简单紧凑、切换频率高的特点;先导式电磁阀是利用电磁先导输出气压来控制主阀换向的。一般而言,通径大的电磁阀都采用先导式结构。电磁控制换向阀易于实现电-气联合控制,能实现远距离操纵,故应用相当广泛
	④ 气压控制是利用气压信号作为操纵力使阀切换换向,改变输出状态的。根据气压信号的控制方式不同有加压控制、卸压控制、差压控制和延时控制4种方式:加压控制是指所加的控制信号压力是逐渐上升的,当气压增加到阀芯的动作压力时,阀芯便沿着加压方向移动,从而实现换向;卸压控制是指所加的气控信号压力是减小的,当减小到某一压力值时,阀芯换向;差压控制是使阀芯在两端压力差的作用下换向;延时控制是利用气流或阻容环节充气,经一定时间后,当气容内压力升至一定值时,阀芯在差压作用下迅速移动换向。气压控制方向阀用于高温易燃、易爆、潮湿、粉尘大、强磁场等恶劣工作环境下,比电磁操纵安全可靠性高

操纵控制方式符号								
人力控制	普通式	⊢	机械控制	直动圆头	⊢	气压控制	直动式	▷
	按钮	⊢		滚轮	⊢		先导式	▷▷
	手柄	⊢		单向滚轮(空返回)	⊢	电磁控制	单电控	⊏
	带锁紧机构,手柄操作	⊢		弹簧复位	⋀		双电控	⊏ ⊐
	脚踏式	⊢		位于中心弹簧复位	⋀ ⋀		先导式	⊠

注:换向阀的图形符号绘制需遵守GB/T 786.1—2021的规定,请参见1.5节。

3.3.2　人力控制换向阀(人控阀)

(1) 旋钮式人控换向阀(手指换向阀)

旋钮式人控换向阀又称手指换向阀,简称手指阀,是通过人手直接操作旋钮实现阀的通断的二位换向阀,按通路数有二通、三通和五通等形式;按结构原理有直动式和先导式两种,先导式较直动式操作力要小,主要用于控制气路的开关和换向,可发出气信号给气控换向阀使其换向,也可直接控制中、小型气缸等执行元件动作。

如图3-21 (a) 所示为一种二位二通手指换向阀,它由阀体1、旋钮2、凸轮环3、阀杆4、弹簧5、阀座6、阀芯7等组成,阀芯通过座阀结构实现密封。当逆时针方向操作旋钮时

[图3-21（b）]，通过凸轮环和阀杆推动阀芯克服弹簧力下移，阀口打开，P→A口接通，压缩空气流过；反向操作旋钮，则阀口关闭，P→A口截止。通过旋钮方向可清楚地表示阀的开闭。有的三通手指阀，并无排气通口，在关闭位置，排出A侧的残余空气。图3-22为三种手指换向阀的实物外形图。

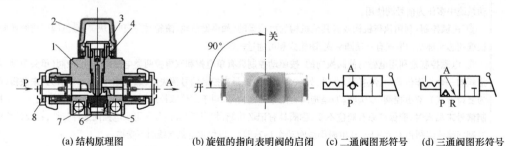

(a) 结构原理图　　　　(b) 旋钮的指向表明阀的启闭　　(c) 二通阀图形符号　　(d) 三通阀图形符号

图3-21　手指换向阀结构原理

1—阀体；2—旋钮；3—凸轮环；4—阀杆；5—弹簧；6—阀座；7—阀芯；8—快换管接头

(a) C系列旋钮式人控阀　　　　(b) K23JR3型旋钮式二位三通换向阀　　　　(c) VHK系列手指阀
(广东肇庆方大气动有限公司产品)　　(济南杰菲特气动元件有限公司产品)　　[SMC(中国)有限公司产品]

图3-22　手指换向阀实物外形图

（2）手动滑块（转阀）式换向阀

手动滑块（转阀）式换向阀是利用人力旋转操纵手柄，使阀芯相对于阀体旋转从而改变气体流向。此类阀具有轻巧灵活、压降小、操作维护方便、易损件少、耐磨性好、维护方便的优点，主要用于无自动化要求的气动机械设备或装置中，既可直接安装在机座上，也可安装在控制盘上。

图3-23（a）为手动转阀式四通换向阀的结构原理。在阀体6上开有压缩气口P、排气口T和工作气口A、B等4个气口，其操作手柄1通过转轴10可带动滑板（阀芯）8转动。如图3-23（b）所示，二位阀的手柄操作角度为90°，三位阀的手柄操作角度在左位和右位各为45°。转轴10带动滑板8转动，则气口P→A（或P→B）和B→T（或A→T）接通，实现了气缸等执行元件的换向，弹簧3和钢球4则用于滑板8换向后的定位。对于三位阀，当手柄处于中位时，转阀处于中位。可见通过手柄的朝向即可直观地判断气体流向。手动滑块（转阀）式四通换向阀的图形符号如图3-23（c）所示，对于三位阀，其处于中位时的4个气口的连通方式称为中位机能，有O型、Y型等多种形式，每一种形式对执行元件可实现不同的控制功能。

图3-24所示为几种手动滑块（转阀）式换向阀的实物外形图。

（3）手动滑阀式及截止式换向阀

手动滑阀式及截止式换向阀是利用人力推拉、手压、旋转等方式操纵手柄使阀芯相对于阀体滑动实现气流换向的阀（通常为弹簧复位）。图3-25为几种手动滑阀式及截止式换向阀的外形图及图形符号，其阀芯阀体等内部构造与下文其他控制方式的换向阀类似，此处不做介绍。此类阀具有小巧紧凑、重量轻、驱动力小等特点，有二位三通、二位五通和三位五通等多种机能，可用于所有工业以及手工业场合各类非自动化气动机械设备，执行简单的过程，如夹紧或关闭安全门等。

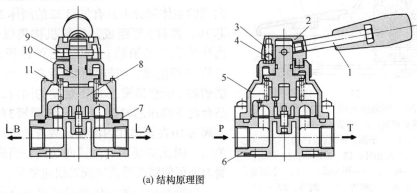

(a) 结构原理图

二位四通换向阀

O型(中位封闭式)三位阀

Y型(中间泄压式)三位阀

(b) 手柄操作角度及气流方向   (c) 图形符号

图3-23 手动滑块（转阀）式换向阀结构原理及图形符号

1—手柄；2—手柄头；3—弹簧；4—钢球；5—阀盖；6—阀体；7—O形圈；

8—阀芯（滑板）；9—销轴；10—转轴；11—弹簧

(a) QSR2系列水平旋转手柄式换向阀
（广东肇庆方大气动有限公司产品）

(b) VH系列手动转阀式换向阀
[SMC(中国)有限公司产品]

(c) VHER系列旋转式手柄换向阀
[费斯托(中国)有限公司产品]

图3-24 手动转阀式换向阀实物外形图

(a) QSR5系列手柄推拉式换向阀
（广东肇庆方大气动有限公司产品）

(b) K23JR6系列长手柄手压截止阀式换向阀
（济南杰菲特气动有限公司产品）

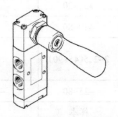

(c) VHEF-HS系列手柄旋转式换向阀
[费斯托(中国)有限公司产品]

推压式   旋转手柄式

(d) 手动滑阀操纵
控制图形符号

图3-25 手动滑阀式及截止式换向阀外形图及操纵控制图形符号

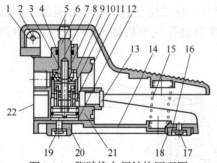

图3-26 脚踏换向阀结构原理图

1—销轴；2—埋头螺钉；3—弹簧；4—E形扣环；5—踏板；6—芯轴；7，8—O形圈；9—前盖；10—活塞阀芯；11—底盖；12—C形扣环；13—消声器；14—底座；15—弹簧；16—垫片；17—圆头螺钉；18—小脚垫；19—圆头螺钉；20—大脚垫；21—阀体；22—气口

（4）脚踏换向阀

脚踏换向阀是通过操作者脚踏踏板使滑阀换向的一种气动控制元件。如图3-26所示，脚踏换向阀的主体部分由开有气口22的阀体21、活塞阀芯10、弹簧3等组成。操纵机构类似一个杠杆，由作为支点的销轴1及带凸台的踏板5、芯轴6、弹簧15等组成。当脚踏到踏板右上面时，在踏板绕销轴1压缩弹簧15向下运动的同时，踏板下侧凸台向下推压芯轴6，克服压缩弹簧3的弹力使活塞阀芯10在阀体孔内滑动，故有的气口打开有的关闭，因此实现了气流流向切换；当脚抬起时弹簧力即可使踏板及活塞阀芯快速复位。

脚踏换向阀的主体部分既可垂直布置，也可水平布置。如图3-27所示为几种脚踏换向阀的实物外形及操纵控制图形符号。

(a) QR7A系列二位三通、五通脚踏换向阀(广东肇庆方大气动有限公司产品)

(b) KJR7系列脚踏式二位换向阀(济南杰菲特气动元件有限公司产品)

(c) VM200系列脚踏式二位换向阀[SMC(中国)有限公司产品]

踏板控制

(d) 脚踏换向阀操纵控制图形符号

图3-27 脚踏换向阀实物外形图及操纵控制图形符号

脚踏换向阀结构紧凑，动作灵敏，可用于有防爆要求的场合，经常用于控制系统信号阀（发讯装置）或小型单作用气缸的往复运动控制。

（5）人力控制换向阀产品概览（表3-3）

表3-3 人力控制换向阀产品概览

技术参数	C系列人力控制二位三通、五通换向阀	MHV系列二通、三通手指阀	C-VHK系列二通、三通手指阀	K23JR3型旋钮式二位三通换向阀	VHK2/3系列手指阀
公称通径	3mm(直动)、8mm(先导)	6~12mm	4~12mm,M5,1/8″~1/2″	3mm	4~12mm,M5,1/8″~1/2″
工作压力/MPa	0~0.8	−0.1~0.9	−0.1~1.0	0~0.8	−0.1~1.0
有效截面积/mm²	≥3、≥20	—	—	≥4	2.0~17.5
操作力/N	≤30~80	—	—	≤30	0.04~0.14N·m
操作行程(旋转角度)/mm(°)	2~2.5(45~90)	—	—	—	(90)
环境温度/℃	−25~80	−10~80	0~60	5~50	0~60
图形符号	样本	样本	样本	样本	样本
实物外形图	旋钮式见图3-22(a),其余见样本	样本	样本	图3-22(b)	图3-22(c)

气动阀
原理、使用与维护

技术参数	C系列人力控制二位三通、五通换向阀	MHV系列二通、三通手指阀	C-VHK系列二通、三通手指阀	K23JR3型旋钮式二位三通换向阀	VHK2/3系列手指阀
结构性能特点	有按钮式、旋钮式、推拉式、垂直转柄式等操纵方式。主要用于控制气路的开关和换向,给气控换向阀提供换向信号以及中小气缸换向	用于开关压缩空气;三通阀关闭时排出残余气体	螺纹连接,带快速接头	该阀为小型换向阀,具有记忆作用,用作信号阀或控制小型气动装置	旋钮操作轻巧,可直观地显示阀的开闭,难燃性结构
生产厂	①	②	③	④	⑤

技术参数	QSR2系列水平旋转手柄式换向阀	4HV系列手转式(二位、三位四通)换向阀	K24(34)R8A系列二位、三位四通手动转阀式换向阀	VH系列(二位、三位四通)手动转阀式换向阀	VHER系列三位四通手动换向阀
公称通径	8~15mm	1/8~3/4"	6~20mm	1/4~1"	M5、G1/8~G1/2
工作压力/MPa	0.8	0~1.0	0.9	0.7~1.0	−0.095~1.0
有效截面积/mm²	10~55	14~95	8~60	7.5~194	流量:170~3800L/min
操作力/N	≤100~160	—	40、60	—	0.9~5N
操作行程(旋转角度)/mm(°)	(90)	(90)	—	(90)	(45)
环境温度/℃	−25~80	−20~70	5~50	−5~60	−20~80
图形符号	样本	图3-22(c)	样本	图3-23(c)	样本
实物外形图	图3-24(a)	样本	样本	图3-24(b)	图3-24(c)
结构性能特点	轻巧灵活、操作方便;可直接安装在机座上或控制盘上使用;易损件少,且耐磨,维护方便	面板和底部安装;转动换向轻盈、手感良好,定位准确;压力损失小	采用精密陶瓷阀芯,泄漏量小,性能稳定可靠;其中三位四通阀有中封、中压和中泄式,有侧面和底面两种接管形式;体积小、重量轻、操作力小	可以底面配管,面板安装;可通过把手的朝向直观地判断流向	有中封、中压和中泄式,使用这种阀可以使气缸在行程范围内停止
生产厂	①	③	④	⑤	⑥

技术参数	QSR5系列手柄推拉式换向阀	K23JR6系列长手柄手压截止式二位三通换向阀	VHEF-L系列二位三通、五通手压式换向阀	VHEF-HS系列手柄式(二位三通、五通,三位五通)换向阀	QR7A系列二位(三通、五通)脚踏换向阀
公称通径	3~15mm	6mm	5.2~7mm	5.6~7mm	3~15mm
工作压力/MPa	0~0.8	0~0.8	−0.095~1.0	−0.095~1.0	0.8
有效截面积/mm²	≥4~40	10	流量:750~1200L/min	流量:530~1200L/min	≥3~40
操作力/N	≤30~160	≤80	8~14	驱动转矩0.6,0.7N.m	30~120
操作行程(旋转角度)/mm(°)		11~22	18.6	(90)	15~30
环境温度/℃	−25~80	5~50	−10~60	−10~60	−25~80

技术参数	QSR5系列手柄推拉式换向阀	K23JR6系列长手柄手压截止式二位三通换向阀	VHEF-L系列二位三通、五通手压式换向阀	VHEF-HS系列手柄式(二位三通、五通,三位五通)换向阀	QR7A系列二位(三通、五通)脚踏换向阀
图形符号	样本	样本	样本	样本	样本
实物外形图	图3-25(a)	图3-25(b)	样本	图3-25(c)	图3-27(a)
结构性能特点	轻巧、灵活、操作方便;无给油(也可给油)润滑,避免油气污染,可省去油雾器;手柄装有橡胶防尘套,保证内部运动件清洁	由普通二位三通截止阀和长手柄头部组成,按下手柄换向便有输出,离开手柄靠弹簧复位,适用于作信号阀或小型单作用气缸的换向控制	小巧紧凑,广泛用于各类气动系统;活塞滑阀与盘座阀,耐用性佳;结构坚固。用安装孔安装;手柄阀和旋转手柄阀用加持螺母可实现面板式安装		换代产品,重量轻、操作方便;无给油(也可给油)润滑,避免油气污染,可省去油雾器
生产厂	①	④	⑥		①

技术参数	4F系列二位五通脚踏换向阀	KJR7系列脚踏截止阀式二位(三通、四通)换向阀	VM200系列脚踏二位(二通、三通)换向阀		
公称通径	1/4"	6mm、8mm	1/4"		
工作压力/MPa	0~0.8	0~0.8	0~1.0		
有效截面积/mm²	—	10、20	19		
操作力/N	—	80~100	65		
操作行程(旋转角度)/mm(°)	30.4	26、30.6	—		
环境温度/℃	−20~70	5~50	−5~60		
图形符号	样本	样本	样本		
实物外形图	样本	图3-27(b)	图3-27(c)		
结构性能特点	铝质踏板,直动式结构,稳定可靠;适用于换向保持时间长的场合,可选择附锁型;锁紧机构稳定可靠,解锁轻巧迅速,但不可承受频繁强力冲击	既可作发讯器使用,也可直接控制气缸的往复换向	通流能力大,可与同系列其他换向阀的操纵形式进行替换		
生产厂	③	④	⑤		

注: 1. 生产厂:①广东肇庆方大气动有限公司;②牧气精密工业(深圳)有限公司;③浙江西克迪气动有限公司;④济南杰菲特气动元件有限公司;⑤SMC(中国)有限公司;⑥费斯托(中国)有限公司。

2. 各系列人力控制阀的技术参数、外形安装连接形式及尺寸等以生产厂产品样本为准。

3.3.3　机控换向阀

（1）结构原理

机控换向阀是通过机械外力驱动阀芯切换气流方向，既可作信号阀使用将气动信号反馈给控制器，也可直接控制气缸等执行元件。

机控阀多为二位阀，靠机械外力使阀实现换向动作，靠弹簧力复位。机控阀有二通、三通、四通、五通阀。

图3-28为二位五通直动滚轮机控换向阀的结构原理图，图示位置，弹簧6使滑柱式阀芯3复位，阀体4的压力气口P与工作气口B接通，工作气口A经排气口T_2排气；当机械撞块（图中未画出）等压下滚轮1和压杆2及阀芯3时，机控阀换向，压力气口P与工作气口A接通，工作气口B经排气口T_1排气。

除了上述直动滚轮式外，阀的头部操纵机构还有直动式（压杆活塞式）、杠杆滚轮式、滚轮通过式等多种形式，其实物外形和图形符号如图3-29所示。其中直动式由机械传动中的挡铁进行操纵控制；杠杆滚轮式由机械外力压下杠杆滚轮及阀芯进行控制；滚轮通过式只有当行程挡块正向运动时，挡块压住阀的头部才能使阀换向，而在挡块回程时，虽压滚轮，但阀不会换向。

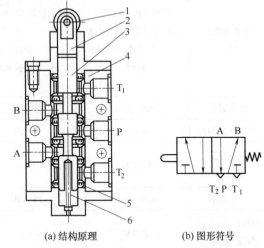

(a) 结构原理　　　　　(b) 图形符号

图3-28　二位五通直动滚轮机控换向阀结构原理及图形符号

1—滚轮；2—压杆；3—阀芯；4—阀体；
5—阀套及密封组件；6—复位弹簧

(a) K25C1 系列二位五通
直动滚轮机控换向阀
（济南杰菲特气动元件有限公司产品）

(b) VMEM-S系列二位三通
杆驱动（直动）机控换向阀
[费斯托（中国）有限公司产品]

(c) VM400 系列二位三通式
杠杆滚轮式机控换向阀
[SMC(中国) 有限公司产品]

(d) VM400 系列二位三通可通
过式机控换向阀
[SMC(中国) 有限公司产品]

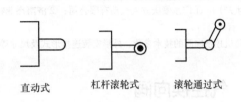

直动式　　　杠杆滚轮式　　　滚轮通过式

(e) 机控换向阀操纵符号

图3-29　机控换向阀实物外形及操纵图形符号

（2）产品概览

机械控制换向阀具有无需电子控制器及编程、易于调节和连接等优点。机械控制换向阀产品概览见表3-4。

表3-4　机械控制换向阀产品概览

技术参数及特点	C系列机控(直动式、杠杆滚轮式、滚轮通过式)二位三通、五通换向阀	K系列机控(直动式、直动滚轮式、杠杆滚轮式、可通过滚轮式)二位三通、五通换向阀	VM400系列机控(基本式、滚轮杠杆式、可通过式、直动柱塞式、滚轮柱塞式、横向滚轮柱塞式)二位三通换向阀	VMEM系列机控(杆驱动式、摆动杠杆式、滚轮杠杆式、曲柄式、滚轮驱动、二位三通、四通、五通)换向阀
公称通径	3mm、8mm	3~8mm	1/8″	2~7.0mm
工作压力/MPa	0~0.8	0~0.8	0~0.8	−0.095~1.0
有效截面积/mm²	≥3、≥20	4~20	7	流量:80~1000L/min
操作力/N	≤30、≤80	25~100	11~30	1.7~179
操作行程(旋转角度)/mm(°)	2~13	4.5~13	1.5~9	样本
环境温度/℃	−25~80	5~50	−5~60	−10~60
图形符号	样本	图3-28(b)	样本	样本
实物外形图	样本	图3-29(a)	图3-29(c)、(d)	图3-29(b)
结构性能特点	有常通和常断两种形式。具有小型化、轻型化、动作灵敏、低功耗、性能优良的特点;是国内相同通径系列中体积最小的机控阀。特别适用于电子、医药卫生、食品包装等洁净无污染的行业的气动系统	利用机械行程挡铁(块)等操纵,故又称行程阀,常用作信号阀,有的也可直接控制气缸等执行元件。其中,直动式为截止式弹簧复位结构,直动滚轮式、杠杆滚轮式为滑阀弹簧复位式,滚轮通过式为截止弹簧复位式	管式连接,全部通口可配管;安装空间小,带倒钩接头接管快;常开和常闭可选;操纵机构可互换。动作行程大	体积小,重量轻,结构紧凑,安装维护方便,多种机能可选,操纵力小,通流能力大,可以部分真空操作
生产厂	①	②	③	④

注:1. 生产厂:①广东肇庆方大气动有限公司;②济南杰菲特气动元件有限公司;③SMC（中国）有限公司;④费斯托（中国）有限公司。

2. 各系列机控换向阀的技术参数、外形安装连接形式及尺寸等以生产厂产品样本为准。

3.3.4　气控换向阀

（1）结构原理

气控换向阀是利用气压信号作为操纵力使气体改变流向的。气控换向阀适于在高温易燃、易爆、潮湿、粉尘大、强磁场等恶劣工作环境下及不允许电源存在的场合使用。气控换向阀按控制方式有加压控制、释压控制、差压控制和延时控制等四种。

加压控制指气控信号压力是逐渐上升的，当气压增加到阀芯的动作压力时，阀便换向；释压控制指气控信号压力是减小的，当减小到某一压力值时，阀便换向；差压控制指阀芯在两端压力差的作用下换向；延时控制指气流在气容（储气空间）内经一定时间建立起一定压力后，再使阀芯换向。此处仅介绍典型的释压控制和延时控制换向阀。

图3-30（a）为二位五通释压控制式换向阀的结构原理图。阀体1上的进气口P接压力气源，工作气口A和B接执行元件，排气口 T_1 和 T_2 接大气，K_1 和 K_2 接阀的左、右控制腔4和5（控制压力气体由P口提供），滑柱式阀芯2在阀体内可有两个工作位置，各工作腔之间采用合成橡胶材料制成的软体密封。当 K_1 口通大气而使左控制腔4释放压力气体时，则右控制腔5内的控制压力大于左腔的压力，便推动阀芯左移，使P→B口、A→T_1 口接通；反之，当 K_1 口关闭，K_2 口通大气而使右控制腔释放压力气体时，则阀芯右移换向，使P→A口、B→T_2 口相通。

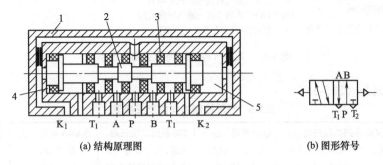

(a) 结构原理图　　　　　　　(b) 图形符号

图3-30　二位五通气控换向阀（释压控制）

1—阀体；2—阀芯；3—软体密封；4，5—左、右控制腔

图3-31（a）为二位三通延时控制式换向阀的原理图，它由延时和换向两部分组成。当无气控信号时，P口与A口断开，A腔排气；当有气控信号时，气体从K口输入经可调节流阀3节流后到气容C内，使气容不断充气，直到气容内的气压上升到某一值时，使换向阀芯2右移，P→A口接通，A口有输出。当气控信号消失后，气容内气压经单向阀4到K口排空。这种阀的延时时间可在0~20s间调整，多用于多缸顺序动作控制。

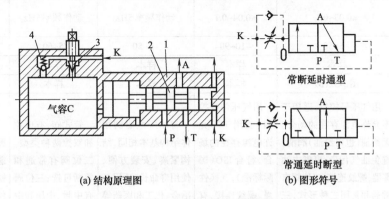

常断延时通型

常通延时断型

(a) 结构原理图　　　　　　　(b) 图形符号

图3-31　二位三通换向阀（延时控制）

1—阀体；2—阀芯；3—节流阀；4—单向阀

图3-32为几种气控换向阀的实物外形图。

(a) K35K2系列三位五通双气控
释压控制滑阀式换向阀
(济南杰菲特气动元件有限公司产品)

(b) QQC系列气控换向阀
(广东肇庆方大气动有限公司产品)

(c) K 23Y系列二位三通延时控制换向阀
(济南杰菲特气动元件有限公司产品)

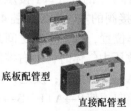

底板配管型

直接配管型

(d) VZA2000 二位、三位五通滑阀式
气控换向阀
[SMC(中国)有限公司产品]

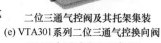

二位三通气控阀及其托架集装
(e) VTA301 系列二位三通气控换向阀
[SMC(中国)有限公司产品]

(f) VUWS系列二位三通、五通，三位
五通滑阀式气控换向阀
[费斯托(中国)有限公司产品]

图3-32　几种气控换向阀的实物外形图

（2）产品概览（表3-5）

表3-5　气压控制换向阀产品概览

技术参数	QQC系列二位三通、五通，三位三通、五通滑阀式气控换向阀	QQI系列二位三通、五通气控滑阀式气控换向	200系列二位三通、五通，三位五通内部先导式气控换向阀	3A/4A系列二位三通、五通，三位五通气控换向阀	K25JK系列二位五通单稳态截止式气控换向阀
公称通径	3~25mm	8~25mm	1/8″、1/4″	M5,1/8~1/2″	6~15mm
工作压力 /MPa	0.15~0.8	双控：0~0.8，单控：0.15~0.8	0.15~0.8	0.15~0.8	0.2~0.8
控制压力 /MPa	≤0.5	0.5			0.2~0.3
有效截面积 /mm²	≥3~190,≥3~110	≥20~190	12~16	流量特性见产品样本	10~60
换向时间/s	≤0.03~0.1	≤0.04~0.1	动作频率5Hz	动作频率5Hz	0.08(动作频率6Hz)
环境温度/℃	-5~50	-10~90	-5~50	5~60	5~60
图形符号	样本	样本	样本	样本	样本
实物外形图	图3-32(b)	样本	样本	样本	样本
结构性能特点	用气压号控制，适用于不允许电源存在的场合。无给油(也可给油)润滑，避免油气污染，可省去油雾器，螺纹连接。二位阀有常通和常闭二种形式，三位阀有中位封闭、中位加压和中间泄压三种形式	用气压信号控制，适用于不允许电源存在的场合，符合ISO(国际标准)，互换性强，螺纹连接，有常通和常断二种形式	与相应电磁阀主体结构基本相同，结构紧凑、安装方便、使用寿命长。适用于冶金、化工和医药等行业	管式阀，有单控和双控两种类型，二位阀有常通和常断可选；三位阀有中封、中压和中泄三种中位机能	结构简单、滑动配合面少、抗粉尘能力强，适用于钢铁、铸造等环境条件恶劣及有防爆要求的场合
生产厂	①	①	②	③	④

气动阀
原理、使用与维护

技术参数	K35K2系列三位五通双气控泄(释)压控制滑阀式换向阀	K 23Y系列二位三通气控延时换向阀	VZA2000系列二位、三位五通滑阀式气控换向阀	VTA301系列二位三通单气控换向阀	VUWS系列二位三通、五通,三位五通滑阀式气控换向阀
公称通径	6~25mm	6(8)mm	M5,1/8″	1/8″、1/4″	1/8″~3/8″,4~12mm
工作压力 /MPa	0~0.8	0.2~0.8	0~1.0	0~1.0	−0.09~1.0
控制压力 / MPa	≤0.3	—	0.1~1.0	0.2~1.0	0.025~1.0
有效截面积 /mm²	10~190	5(10)	流量特性见样本	流量特性见样本	流量600~2300L/min
换向时间/s	0.06~0.12,换向频率4、8	延时时间0~60,延时精度±6%	—	—	7~98
环境温度/℃	5~50	5~60	−10~50	−10~50	−10~60
图形符号	样本	图3-31(b)、(c)	样本	样本	样本
实物外形图	图3-32(a)	图3-32(c)	图3-32(d)	图3-32(e)	图3-32(f)
结构性能特点	常通气压信号控制。气路接通,阀处于中位,当某一气信号泄压,阀即换向,其信号重新加压后,则阀复位。该系列阀有中封(O)、中压(P)和中泄(Y)三种中位机能。泄压控制方式要求气信号发讯装置应为常通且两个气信号压力应相等	管式可调延时型方向控制阀,靠气流流经气阻、气容的延时作用,使被控对象的某一动作比另一动作滞后发生	可以直接配管和底板配管,配有集装底座。二位阀有单气控和双气控两类;三位阀有中封和中泄两种形式。使用压力<先导压力	管式阀,万向接口,0MPa压力下即可使用,不需给油润滑,耐冲击和振动	管式重载阀,坚固可靠、美观且易于操作,使用寿命长,多种机能,可用作单个阀或阀岛
生产厂	④	④	⑤	⑤	⑥

注:1. 生产厂:①广东肇庆方大气动有限公司;②无锡市华通气动制造有限公司;③浙江西克迪气动有限公司;④济南杰菲特气动元件有限公司;⑤SMC(中国)有限公司;⑥费斯托(中国)有限公司。

2. 各系列气控换向阀的技术参数、外形安装连接形式及尺寸等以生产厂产品样本为准。

3.3.5 双手操作用控制阀

双手操作用控制阀为气动系统的安全对策元件,它通过两手同时操作启动按钮机控阀,以避免手伸入设备内出现危险。双手操作用控制阀结构原理[SMC(中国)有限公司 VR51系列]如图3-33所示,该阀是一个主要由或门梭阀、与门梭阀(双压阀)、快排阀和气控滑阀式换向阀等组成的复合控制阀(阀的通径为6mm,使用压力为0.25~1MPa,环境温度及使用流体温度为−5~60℃,重340g),其实物外形如图3-34所示。

如图3-35所示为由这种阀构成的气动回路。该阀左侧P_1和P_2两输入气口分别连接按钮式机控阀1和2,右侧输出A口连接由气缸、单向节流阀等组成的气动回路的二位五通主气控阀的左端控制腔,即双手操作用控制阀作为主气控阀的信号阀使用。

当两手同时操作按钮式机控阀1、2使此两阀切换至下位时,双压阀5有信号输出,压力信号经换向阀3(图示下位)经快排阀6从A口输出进入主气控阀左端控制腔,使其切换至左位,从而主气源压缩空气经左侧单向节流阀进入气缸无杆腔使缸右行。如果仅操作按钮式机控阀1、2中的一个，而另一个不操作，则或门梭阀4有信号输出，经单向节流阀1和气容2作用于换向阀3的上端控制腔，使该阀切换至上位，则主气控阀控制腔经快排阀6快速排气而复至图示右位，气缸只能后退而不能前进，保证了安全。

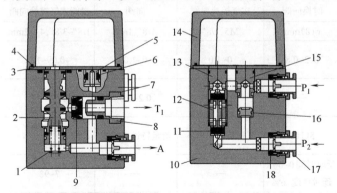

图3-33 双手操作用换向阀结构原理图　　　图3-34 双手操作用换向阀实物外形图

[SMC（中国）有限公司VR51系列产品]　　[SMC（中国）有限公司VR51系列产品]

1—弹簧；2—气控换向阀滑阀芯；3—平板；4—垫片；5—孔口；6—U形密封件；7—夹子；8—快排阀芯导座；9—快排阀阀芯；10—主体；11—与门梭阀（双压阀）阀芯；12—与门梭阀（双压阀）阀芯导座；13—双压阀阀座；14—阀盖；15—或门梭阀阀芯导座；16—或门梭阀阀芯；17—快换接头组件；18—密封件

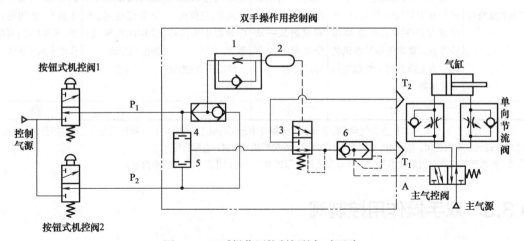

图3-35 双手操作用控制阀的气动回路

1—单向节流阀；2—气容；3—二位三通机控换向阀；4—或门梭阀；5—与门梭阀（双压阀）；6—快排阀

双手操作用控制阀的动作时间如图3-36所示，操作的延迟时间因使用压力不同而异，使用压力高的场合延迟时间变短，低的场合变长。

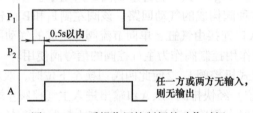

图3-36 双手操作用控制阀的动作时间

气动阀

原理、使用与维护

3.3.6 电磁控制换向阀

（1）类型特点

电磁控制换向阀简称电磁阀，由阀芯阀体构成的主体结构及驱动电磁铁组成。利用电磁铁的吸力直接驱动阀芯移位进行换向，称为直动式电磁阀；利用电磁先导阀输出的先导气压驱动气动主阀进行换向，称为先导式电磁阀（也称电-气控制换向阀）。

按电磁铁数量有单电控驱动（单电磁铁或单头驱动）和双电控驱动（双电磁铁或双头驱动）两种形式；按电源形式有交流电磁阀和直流电磁阀；按阀芯结构不同有滑柱式、膜片式、截止式和座阀式等形式。按工作位置数量有二位和三位之分，按通口数量有二通、三通、四通和五通等多种形式。其中二位二通和二位三通阀一般为单电控阀，二位五通阀一般为双电控阀。

电磁阀由于用电信号操纵，故能进行远距离控制且响应速度快。因而成为气动系统方向控制阀中使用最多的形式。

（2）电气结构特性

① 电磁铁。作为一种机电一体化产品及低压电器，电磁阀的电磁部分即电磁铁是阀的主要部件之一，它主要由线圈、定铁芯和动铁芯构成，利用电磁原理将电能转变成机械能，使动铁芯做直线运动。电磁铁的结构形式及特点见表3-6。

表3-6　电磁铁的结构形式及特点

电磁铁的结构形式及特点			
原理及特点	T 型	I 型	平板型
原理简图	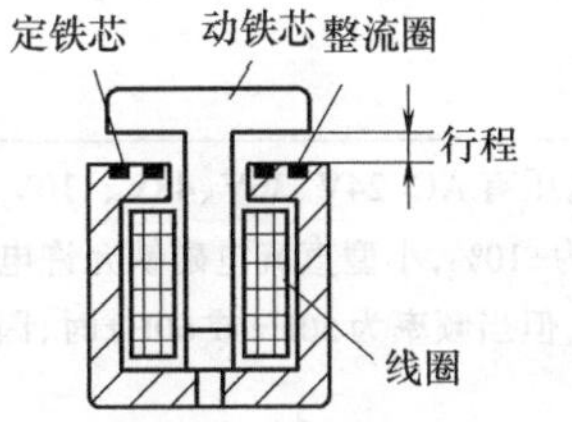	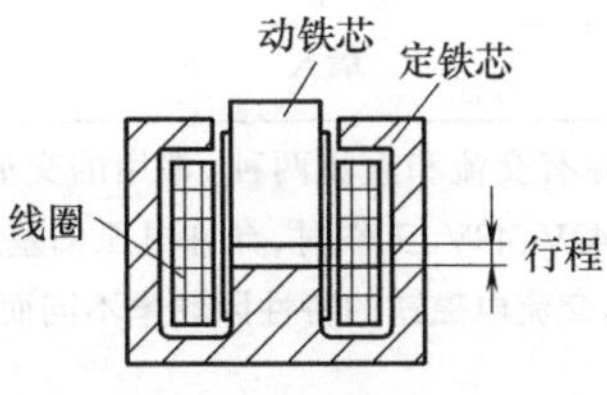	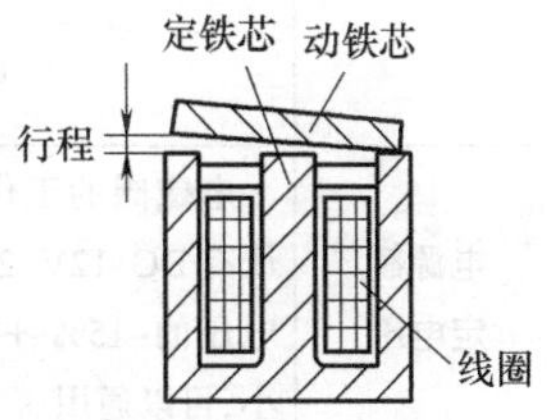
特点	用高磁通硅钢片层叠制成，以减少铁损。能够获得较大吸力和较高效率，可动部件重量大，冲击力大，行程大，但体积较大，主要用于行程较大的直动式电磁阀	用圆柱形普通磁性材料制成，其铁芯的端面一般制成平面或锥状。与T型电磁铁相比，I型电磁铁的吸力较小，行程较短。但由于其重量较轻，吸引时冲击较小，故寿命较长。适用于直流电磁铁和小型交流电磁铁，主要用于小型直动式和先导式电磁阀	其特性与I型电磁铁相似，适用于交流和直流小型电磁铁，主要用于小型直动式截止阀和先导式电磁阀
接线方式及说明			
简图及说明	直接出线式	接线座式	DIN插座式	接插座式
简图	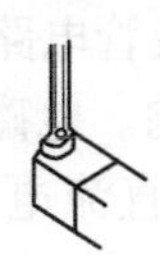		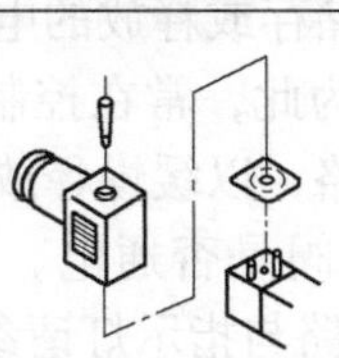	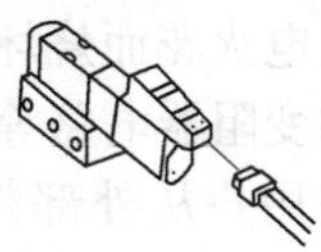

简图及说明	直接出线式	接线座式	DIN插座式	接插座式
说明	直接从电磁阀的塑封中引出导线,利用导线的颜色来表示交流或直流及电压参数,使用时直接与外部端子接线	接线座与电磁铁或电磁阀制成一体,接线端子将接线固定	按照德国DIN标准设计的插座式接线端子的接线方式,对于直流电接线规定:1号端子接正极,2号端子接负极	在电磁铁或电磁阀上装设的接插座接线方式,带有连接导线的插口附件

电磁阀的电气性能

性能	简图	说明
电流与行程的特性关系	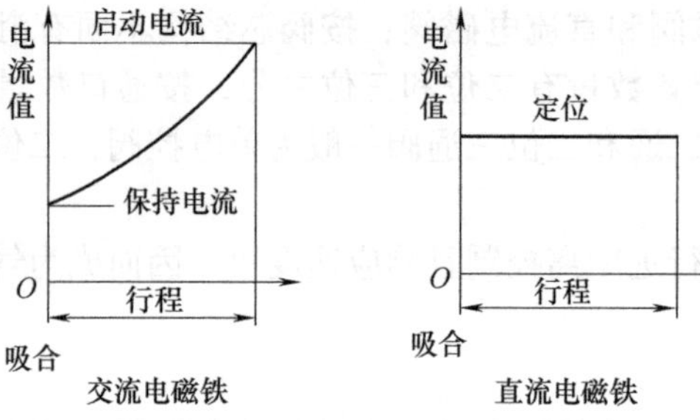 电流值 启动电流 保持电流 O 行程 吸合 交流电磁铁 电流值 定位 O 行程 吸合 直流电磁铁	由左图可知,交流电磁铁开始吸合时电流最大(启动电流),当动铁芯与定铁芯吸合后,电流是一定值(保持电流)。大型交流电磁阀的启动电流可达保持电流的10倍以上,是小型交流电磁阀和先导式电磁阀的2倍左右。由右图可看出,直流电磁铁的电流与行程无关,电流始终保持一定值
吸力特性	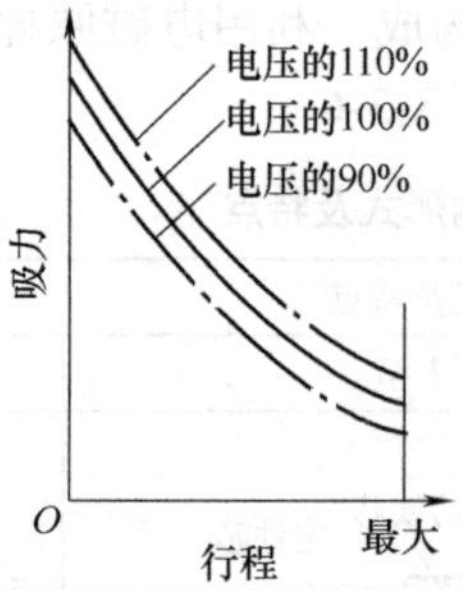 电压的110% 电压的100% 电压的90% 吸力 O 行程 最大	由左图所示的电磁铁吸力特性曲线可知,交流电磁铁和直流电磁铁相似,当电压增加或行程减小时,吸力增大。但当铁芯的行程较大时,由于交流与直流电磁铁的特性不同,直流电磁铁的吸力将大大下降,而交流电磁铁吸力下降则较缓慢
电源额定电压	电磁阀的工作电源有交流和直流两种,常用的交流电压有 AC 24V、36V、48V、110V、220V,直流电压有 DC 12V、24V、42V、48V。工作时,允许电压偏差值为±10%,小型直流电磁阀允许电压波动为额定电压的−15%~+10%。交流电磁铁的特性因频率不同而异,但当频率为50Hz或60Hz时,因其特性相差甚小,可以通用	
功率	在设计电磁阀的控制电路时,需计算电路中的电流等参数。在计算时,交流电磁铁的功率用视在功率 $P=UI$ 计算,单位为(VA);直流电磁铁用消耗功率 P 计算,单位为W	
防爆特性	防爆电磁阀不仅仅指电磁线圈,阀体本身也有防爆的等级等技术要求。电磁阀防爆的形式、等级等技术要求,是由电磁阀工作的环境决定的	
交流电磁铁的噪声	交流电磁铁因磁力线和电流方向交替变化,会发生动铁芯的吸合与释放的反复动作,其频率为交流频率的2倍,因而会产生交流蜂鸣般噪声。为此,可在定铁芯的吸合端面上嵌入短路的整流铜环,利用此铜环感应的电流产生与主磁力线相位错开的磁力线来阻止噪声	

② 接线方式。电磁阀的接线应方便可靠,接触及绝缘良好。常用的接线方式见表3-6。

③ 保护电路与指示灯。电磁阀的电磁线圈是感性负载。在控制电路接通或断开的瞬态过渡过程中,电感两端储存或释放的电磁能产生的峰值电压(电流)可能会击穿绝缘层,产生电火花而烧坏触点。为此,常在控制电路中加有RC电路、二极管电路、稳压二极管电路和变阻器电路等保护电路,以缓慢释放电磁能,避免上述不利影响。电磁铁上所装指示灯可使用户从外部判别电磁阀是否通电,一般交流电磁阀用氖灯,直流电磁阀用发光二极管(LED)来显示。保护电路与指示灯请参见产品样本或设计手册。

④ 电气特性。电磁阀的电流-行程特性、吸力特性、电源电压、功率、防爆特性和噪声等电气特性见表3-6。

（3）单电控换向阀

图3-37为单电控截止式二位三通换向阀结构原理图及图形符号。图3-37（a）为电磁铁断电状态，弹簧作用使阀芯复位，进气口P闭死，A→T口连通排气；当电磁铁通电时［图3-37（b）］，阀芯克服弹簧力下移，P→A口连通，T口闭死。从而实现了气流换向。

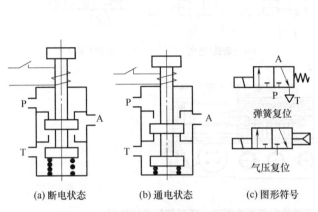

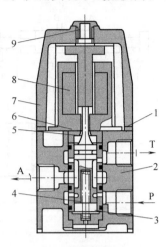

图3-37　单电控截止式二位三通换向阀结构原理及图形符号

图3-38　单电控滑柱式二位三通换向阀结构原理图

1—垫片；2—阀体；3—弹簧座；4—弹簧；5—阀芯组件；6—衬套；7—线圈罩；8—电磁铁组件；9—堵头

图3-38为单电控滑柱式二位三通换向阀结构原理图［其图形符号与图3-37（c）所示相同］，它主要由阀体2、滑柱（阀芯）5、弹簧4及电磁铁8等构成，滑柱与阀套之间采用间隙密封。图示为电磁铁断电状态，弹簧4作用使阀芯复位，A→T口连通排气，P口闭死；当电磁铁通电时，阀芯克服弹簧力下移，P→A口连通，T口闭死。从而实现了气流换向。

几种单电控直动式二位换向阀的实物外形如图3-39所示。

管式阀　　板式阀

(a) Q22D系列单电控截止式、膜片式二位二通电磁阀(广东肇庆方大气动有限公司产品)

(b) PC系列二位三通、四通交流电磁阀(无锡市华通气动制造有限公司产品)

(c) K25D-L系列二位五通电磁阀(济南杰菲特气动元件有限公司产品)

(d) VS3135.3145系列/VS3115.3110系列二位三通电磁阀[SMC(中国)有限公司产品]

图3-39　单电控直动式二位换向阀实物外形图

（4）双电控直动式电磁阀

如图3-40所示为双电控直接驱动的动滑柱式二位五通换向阀工作原理、图形符号及结构图。图（a）为电磁铁a通电状态，滑柱（阀芯）右移，P→A口连通，B→T₂口连通；图（b）为电磁铁b通电状态，滑柱左移，P→B口连通，A→T₁口连通。阀芯在电磁铁a、b的交替作用下向右或向左移动实现换向，但两个电磁铁不可同时通电。如图（d）所示，在结构上，双电控二位五通阀的中部为由阀体3、滑柱（阀芯）4、阀套组件5组成的主体结构，其两侧为电磁铁1和6，整个阀安装于底板8之上，通过两个电磁铁的通断电即可驱动滑柱（阀芯）的移位实现阀的换向。

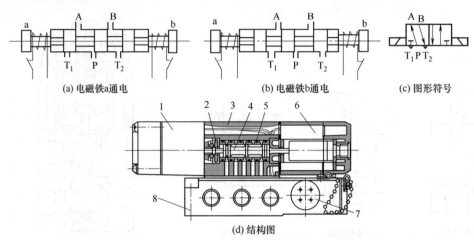

(a) 电磁铁a通电　　　　(b) 电磁铁b通电　　　　(c) 图形符号

(d) 结构图

图3-40　双电控滑阀式二位五通换向阀工作原理、图形符号及结构图

1，6—电磁铁；2—制动组件；3—阀体；4—滑柱（阀芯）；5—阀套组件；7—导线用橡胶塞；8—安装底板

如前文所述，双电控二位电磁阀多具有记忆功能，在一个电磁铁得电后处于某一种状态，即使这个电磁铁失电了（双失电状态），它依然留在这个状态下，直至另一个电磁铁得电后它才返回到另一个状态。由此可见，这种双电磁铁驱动的二位电磁阀不会像单电磁铁驱动的电磁阀那样利用弹簧自行复位。如图3-41所示为带记忆功能的双电控二位五通电磁阀实物外形图。

(a) QDC系列二位五通双电控电磁阀　(b) K25D2系列二位五通双电控滑阀式　(c) VS4210系列双电控直动式二位五
（广东肇庆方大气动有限公司产品）　电磁阀(烟台未来自动装备有限公司产品)　通电磁阀[SMC(中国)有限公司产品]

图3-41　双电控滑阀式二位五通电磁阀实物外形图（带记忆功能）

双电磁铁驱动的三位阀则是靠两侧复位弹簧来进行对中复位；其中位有封闭、加压和泄压等不同机能（参见表3-2）。

（5）先导式电磁阀

先导式电磁阀由电磁换向阀和气控换向阀组合而成，其中前者通径规格较小，起先导阀作用，通过改变控制气流方向使后者切换，通常为截止式；后者规格较大为主阀，改变主气路方向从而改变执行元件运动方向，有截止式和滑阀式等结构形式。先导式电磁阀也有单先导式（单电控）和双先导式（双电控）之分。

气动阀
原理、使用与维护

图 3-42 为二位五通双电控先导式换向阀工作原理及图形符号示意图。图（a）为左先导阀通电工作，右先导阀断电，主阀芯右移，P→A 口连通，B→T$_2$ 口连通；图（b）为右先导阀断电，右先导阀通电，主阀芯左移，P→B 口连通，A→T$_1$ 口连通。图 3-43 为三位五通双电控先导式换向阀结构及图形符号，一些气动元件实物外形如图 3-44 所示。

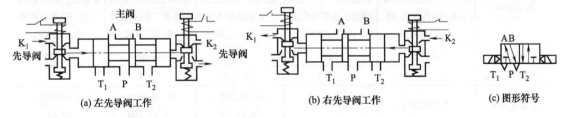

(a) 左先导阀工作　　　　　　　　(b) 右先导阀工作　　　　　　　　(c) 图形符号

图 3-42　二位五通双电控先导式换向阀工作原理及图形符号

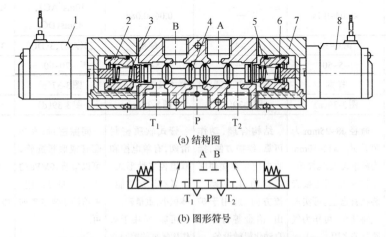

(a) 结构图

(b) 图形符号

图 3-43　三位五通双电控先导式换向阀结构及图形符号

1，8—电磁铁；2，6—控制活塞；3，5—弹簧；4—滑阀芯；7—阀体

(a) Q23DI二位三通电磁先导阀
(广东肇庆方大气动有限公司产品)

(b) K25D系列二位五通电磁阀
(济南杰菲特气动元件有限公司产品)

(c) 200系列二位三通、五通，三位
五通单电控/双电控内部先导式电磁阀
(无锡市华通气动制造有限公司产品)

(d) K35D2系列三位五通双电控先导式电磁阀
(烟台未来自动装备有限公司产品)

(e) VUVG系列二位三通、五通，
三位五通单电控/双电控先导式电磁阀
[费斯托(中国)有限公司产品]

图 3-44　先导式电磁阀实物外形图

（6）电磁换向阀产品概览（表3-7）。

表3-7　电磁控制换向阀产品概览

技术参数	直动式电磁阀				
	Q22D系列二位二通单电控（截止式、膜片式）电磁阀	PC系列二位三通、四通交流单电控直动式电磁阀	K25D-L系列二位五通单电控/双电控直动式电磁阀	VS3115、3110系列单电控二位三通直动式电磁阀	VS3135、3145系列二位三通单电控直动式电磁阀
公称通径	8~50mm	15mm	6~15mm	1/8″~3/8″	1/4″~3/4″
工作压力/MPa	0.08~0.8	0~0.8	0.2~0.8	0~1.0	0~1.0
电源电压/V	AC220，DC24	AC110~380	AC36、220，DC12、24	AC24~220，DC12~100	AC100~220，DC24
有效截面积/mm²	≥20~650	60	5~40	流量特性见样本	流量特性见样本
换向时间	≤0.04~0.1s	—	0.06~0.08s	10ms(AC)，45ms(DC)	30ms(AC)，60ms、80ms(DC)
切换频率/Hz	≥20~30	≥4	6~8	25(AC)，3(DC)	3、5(AC)，3(DC)
环境温度/℃	−5~50	—	5~50	−20~60	−20~60
图形符号	样本	图3-37(c)（三通阀）	样本及图3-40(c)	图3-37(c)	图3-37(c)
实物外形图	图3-39(a)	图3-39(b)	图3-39(c)	图3-39(d)	图3-39(d)
结构性能特点	通径φ8~25mm为膜片式，φ32~50mm为截止式。结构简单，动作灵活，可直接安装在管道上。可实现气路通断，可作为气路开关之用	结构合理，动作可靠，维护方便，接收电信号直接使阀芯运动，以切换气流方向。适用于矿山、冶金等行业的自动化机械设备	管式软质密封滑阀，有单电控和双电控二种形式，后者有记忆功能。体积小，重量轻，工作可靠。常用于双作用气缸的控制	间隙密封，直接配管或底板配管，可以集装，0MPa的压力下即可使用，不给油干燥空气即可	间隙密封，接线座式阀，不给油干燥空气即可
生产厂	①	②	③④	⑤	⑤

技术参数	直动式电磁阀			先导式电磁阀	
	QDC系列二位、三位五通单/双电控电磁阀	K25D2系列二位五通双电控直动滑阀式电磁阀	VS4210系列双电控直动式二位五通电磁阀	Q23DI二位三通磁磁先导阀	K23D二位三通微型电磁阀（先导阀）
公称通径	3~25mm	6~25mm	6mm、8mm	1.2mm、2mm、3mm	1.2mm、2mm、3mm
工作压力/MPa	0.15~0.8	0.15~0.8	0~1.0	0~0.8	0~0.8
电源电压/V	AC220，DC24	AC220、36，DC24、12	AC100、200，DC24	AC220、36，DC24、12	AC24~380，DC12~220
有效截面积/mm²	10~400	流量2.5~30m³/h	流量特性见样本	0.5~3	0.8~4
换向时间	0.06~0.2s	0.06~0.12s	13ms(AC)，40ms(DC)	≤0.03s	≤0.03s
切换频率/Hz	—	4~8	20(AC)，3(DC)	16	17
环境温度/℃	−10~50	0~55	−20~60	−10~50	—
图形符号	图3-40(c)及样本	图3-40(c)	图3-40(c)	图3-37(c)	图3-37(c)
实物外形图	图3-41(a)	图3-41(b)	图3-41(c)	图3-44(a)	与图3-43(a)所示类似

气动阀
原理、使用与维护

技术参数	直动式电磁阀			先导式电磁阀	
	QDC 系列二位、三位五通单/双电控电磁阀	K25D2 系列二位五通双电控直动滑阀式电磁阀	VS4210 系列双电控直动式二位五通电磁阀	Q23DI 二位三通电磁先导阀	K23D 二位三通微型电磁阀(先导阀)
结构性能特点	无给油润滑,小型化、轻型化、动作灵敏、低功耗,可集成安装,是国内同通径系列中体积最小的电磁阀。可用微电信号直接控制,适用于机电一体化领域及各行各业的气动控制系统,尤其适用于电子、医药卫生、食品包装等洁净无污染行业	符合国内统一标准。具有记忆功能:一个电信号接通即换向,信号消除后,阀不复位,只有当另一信号接通时,阀才能复位	阀为金属密封,可集装,0MPa的压力下即可使用	结构紧凑、体积小、动作灵敏,可作电控换向阀的先导阀或作气动装置的切换元件。电磁线圈经真空浸漆处理,采用热固性塑料包覆,其绝缘、防潮和耐腐蚀性能良好;有常通型和常断型两种结构	是气动系统的基本元件,常作为大流量换向阀的先导控制,故亦称电磁先导阀。也可直接控制耗气量小的执行元件
生产厂	①	④	⑤	①	②

技术参数	先导式电磁阀				
	200 系列二位三通、五通,三位五通单电控/双电控内部先导式电磁阀	K25D 系列二位五通先导式电磁阀	8W 系列二位三通、五通,三位五通先导式电磁阀	K35D2 系列三位五通双电控先导式电磁阀	SYJ3000系列二位、三位四通、五通单电控/双电控先导式电磁阀
公称通径	1/8″、1/4″	6~40mm,电磁先导阀通径1.2~3mm	M5、PT1/8、1/4″、3/8″	6~25mm	M3、M5、G1/8
工作压力/MPa	0.15~0.8	0.2~0.8	0.15~0.8	0.2~0.8	0.1~0.7
电源电压/V	AC24、220、380,DC12、24	AC36、220,DC12、24	AC24~220,DC12~24	AC36、220,DC12、24	AC100~220,DC3~24
有效截面积/mm²	12~16	10~400	5.5~50	10~190	流量特性见产品样本
换向时间	0.05s	0.06~0.2s	0.05s	0.06~0.12s	15、30ms
切换频率/Hz	5	2~8	3~5	4~8	3、10
环境温度/℃	−5~50	5~50	−20~70	5~50	−10~50
图形符号	图3-42(c),图3-43(b)及样本	图3-42(c)及样本	图3-42(c),图3-43(b)及样本	图3-43(b)及样本	图3-42(c),图3-43(b)及样本
实物外形图	图3-44(c)	图3-44(b)	样本	图3-44(d)	样本

技术参数	先导式电磁阀				
	200系列二位三通、五通，三位五通单电控/双电控内部先导式电磁阀	K25D系列二位五通先导式电磁阀	8W系列二位三通、五通，三位五通先导式电磁阀	K35D₂系列三位五通双电控先导式电磁阀	SYJ3000系列二位、三位四通、五通单电控/双电控先导式电磁阀
结构性能特点	管式阀，内部先导式结构，结构紧凑，安装方便，使用寿命长。常用于冶金、医药和化工领域气动系统	软质密封滑阀式，有单电控和双电控二种形式，后者有记忆功能。密封性好，启动压力低，工作可靠，耐久性好。常用于双作用气缸的控制	先导方式有外部与内部两种可选。滑阀结构，密封性好，反应灵敏。三位阀有中封、中压和中泄三种机能；双电控二位阀具有记忆功能；阀孔采用特殊加工工艺，摩擦阻力小，启动气压低，无需给油润滑，阀组可用底座集成，占用空间小，附设手动装置，便于安装调试	由两个常通先导电磁阀和一个主阀组成。当某一先导阀接收电信号后，主阀相应侧控制腔泄压，阀即换向，电信号消除后，阀芯自动复至中位。中位有中封、中压和中泄三种机能。该系列阀适用于有中间停顿状态的气缸等执行元件	弹性密封，功耗小。直接配管或底板配管安装
生产厂	②	③④	③	④	⑤

技术参数	先导式电磁阀			
	VUVG系列二位三通、五通，三位五通单电控/双电控先导式电磁阀			
公称通径	M3、M5、M7、G1/8、G1/4			
工作压力/MPa	−0.9~1.0，先导0.15~0.8			
电源电压/V	DC5、12、24			
有效截面积/mm²	流量80~1380L/min			
换向时间	7~40ms			
切换频率/Hz	切换时间5~20ms			
环境温度/℃	−5~60			
图形符号	图3-42(c)，图3-43(b)及样本			
实物外形图	图3-44(e)			
结构性能特点	管式阀，可用作单个阀或集成安装在气路板上。带板式阀的气路板可选择使用内先导或外先导气源。360° LED 全角度可视，可快速排除故障，阀可快速、简单地安装和更换，便于维修。可选按钮式、锁定式或封盖式手控装置			
生产厂	⑥			

注：1. 生产厂：①广东肇庆方大气动有限公司；②无锡市华通气动制造有限公司；③济南杰菲特气动元件有限公司；④烟台未来自动化装备有限公司；⑤SMC（中国）有限公司；⑥费斯托（中国）有限公司。

2. 各系列电磁控制换向阀的技术参数、外形安装连接形式及尺寸等以生产厂产品样本为准。

3.3.7 换向型方向阀的典型应用

换向型方向阀主要用于构成气动换向回路，通过各种通用气动换向阀改变压缩气体流动方向，从而改变气动执行元件的运动方向。

（1）用于构成单作用气缸换向回路

如图3-45所示，气动回路采用常闭的二位三通电磁阀1控制单作用气缸2的换向。当电磁阀1断电处于图示状态时，气缸2左腔经阀1排气，活塞靠右腔的弹簧力作用复位退回。当电磁阀1通电切换至左位后，气源的压缩空气经阀1左位进入气缸的左腔，活塞压缩弹簧并克服负载力右行。当阀1断电后，气缸又退回。二位三通阀控制气缸只能换向而不能在任意位置停留。如需在任意位置停留，则必须使用三位四通阀或三位五通阀控制，但由于空气的可压缩性，停止在正确精密的位置很困难，另外，阀和缸的泄漏，也使得不能长时间保持在停止位置。

（2）用于构成双作用缸一次往复换向回路

如图3-46所示，回路采用手动换向阀1，气控换向阀2（具有双稳态功能）和机控行程阀3控制气缸实现一次往复换向。当按下阀1时，阀2切换至左位，气缸的活塞进给（右行）。当活动挡块5压下阀3时，阀3动作切换至上位，阀2切换至图示右位，气缸右腔进气、左腔排气推动活塞退回。从而，手动阀发出一次控制信号，气缸往复动作一次。再按一次手动阀，气缸又完成一次往复动作。

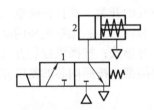

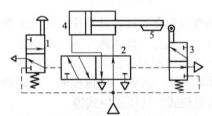

图3-45　单作用气缸换向回路　　　　　图3-46　双作用气缸一次往复换向回路
1—二位三通电磁阀；2—单作用气缸　　1—手动换向阀；2—气控换向阀；3—机控行程阀；4—气缸；5—活动挡块

（3）用于构成双作用缸往复换向回路

如图3-47所示，用两个二位三通电磁阀1和2控制双作用缸3往复换向。在图示状态，气源的压缩空气经电磁阀2的右位进入气缸3的右腔，左腔经阀1的右位排气，并推动活塞退回。当阀1和阀2的都通电时，气缸的左腔进气，右腔排气，活塞杆伸出。当电磁阀1、2都断电处于图示状态时，活塞杆退回。电磁阀的通断电可采用行程开关（接触式的或非接触式的）发信。

（4）用于构成双作用气缸连续往复换向回路

如图3-48所示，在图示状态，气缸5的活塞退回（左行），当机控换向阀（行程阀）3被活塞杆上的活动挡块6压下时，控制气路处于排气状态。当按下具有定位机构的手动换向阀1时，控制气体经阀1的右位、阀3的上位作用在气控换向阀2的右端控制腔，阀2切换至右位工作，气缸的左腔进气，右腔排气进给（右行）。当挡块6压下行程阀4时，控制气路经阀4上位排气，阀2在弹簧力作用下复至左位。此时，气缸右腔进气，左腔排气，做退回运动。当挡块压下阀3时，控制气体又作用在阀2的右控制腔，使气缸换向进给。周而复始，气缸自动往复运动。当拉动阀1至左位时，气缸便停止运动。

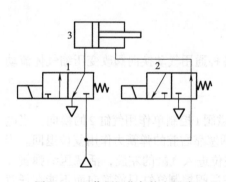

图3-47 双作用缸往复换向回路
1，2—电磁阀；3—气缸

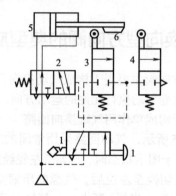

图3-48 双作用气缸连续往复换向回路
1—手动换向阀；2—气控换向阀；3，4—机控换向阀（行程阀）；
5—气缸；6—活动挡块

3.4 其他方向阀

3.4.1 二通流体阀（介质阀）

二通流体阀也叫介质阀，其功用是在气动系统中作为压缩空气的开关，阀打开时空气通过，阀关闭时空气截止。流体阀在结构上也是由主体结构（阀体和阀芯）和操纵机构两部分组成。按照阀芯结构不同，有膜片式、滑柱式、球阀式、蝶阀式等形式；按操纵控制方式不同，二通流体阀有手动控制、机械控制、气动控制和电磁控制等类型；按照阀芯的复位方式不同，有弹簧复位式和气压复位式等。

（1）膜片式气控流体阀

图3-49为一种直角式二位二通气控流体阀。该阀主要由阀体1、膜片2和弹簧3构成，阀体上开有主气口P、A和控制口K。膜片2（阀芯）将阀分成上气室4和下气室5。当控制口K无信号作用时，自P口进入阀内的压缩空气经节流小孔（图中未画出）进入上气室，此时上气室压力将膜片的下端面紧贴阀的输出口，封闭P→A的通道，阀处于关闭状态；当控制口K有信号作用时，阀上气室的放气孔（图中未画出）打开而迅速失压，膜片上移，压缩空气

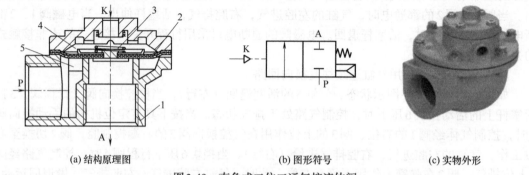

(a) 结构原理图　　　　　　　　(b) 图形符号　　　　　　　　(c) 实物外形

图3-49 直角式二位二通气控流体阀
（济南杰菲特公司MK系列产品）
1—阀体；2—膜片；3—弹簧；4—上气室；5—下气室

通过阀输出口输出，P→A口打开，阀处于开启状态。这种二通阀常在脉冲袋式除尘器喷吹清灰系统中用作压缩空气开关，连接在储气筒与除尘器喷吹管上，通过气信号的控制，对滤袋进行喷吹清灰。

如图3-50所示为气压复位的二位二通气控常闭流体阀，其阀芯为膜片式，其原理是通过外部气压控制，利用上下气室的压差使阀打开或关闭（气压复位）。

如图3-51（a）所示为弹簧复位的角座式二位二通气控常闭流体阀，它是一种外部控制阀，由直供压缩空气来驱动，阀座有倾角，约与介质流向成50°角。在工作中，由气动驱动器来提起控制阀的阀座。在常态位置，通过弹簧使阀处于闭合；当驱动器接通工作气源时，提起控制活塞以及阀瓣，阀打开。

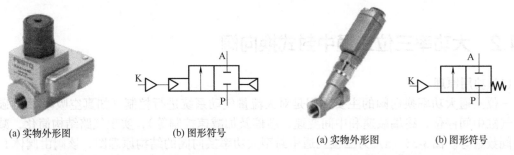

(a) 实物外形图　　　　(b) 图形符号　　　　　　　　(a) 实物外形图　　　　(b) 图形符号

图3-50　二位二通气控常闭流体阀　　　　图3-51　角座式二位二通弹簧复位气控常闭流体阀

［费斯托（中国）有限公司VLX系列产品］　　　［费斯托（中国）有限公司VZXF系列产品］

（2）球阀驱动单元

球阀驱动单元是摆动驱动器和球阀的组合元件，即带驱动器的球阀。如图3-52所示，此阀通过电动或气动驱动球阀摆动90°使其打开或关闭，故是一个二位开关阀。球阀可以直接安装在驱动单元上，气流可双向流动。二位五通阀和用于终端位置感测的限位开关附件都可以直接安装在驱动单元上。

（3）二位二通电磁换向阀

此类换向阀与前述电磁换向阀结构原理基本相同，如图3-53所示为滑阀（活塞）直动式换向阀，当电磁铁断电时，阀靠弹簧复至图示右位，P→A通道关闭；当电磁铁通电时，电磁铁直接驱动阀芯切换至左位，则阀打开，P→A通道接通。

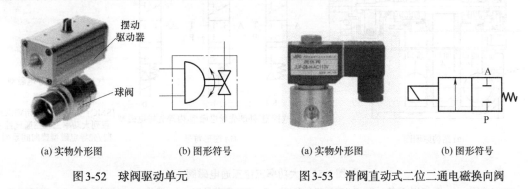

摆动驱动器　　球阀

(a) 实物外形图　　　(b) 图形符号　　　　　(a) 实物外形图　　　(b) 图形符号

图3-52　球阀驱动单元　　　　　　图3-53　滑阀直动式二位二通电磁换向阀

［费斯托（中国）有限公司VZPR-BPD系列产品］　　（济南杰菲特气动元件有限公司JUF系列产品）

如图3-54所示为膜片直动式二位二通电磁换向阀，通过电磁铁驱动膜片可实现阀的快速通断。

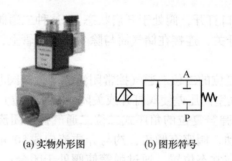

(a) 实物外形图   (b) 图形符号

图3-54　膜片直动式二位二通电磁换向阀
（济南杰菲特气动元件有限公司K22D系列产品）

3.4.2　大功率三位三通中封式换向阀

（1）功用原理

三位三通大功率换向阀的主要功用是对大流量气动系统进行控制（如真空吸附/真空破坏，气缸中间停位、终端减速和中间变速、缓停及加减速控制等），实现气路结构简化，减少用阀数量等。图3-55（a）为三位三通中封型大功率换向阀的结构原理图，该阀由阀体1、座阀芯3及5、对中弹簧2及6、控制活塞9等组成，通过先导空气驱动控制活塞9、轴4及与其相连的座阀芯3和5左右移动，即可实现该阀对气流的换向。先导空气直供时为气控阀，通过电磁导阀提供时为电磁先导型阀［图（a）中未画出电磁导阀］。当控制口K1进气时（K2排气），控制活塞9、轴4驱动阀芯3、5左移，P→A口相通，T口封闭；当控制口K2进气时（K1排气），控制活塞9、轴4驱动阀芯3、5右移，A→T口相通，P口封闭；当K1和K2均不通气时，阀芯在对中弹簧2和6的作用下处于图示中位，气口P、A、T均封闭。阀的图形符号如图3-55（b）。SMC（中国）有限公司的VEX3系列大功率三位三通气控型/电磁先导型换向阀系列产品即为此种结构，其实物外形如图3-55（c）所示。

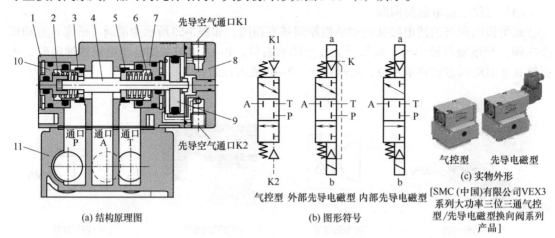

(a) 结构原理图　　　　　　　气控型　外部先导电磁型　内部先导电磁型
　　　　　　　　　　　　　　(b) 图形符号

气控型　先导电磁型

(c) 实物外形
[SMC（中国）有限公司VEX3系列大功率三位三通气控型/先导电磁型换向阀系列产品]

图3-55　大功率三位三通电磁阀
1—阀体；2，6—对中弹簧；3，5—座阀芯；4—轴；7，10—阀芯导座；8—端盖；9—控制活塞；11—底板

（2）典型应用

① 构成气缸中位停止回路。如图3-56所示，利用一个中封机能三位阀4，替代二个二位

阀2、3，即可简单构成气缸中位停止回路，减少了阀和配管数量与规格尺寸及其带来的阻力损失，增大了系统流通能力。

② 构成真空吸附/真空破坏回路。如图3-57所示，利用一个三位三通双电控阀6替代多个单电控阀（阀2、3）构成真空吸附、真空破坏和停止中封动作气动系统（阀2作吸附阀、3作破坏阀），且真空吸附与真空破坏切换时没有漏气。但应注意：通口A保持真空的工况，由于真空吸盘及配管等处漏气，真空度会降低，故应将三位三通阀保持真空吸附位置继续抽真空。此外，该阀不能用作紧急切断阀。

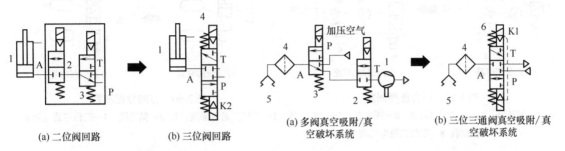

(a) 二位阀回路　　(b) 三位阀回路

图3-56　气缸中位停止回路

1—气缸；2—二位二通电磁阀；3—二位三通电磁阀；4—三位三通电磁阀

(a) 多阀真空吸附/真空破坏系统　　(b) 三位三通阀真空吸附/真空破坏系统

图3-57　真空吸附/真空破坏回路

1—真空泵；2—二位二通电控阀；3—二位三通单电控阀；4—真空过滤器；5—真空吸盘；6—三位三通双电控阀

③ 终端减速·中间变速回路。如图3-58（b）所示，采用三位三通电磁阀变速容易，系统构成比多阀回路［图3-58（a）］简单，响应快；减少了阀和配管数量与规格尺寸及其带来的阻力损失，增大了系统流通能力。例如，气缸1伸出时，若三位三通电磁阀10的电磁铁b一旦断电，气缸排气被切断则减速。

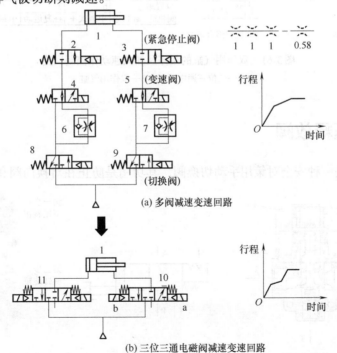

(a) 多阀减速变速回路

(b) 三位三通电磁阀减速变速回路

图3-58　终端减速·中间变速回路

1—气缸；2，3—二位二通电磁阀（紧急停止阀）；4，5，8，9—二位三通电磁阀（变速阀和切换阀）；
6，7—单向节流阀；10，11—三位三通电磁阀

④ 压力选择回路和方向分配回路。如图3-59所示，三位三通电磁阀8可以替代二位三通电磁阀7作为选择阀，选择两个不同设定压力的减压阀1、2输出的压力供系统使用。三位三通电磁阀还可替代二位三通阀构成方向分配回路（图3-60），向储气罐2或3分配供气。在做上述应用时，阀可有多种接管形式，可顺次切换动作，防止漏气和空气混入。

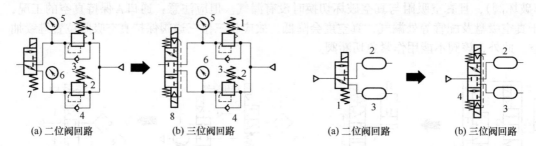

(a) 二位阀回路　　　　(b) 三位阀回路　　　　　　　(a) 二位阀回路　　　　(b) 三位阀回路

图3-59　压力选择回路　　　　　　　　　　　　图3-60　方向分配回路

1，2—减压阀；3，4—单向阀；5，6—压力表；7—二位三通　　1—二位三通电磁阀；2，3—储气罐；4—三位三通电磁阀
电磁阀；8—三位三通电磁阀

⑤ 双作用气缸的缓停及加减速动作控制回路。如图3-61（a）所示，若用两个三位三通电磁阀1、2驱动双作用气缸3，可实现缓停及加减速等9种不同位置（3×3=9位置）的动作控制［图（b）］，各位置阀的机能及气缸状态如附表所列。

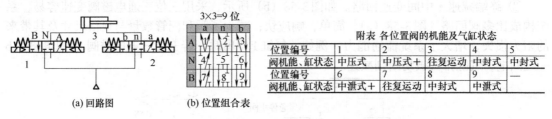

(a) 回路图　　　　　(b) 位置组合表

附表　各位置阀的机能及气缸状态

位置编号	1	2	3	4	5
阀机能、缸状态	中压式	中压式＋	往复运动	中封式	中封式
位置编号	6	7	8	9	—
阀机能、缸状态	中泄式＋	往复运动	中封式	中泄式	

图3-61　双作用气缸的缓停及加减速动作控制回路

1，2—三位三通电磁阀；3—双作用气缸

3.4.3　残压释放阀

残压释放阀是一种安全对策用手动切换阀，其功用是防止在对换向阀和气缸回路进行维

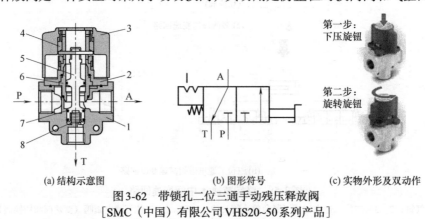

(a) 结构示意图　　　　　(b) 图形符号　　　　　(c) 实物外形及双动作

图3-62　带锁孔二位三通手动残压释放阀

［SMC（中国）有限公司 VHS20~50系列产品］

1—阀体；2—上盖；3—旋钮；4—凸轮环；5—阀芯（轴）；6—阀套；7—密封圈；8—弹簧

气动阀
原理、使用与维护

护检查作业时残压造成事故。图3-62（a）为一种带锁孔二位三通手动残压释放阀，它主要由阀体1、阀芯5、阀套6和带锁孔（图中未画出）的旋钮3、凸轮环4等组成。如图3-62（c）所示，通过双动作：手先下压旋钮，再转动（90°）旋钮，即可实现残压排气。这种先按压手柄再回转的双动作机理，并使手柄在键的作用下被锁定，可很好地防止误操作。

残压释放阀的应用系统如图3-63所示，由于气缸24使用了三位中封式电磁换向阀7，故采用了手轮直接旋转操作的二位三通残压释放阀10和11（其实物外形见图3-64，据其手柄朝向可一目了然确认气流方向）进行残压释放，以保证维护检查安全；出于同样目的，在气源回路中和气缸26回路也分别采用了同样的二位三通残压释放阀4和12。

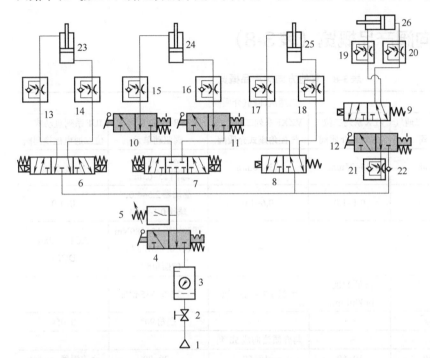

图3-63　残压释放阀应用系统

1—气源；2—截止阀；3—气动三联件；4，10~12—二位三通手动残压释放阀；5—压力开关；6~9—电磁阀；13~21—单向节流阀；22—单向阀；23~26—气缸

图3-64　二位三通手轮式残压释放阀实物外形图
[SMC（中国）有限公司
VHS400、500系列产品]

3.4.4　防爆电磁阀

防爆电磁阀是把电磁阀可能点燃爆炸性气体混合物的部件（主要是电磁铁）全部封闭在一个外壳内，其外壳能够承受通过外壳任何接合面或结构间隙，渗透到外壳内部的可燃性混合物在内部爆炸而不损坏，并且不会引起外部由气体或蒸气形成的爆炸性环境的点燃，把可能产生火花、电弧和危险温度的零部件均放入隔爆外壳内，隔爆外壳使内部空间与周围的环境隔开。防爆电磁阀适用于传输易燃易爆介质或用于爆炸性危险场所（如矿山采掘、炸药制造等），当然不同的环境和流体应选择不同防爆等级的电磁阀。

图3-65为济南杰菲特气动元件有限公司的 SR 系列二位五通先导式防爆电磁阀实物外形图，图3-66为 SMC（中国）有限公司的 50-VFE/51-SY 系列二位、三位五通先导式防爆电磁阀实物外形图，其图形符号等详见产品样本。

(a) 直接配管连接　　　(b) 集装式安装

图3-65　二位五通先导式防爆电磁阀实物外形图　　图3-66　二位、三位五通先导式防爆电磁阀实物外形图
（济南杰菲特气动元件有限公司SR系列产品）　　［SMC（中国）有限公司50-VFE/51-SY系列产品］

3.4.5 其他方向阀产品概览（表3-8）

表3-8　其他方向阀产品概览

技术参数	二通流体阀(介质阀)				
	MK系列二位二通气控流体阀	VLX系列二位二通气控介质阀	VZXF系列二位二通气控角座式介质阀	VZPR-BPD系列球阀驱动单元	JUF系列直动式二位二通电磁换向阀
公称通径	20~76mm	13~25mm	13~50mm	气接口G1/8，球阀15~63mm	4mm、5mm
工作压力/MPa	0.035~0.8	0.1~1.0	0.6~1.0	驱动器2.5~4.0，球阀0.1~0.84	0~1.0
电源电压/V	—	—	—	摆动转矩15~180Nm（在0.56MPa和0°摆角时）	AC110~380 DC24
有效截面积/mm²	—	流量2400~14000L/min	流量3.3~47.5m³/h	流量5.9~535m³/h	
换向时间	≤30ms	—	—	摆角90°	0,05s
切换频率/Hz	—	—	与介质流向成50°角	—	—
环境温度/℃	−20~60	10~60	−10~60	−20~80	介质温度−5~185
图形符号	图3-49(b)	图3-50(b)	图3-51(b)	图3-52(b)	图3-53(b)
实物外形图	图3-49(c)	图3-50(c)	图3-51(a)	图3-52(a)	图3-53(a)
结构性能特点	膜片阀，常闭机能，气压弹簧复位。进出口成90°。结构紧凑，易安装；膜片采用特殊橡胶冲压而成，耐高压，寿命长；阀体阀盖压铸而成，表面电涌而成，耐腐蚀；优化设计的流道，流通能力强，排气量大，排气迅速。适用于储气筒与除尘器喷吹管的连接，受气信号的控制，对滤袋进行喷吹清灰	常闭膜片阀，软密封；单导控气压复位	结构简单，坚固耐用，能用于几乎所有介质（压缩空气、蒸气、惰性气体、矿物液压油、水等），介质最大黏度可达600mm²/s。控制硬管管路系统中适用气体和液体介质，无需任何压差，使用寿命长，维护工作少。适用于不能确保介质绝对纯度的场合及高黏性介质的场合或用于蒸气应用场合	摆动驱动器由气压驱动双作用摆动拨叉机构使二通型球阀摆动，使阀打开或关闭，故是一个二位开关阀或截止阀。驱动器介质为干燥的空气（润滑或未润滑），球阀工作介质为压缩空气、水、中性气体、中性液体、真空等	管式连接，滑阀（活塞）式阀芯，反应快速，阀体为不锈钢材质，耐腐蚀。配线方向灵活，防水性好，效率高，寿命长。工作介质可以是空气、水、油品、化学药品
生产厂	①	③	③	③	①

气动阀
原理、使用与维护

技术参数	二通流体阀(介质阀)	大功率换向阀	残压释放阀		防爆电磁阀
	K22D系列膜片式二位二通电磁换向阀	VEX3系列大功率三位三通中封式气控型/先导电磁型换向阀	VHS20~50系列二位三通旋钮式残压释放阀	VH400、500系列二位三通手轮式残压释放阀	SR系列防爆型二位五通电磁阀
公称通径	6~25mm,接管G1/8~G1	接管口径1/8″~1/2″	1/8″~1″	1/4″~3/4″	配管螺纹G3/8、G1/4
工作压力/MPa	0.2~0.8	气控型−0.1012~1.0;先导压力0.2~1.0。先导电磁型内部先导型使用压力0.2~0.7;外部先导型使用压力−0.1012~1.0	0.1~1.0	0.1~1.0	0.15~0.9
电源电压/ V	—	AC 100~220,DC 3~24	—	手轮切换73.6N(1.0MPa时)	AC220,DC24
有效截面积/mm²	20~90	流量特性见样本	流量特性见产品样本	21~190	2~4
换向时间	<0.2s	40s、60s以下	旋钮切换角度90°	手轮切换角度90°	0.05s
切换频率/Hz		3			
环境温度/℃	流体温度−5~60	0~50(气控型为60)	−5~60	−5~60	0~45
图形符号	图3-54(b)	图3-55(b)	图3-62(b)	图3-63	样本
实物外形图	图3-54(a)	图3-55(c)	图3-62(c)	图3-64	图3-65(a)
结构性能特点	螺纹连接,结构紧凑,外形小巧,流量大,动作灵敏,排气迅速。适用于气动系统中的气路开关阀	直接配管和底板配管,消耗功率1W,多种手动操作方法。可使最大φ125的气缸中间停止,可以减少气控系统控制阀数量,简化气路结构	管式阀,手动切换,吸排气状态一目了然。残压排气时,手柄在键的作用下被锁定,防止误操作。采用先按压手柄再回转的双动作机理,可防止误操作	管式阀,操作简单,可通过把手的朝向直观地判断流向	管式连接,先导阀部分采用德国电磁阀
生产厂	①	②	②	②	①

注：1. 生产厂：①济南杰菲特气动元件有限公司；②SMC（中国）有限公司；③费斯托（中国）有限公司。

2. 各系列方向阀的技术参数、外形安装连接形式及尺寸等以生产厂产品样本为准。

3.5 方向阀的应用选型

方向阀品种繁多，在对其进行选型时，有如下注意事项。

3.5.1 类型的选定

应根据使用条件和要求（如自动化程度、环境温度、易燃易爆、密封要求等）选择方向控制阀的操纵控制方式及结构形式。例如自动工作设备宜选用电磁阀、气控阀或机控阀，手动或半自动工作设备则可选用人力控制阀或机控阀；密封为主要要求的场合，则应选用橡胶密封的阀；要求换向力小、有记忆功能，则应选用滑阀；气源环境条件差，宜选用截止式阀；等等。

此外，应尽量减少阀的种类，优先采用现有标准通用产品，尽量避免采用专用阀。

3.5.2　电磁阀的选型

电磁阀是气动系统使用量最大的一类换向阀，故此处专门以列表形式（表3-9）介绍其选型注意事项。

表3-9　电磁阀的选型注意事项

序号	注意事项	说明
1	规格的确认	①气动控制阀的工作介质为压缩空气(含真空),其使用压力和温度不能超出产品规格,以免造成破坏或引起动作不良 ②阀不得拆解和改造(或二次加工),以免发生人身伤害和事故
2	气缸中间位置停止	在采用三位中封式或中止式换向阀进行气缸活塞的中间停止的控制时,应注意由于空气的可压缩性,较难准确停止在正确的位置。此外,由于阀和缸的泄漏,故不能长时间保持在中间停止位置
3	阀集装时背压的影响	阀集装使用的场合,可能会因背压造成执行元件的误动作。使用三位中泄式换向阀和驱动单作用气缸的场合更应注意
4	压力(含真空)保持	由于阀有漏气,不能用于保持压力容器的压力(含真空)等用途
5	残压的释放	为了满足维护检查的需要,应设置有残压释放的功能。特别是使用三位中封式或中止式气阀的场合,必须考虑到换向阀和气缸之间的残压能释放
6	关于真空条件下的使用	①将阀用于真空切换等场合,应采取防止外部灰尘、异物从吸盘及排气口吸入的措施,应实施安装真空过滤器等对策 ②真空吸附时,要保持真空抽吸不间断。由于吸盘上附着异物及阀的泄漏,被吸附的工件有可能落下 ③在真空配管中,应使用真空规格的阀,否则会产生真空泄漏
7	双电控阀的使用	首次使用双电控型的场合,由于阀的切换位置不明,会使执行元件有意外的动作方向,故应采取必要对策防止发生危险
8	换气问题	在密闭的控制柜内等处使用阀的场合,应设置换气口等,以防因排气等使控制柜内的压力上升或因阀的发热造成热聚集
9	阀不能长期连续通电	①阀长期连续通电,由于线圈组件发热,温度上升,会使电磁阀的性能下降及寿命降低,给周边元件带来坏的影响。故在长期连续通电的场合或每天合计通电时间比不通电时间长的场合,应使用直流防爆以及带节电回路的产品 ②此外,也可使用常通型阀使通电时间缩短 ③阀安装在控制柜内等场合,应有散热对策,保证处于阀规格的温度范围内 ④通电时和通电后不要徒手触摸电磁阀。特别是集装阀相邻、长期连续通电的场合要注意温度可能过高

序号	注意事项	说明
10	锁定型(记忆型)双电控阀的选用	锁定型(记忆型)双电控阀,其电磁线圈带有自我保持机构(自锁),一般瞬时通电(20ms以上)时,便能将线圈内的可动衔铁维持在设定位置或复位位置,故不必连续通电。如连续通电会使线圈温度上升,产生动作不良 ①锁定型请勿连续通电。对于锁定型电磁阀,需要连续通电的场合,通电时间应在10min以下,然后到下次动作为止的不通电时间(两侧都不通电时间)务必设定在通电时间以上。但最短通电时间推荐>20ms ②应使用设定、复位信号不能同时通电的回路 ③自我保持时需要的最短通电时间是20ms ④通常的使用方法、使用场所没有问题,在有30m/s²以上振动的场所,有强磁场的场所使用,应由生产商确认 ⑤由于运输及阀安装时的冲击等因素可能会改变其出厂时的设定位置,故使用前要接入电源或手动以确认原位置
11	二位双电控电磁阀的使用	使用双电控电磁阀进行瞬时通电时,请保持通电时间在0.1s以上。在某些配管条件下,即使通电0.1s以上气缸也可能会发生误动作,这种情况下要一直励磁直到气缸结束排气
12	低温下使用问题	低温下使用时,要注意产品规格允许使用的最低温度,要采取预防措施,以防止冷凝水及水分等固化和冻结
13	用于吹气的场合	①电磁阀用于吹气场合时,应使用外部先导式 ②请注意当内部先导、外部先导在同一集装式上使用时,吹气有可能导致压力下降,对内部先导阀造成影响 ③应按规格所定的压力范围,向外部先导口供给压缩空气 ④双电控型用于吹气的场合,吹气时,应处于常时励磁状态
14	安装方式	①使用双电控或三位阀的场合安装时,应保持阀芯处于水平位置,以免阀芯自重引起阀切换后位置的保持 ②请按规定的配管方式和配线方式进行管线配置

3.6 方向阀的使用维护注意事项

3.6.1 安装调试

(1) 使用说明书的使用及保管

应在仔细阅读并理解说明书内容的基础上,再安装使用方向阀。说明书应妥善保管以便随时查阅使用。

(2) 应确保维修检查所需的必要空间

(3) 阀在安装前的注意事项

首先要检查方向阀组件在运输过程中及库存中是否损坏,损坏或存放时间过久可能致使内部密封已经失效者一律不得装入气动系统。对于泄漏量增大,不能正常动作的元件,不得使用。其次应彻底清除管道内的灰尘、油污、铁锈、碎屑等污物,以免阀动作失常或被损伤。

（4）安装时的注意事项

应注意是否符合产品规格和技术要求（如通径大小、使用压力、先导压力、电源电压、动作频率、环境温度范围等）。应注意阀的推荐安装位置和标明的气流方向[大多数方向阀产品，P或1为气源进气口，A（B）或2（4）为工作气口，T_1、T_2或3（5）为排气口]。在安装和维护时，可接通压缩空气和电源，进行适当的功能检查和漏气检查，确认是否正确安装。安装和使用中不要擦除、撕掉或涂抹产品上印刷或粘贴的警告标记与规格及图形符号。

（5）换向阀应尽可能靠近气缸安装，以便提高反应速度并减少耗气量

（6）电控阀应接地，以保证人身安全

（7）安装时，应按照推荐力矩拧紧螺纹

（8）管件配置（配管）

① 配管前，应进行充分的吹扫（刷洗）或者清洗，充分地除去管内的切屑、切削油、异物等。

② 密封带的卷绕方法。配管和管接头类螺纹连接的场合，不许将配管螺纹的切屑和密封材的碎片混入阀内部。在使用密封带时，如图3-67所示，应在螺纹前端留下1个螺距不缠。

图3-67 密封带的卷绕方法

③ 在使用中位封闭式换向阀时，应充分确认阀和气缸之间的配管无漏气。

④ 应切实将配管插到底，并在确认配管不能拔出之后再使用。

⑤ 气动控制阀中的配管接口螺纹除了公制M外，还有G和Rc、NPT、NPTF等几种英制螺纹（其代号含义及特点参见1.7.2节）。在配管安装使用时，这几种螺纹不要搞错。

要用推荐的工具和要求的力矩将配管和管接头的螺纹拧入，以免过度拧紧而溢出大量密封剂，或拧紧不足，造成密封不良或螺纹松弛。

管件通常可重复使用2~3次。从卸下的管接头上剥离附着的密封剂，再通过吹扫等除去灰尘后再使用。

⑥ 在产品上连接配管时，请参见使用说明书，以防供给通口接错。

（9）电气线缆配置（配线）

① 电磁阀是电气产品，应设置适当的保险丝和漏电断路器，以保证使用安全。

② 不要对导线施加过大的力（具体数值见说明书，如SMC的配线为30N），以免造成断线而影响安全和使用。

③ 施加电压。当电磁阀与电源连接时，不要弄错施加电压，以免导致动作不良或线圈烧损。

④ 直流电磁阀（带指示灯·过电压保护回路）与电源连接时，应请确认有无极性。当有极性时，请注意以下几点：若未内置极性保护用二极管，一旦弄错极性，电磁阀内部二极管和控制器侧的开关元件或电源会被烧损；带极性保护用二极管时，弄错极性，电磁阀无法切换。

⑤ 接线的确认。完成配线后，请确认接线无误。

（10）润滑给油

① 对于使用弹性密封的阀，应参照使用说明书决定阀是否必须给油，对于有预加润滑脂的阀，能在不给油的条件下工作。如要给油，请按说明书规定的润滑油品牌及牌号进行使用。一旦中途停止给油，由于预加润滑脂消失会导致动作不良，故必须一直给油。

对于使用金属密封的阀，可无给油使用。给油时，请按说明书规定的润滑滑油品牌及牌

号进行。

② 给油量要得当。如果给油过多，先导阀内部润滑油积存会造成误动作或响应迟缓等异常，故不要过度给油。对于需要大量给油的场合，应使用外部先导，并向外部先导口供给无给油的空气，以免先导阀内部润滑油积存。

（11）空气源

① 气动方向阀的工作介质应使用压缩空气，并按说明书要求的过滤精度进行过滤（在阀附近的上游侧安装空气过滤器）。若压缩空气中含有化学药品、有机溶剂的合成油、盐分、耐腐蚀性气体等，会造成电磁阀的破坏及动作不良，故不要使用。

应注意，当使用流体为超干燥空气时，可能会因元件内部的润滑特性劣化，影响元件的可靠性（寿命）。

② 含有大量冷凝水的压缩空气会造成气动元件动作不良，故对于冷凝水多的场合，应设置后冷却器、空气干燥器、冷凝水收集器等装置。

③ 对于炭粉较多的场合，应在换向阀的上游侧设置尘埃分离器以除去炭粉，以免炭粉附在阀内部导致其动作不良。

（12）使用环境

① 不要在有腐蚀性气体、化学品、海水、水、水蒸气的环境或有这些物质附着的场所中使用。不要在有可燃性气体、爆炸性气体的环境中使用，以免发生火灾或爆炸。不要在发生振动或者冲击的场所使用。

② 在日光照射的场合，请使用保护罩等避光。不能在户外使用。在周围有热源存在的场合，请遮蔽辐射热。

③ 在有油以及焊接时有焊渣飞溅附着的场所，应采取适当的防护措施。

④ 在控制柜内安装电磁阀，或长时间通电时，根据电磁阀的规格，请采取使电磁阀的温度可保持在规定范围内的放热对策。

⑤ 应在各阀规格所示的环境温度范围内使用。但在温度变化剧烈的环境下使用时应多加注意。

⑥ 在湿度低的环境中使用阀时，应实施防静电对策。在高湿度环境使用时，应实施防水滴附着对策。

3.6.2 维护检查

① 气动控制阀要定期维修，在拆卸和装配时要防止碰伤密封圈。

② 应按照使用说明书给出的方法步骤进行维护检查。以免因误操作，对人体造成损伤并导致元件和装置损坏或动作不良。

③ 机械设备上气动元件的拆卸及压缩空气的供、排气的维护检查如下。

a. 在确认被驱动物体（负载）已进行了防落下处置和防失控等对策之后再切断气源和电源，通过残压释放功能排放完气动系统内部的压力之后，才能拆卸元件。

b. 使用三位中封式或中止式换向阀时，阀和气缸之间会有压缩空气残留，同样需要释放残压。

c. 当气动元件更换或再安装后重新启动时，请先确认气缸等执行元件已采取了防止飞出措施，再确认元件能否正常动作。尤其是在使用二位双电控电磁阀时，若急剧释放残压，在某些配管条件下，可能发生阀的误动作及连接的执行元件动作的情况，故应多加注意。

④ 低频率使用。为防止动作不良，电磁阀通常应至少每30天进行一次换向动作。

⑤ 手动操作时，连接的装置有动作，应确认安全后再进行操作。

⑥ 排气量增大或产品不能正常动作时，请不要使用。请定期检查和维护电磁阀，确认漏气和动作状况。

⑦ 定期排放空气过滤器内的冷凝水。对于弹性密封电磁阀，一旦给油后就必须连续给油，应使用产品说明书规定的润滑油，以免因使用其他种类润滑油导致动作不良等故障发生；双电控阀进行手动切换时，如果是瞬间操作，可能会造成气缸误动作，建议持续按住手动按钮直至气缸到达行程末端。

3.6.3 故障诊断（表3-10）

表3-10 气动方向控制阀常见故障及诊断排除方法

现象		故障原因	处理	现象		故障原因	处理
换向阀主阀漏气	从主阀排气口漏气	气缸活塞密封圈损伤	更换密封圈	换向阀的主阀不换向或换向不到位		阀芯与阀套损伤	更换阀芯与阀套
		异物卡入滑动部位，换向不到位	清洗			压力低于最低使用压力	找出压力低的原因
		气压不足造成密封不良	提高压力			气口接错	更正
		气压过高，使密封件变形过大	使用正常压力			控制信号是短脉冲信号	找出原因，更正或使用延时阀，将短脉冲信号变成长脉冲信号
		润滑不良，换向不到位	改善润滑			润滑不良，滑动阻力大	改善润滑条件
		密封件损伤	更换密封件				
		阀芯阀套磨损	更换阀芯、阀套			异物或油泥侵入滑动部位	清洗检查气源处理系统
	阀体漏气	密封垫损伤	更换密封垫			弹簧损伤	更换弹簧
		阀体压铸件不合格	更换阀体			密封件损伤	更换密封件
电磁先导阀漏气		异物卡住动铁芯，换向不到位	清洗			阀芯与阀套损伤	更换阀芯、阀套
		动铁芯锈蚀，换向不到位	注意排放冷凝水	电磁先导阀不换向	无电信号	电源未接通	接通
		弹簧锈蚀				接线断了	接好
		电压太低，动铁芯吸合不到位	提高电压			电气线路的继电器故障	排除故障
换向阀的主阀不换向或换向不到位		压力低于最低使用压力	找出压力低的原因		动铁芯不动作(无声)或动作时间过长	电压太低，吸力不够	提高电压
		气口接错	更正			异物卡住动铁芯	清洗，查气源处理状况是否符合要求
		控制信号是短脉冲信号	找出原因，更正或使用延时阀，将短脉冲信号变成长脉冲信号			动铁芯被油泥粘连	
						动铁芯锈蚀	
						环境温度过低	
		润滑不良，滑动阻力大	改善润滑条件		动铁芯不能复位	弹簧被腐蚀而折断	查气源处理状况是否符合要求、换弹簧
		异物或油泥侵入滑动部位	清洗检查气源处理系统			异物卡住动铁芯	清理异物
		弹簧损伤	更换弹簧			动铁芯被油泥粘连	清理油泥
		密封件损伤	更换密封件		线圈烧毁(有过热反应)	环境温度过高(包括日晒)	改用高温线圈
						工作频率过高	改用高频阀

现象	故障原因	处理	现象	故障原因	处理
电磁先导阀不换向	线圈烧毁(有过热反应)		电磁先导阀不换向	线圈烧毁(有过热反应)	
	交流线圈的动铁芯被卡住	清洗,改善气源质量		继电器触点接触不良	更换触点
	接错电源或接线头	改正		直动双电控阀,两个电磁铁同时通电	应设互锁电路避免同时通电
	瞬时电压过高,击穿线圈的绝缘材料,造成短路	将电磁线圈电路与电源电路隔离,设计过压保护电路		直流线圈铁芯剩磁大	更换铁芯材料
	电压过低,吸力减少,交流电磁线圈通过电流过大	使用电压不得比额定电压低15%以上			

3.7　气动阀岛

3.7.1　阀岛的由来

在传统独立接线控制方式的气动系统(图3-68)中,其执行元件(如气缸)的动作由分立的电磁阀来控制,要对每一个电磁阀进行电气连接(每一个线圈都要逐个连接到控制系统),还要安装消声器,压缩气源以及连接到气缸的管道及管接头等。气缸和电磁阀等元件的数量将随着自动化程度、机器设备及其使用的电气、气动系统的复杂化程度的提高而增多(图3-69)。可见传统的独立接线控制方式的气动系统,明显存在如下缺陷。

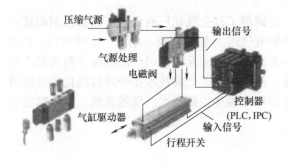

图3-68　独立接线控制方式的气动系统

图3-69　复杂气动系统

① 需要几十根甚至上百根的控制接线。
② 气管连接,布线安装困难,存在很多故障隐患。
③ 众多的管线为设备的维护和管理带来不便。
④ 制造时间长,耗费人力多,使得整个设备的开发、制造周期延长。
⑤ 常因人为因素出现设计和制作上的错误。
阀岛技术正是为了解决上述问题,简化气动系统的安装和管线配置而出现的。

"阀岛"一词源于德文，英文名为"Valve terminal"，它是全新的气动和电气一体化的产品（控制单元），它将多个气动电磁阀、节点控制器、电输入/输出部件等组合在一起，通过调试成为一体化、模块化的产品。用户只需用气管将电磁阀的输出连接至对应的气动执行机构上，通过计算机对其进行程序编制，即可完成所需的自动化控制。德国费斯托（FESTO）公司于20世纪80年代开始致力于研究气动与电气一体化控制单元，最先推出了阀岛技术并于1989年研发出世界上第一款阀岛。

3.7.2 特点意义

① 配置灵活。在一个阀岛上可集成安装多个小型电控换向阀（图3-70），有2阀、4阀、6阀、8阀、10阀、16阀、24阀、128阀等类别，分别有单电和双电两种控制形式。

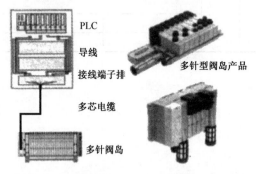

图3-70 多针阀岛接线及通信控制和产品示例

② 接线简单。阀岛上电控换向阀电磁铁的控制线通过内部连线集成到多芯插座上，形成标准的接口，并且共用地线，从而大大减少了配线的数量。例如装有10个双电控换向阀的阀岛，具有20个电磁铁，只需要21芯的电缆就可以控制。接线时通过标准的接口插头插接，非常便于拆装、集中布线和检修。

③ 阀岛通过一根带多针插头的多芯电缆线与PLC（可编程控制器）的输出信号、输入信号相连，系统不再需要接线盒。

④ 结构紧凑，集成化后的电控阀共用进气口和排气口，简化了气动接口。

⑤ 成本低，可降低将近三分之二的制造成本。

⑥ 易于故障诊断排除。

利用预先定义好的针脚分配，可在设备出现故障的时候能够快速地查找出相对应的电控阀，及时排除故障，提高了设备的使用效率。

阀岛的出现和发展具有十分重要的意义，它跨越了过去气动厂商仅生产气动控制阀这一界限，而把过去一直由电气自控行业厂商生产的电气输入/输出模块、电缆、电缆接口、PLC程序控制器、现场总线、以太网接口和电缆一并归纳于气动元件公司产品范畴并列入其产品型录或样本，同时投入力量予以重点开发创新，从而确保了气动技术在今后自动化的发展道路上和进程中的地位，并保证了气动行业在应用PLC程序控制技术、现场总线、以太网技术上能与自控领域同步发展。

3.7.3 类型特点

阀岛的分类方法很多，特点各异。例如按发展过程可分为如下两类。

（1）第一代阀岛——多针接口阀岛

多针接口阀岛的结构如图3-70所示，PLC的输入输出信号均通过一根带多针插头的多芯电缆与阀岛相连，而由传感器输出的信号则通过电缆连接到阀岛的电信号输入口上。故PLC与电磁阀、传感器输入信号之间的接口简化为只需一个多针插头和一根多芯电缆。

与传统的集装气路板或者单个电磁阀安装方式实现的控制系统相比，电磁阀部分不再需要接线端子排，所有电信号的处理、保护功能，如极性保护、光电隔离、防尘防水等都在阀岛上实现。其缺点是用户尚须根据设计要求自行将PLC的输入／输出口与阀岛电气接口的多芯电缆进行连接。

（2）第二代阀岛——现场总线阀岛

现场总线阀岛的实质是通过电信号传输方式，以一定的数据格式实现控制系统中信号的双向传输。两个采用现场总线进行信息交换的对象之间只需一根两芯或四芯的总线电缆连接。这可大大减少接线时间，有效降低设备安装空间，使设备的安装、调试和维护更加简便。

在现场总线阀岛（图3-71）系统中，每个阀岛都带有一个总线输入口和总线输出口。当系统中有多个总线阀岛或其他现场总线设备时，可按照需要进行多种拓扑连接（图3-72），其前置处理器是一个单片机或PLC系统，具有标准的输出插头并直接与阀岛插接，用于对阀岛的直接控制，标准的串口输入与控制主机连接，用于与控制主机通信。

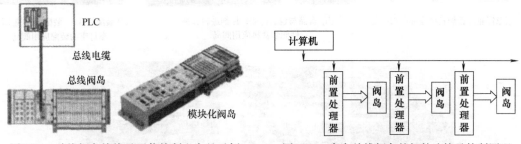

图3-71　总线阀岛接线及通信控制和产品示例　　　图3-72　多个总线阀岛的拓扑连接及控制原理

现场总线型阀岛的出现标志着气-电一体化技术的发展进入一个新阶段，为气动自动化系统的网络化、模块化提供了有效的技术手段。

3.7.4　应用领域

气动阀岛几乎可应用于汽车、重工业、常规工程、食品饮料、包装、电子行业、轻型装配、过程自动化、印刷、加工机床等各相关行业中（图3-73）。

3.7.5　性能参数

气动阀岛的性能参数有压力、流量，可带的流量、阀位数和线圈数以及电接口和总线形式等。

3.7.6　产品简介

（1）产品类型

按标准化及阀岛模块化结构不同，目前，气动阀岛产品主要有以下三类：

① 标准型阀岛。此类为符合ISO 5599-2、ISO 15407标准化阀的阀岛，即采用ISO 5599-2、ISO 15407安装连接界面尺寸的阀的阀岛。

② 通用型阀岛。此类阀岛按模块化结构又可分为紧凑型阀岛、坚固的模块化结构阀岛、常规气动阀门结构阀岛等三类。紧凑型阀岛是指一个阀岛集成阀的数量虽不多，但通过分散安装，仍能完成64点的控制；坚固的模块化结构阀岛（控制节点在阀岛的中央或在阀岛的左

侧）通常是指该阀岛底座、电气输入/输出模块、节点控制模块均采用金属或合金（铝合金）材料，结构坚固，可对气动阀门和输入/输出模块进行扩展；常规气动阀门结构阀岛是指各气动元件制造厂商都会有自己独立开发的集成化模块结构阀岛产品，许多厂商采用最好的电磁阀作为阀岛气动阀。

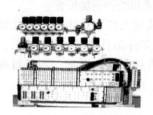

(a) 烟草行业：香烟卷接设备应用阀岛

(b) 食品与包装行业：片剂进料和高性能装盒机应用阀岛

(c) 装配行业：装配流水线上汽车灯座的装配应用阀岛

(d) 汽车行业：白车身抓取和焊接机器人上应用阀岛

(e) 过程自动化行业：大型生物技术/制药设备上应用阀岛

图3-73　气动阀岛的典型应用

（2）典型产品

目前，阀岛的生产商有费斯托（中国）有限公司、SMC（中国）有限公司、意大利麦特沃克（Metal Work）公司和英国诺冠（Norgren）公司等，此处着重对费斯托（中国）有限公司和SMC（中国）有限公司的气动阀岛进行简要概述如下。

表3-11　费斯托（中国）有限公司气动阀岛产品概览

技术参数	VTSA标准型阀岛，VTSA-F、流量优化型阀岛	MPA-L通用型阀岛	MPA-C应用特定型阀岛
阀规格(阀宽)/mm	18、26、42、52,可用适配件扩展至65	10、14、20	14
工作压力/MPa	−0.09~1.0	−0.09~1.0	−0.09~1.0
最大流量/(L·min⁻¹)	550~2900	最大870	最大780
驱动方式	电驱动	电控	电驱动
控制方式	先导	电控	先导电控
额定工作电压/V	DC 24, AC 110	DC 24	DC 24
最大阀位数	32	32	32
压力区最大数量	—	20	32
信号状态指示	LED	LED	LED
开关位置指示	LED	LED	—
适合真空	是	是	是

气动阀
原理、使用与维护

技术参数	VTSA标准型阀岛，VTSA-F、流量优化型阀岛	MPA-L通用型阀岛	MPA-C应用特定型阀岛
手控装置	锁定式、按钮式、隐藏式	非锁定式和锁定式	按钮式或封盖式
环境温度/℃	-5~50	-5~50	-5~60
实物外形图			
主要构成示意图			
主要特性	①减少停机时间：现场通过LED诊断。 ②阀宽18mm、26mm、42mm和52mm，无需适配件就可组合在一个阀岛上。 ③CPX气动接口。 ④简单的电接口：现场总线接口连接CPX，多针插头接口，带预装配电缆或端子条（Cage Clamp®）；控制模块，连接CPX，AS-接口，单个接口。 ⑤CPX诊断接口，用于手持式设备（通道和阀片诊断）。 ⑥快速安装：直接用螺钉或H型导轨安装。 ⑦安全：阀、输出和逻辑电压可分别关断。 ⑧实用：大标签。 ⑨阀功能齐全。 ⑩模块化：气源板便于创建多个压力分区以及多个额外排气和进气口。 ⑪功能：气口口径大，流量优化，坚固的金属螺纹口或预装配QS接头。 ⑫灵活：32个阀位、32个电磁线圈，一个阀系列，用于多种流量。 ⑬操作可靠：手控装置，锁定式、按钮式/锁定式或隐藏式	①阀宽10mm、14mm和20mm。 ②减少停机时间：LED切换状态显示。 ③CPX气动接口。 ④CPX诊断接口。 ⑤简单的电接口：多针插头、现场总线接口，控制模块，CPX，CPX-AP-I，I-Port接口/IO-Link。 ⑥快速安装：直接用螺钉或H型导轨安装。 ⑦安全：电接口，可以分别切断输出和阀的电源。 ⑧操作可靠：手控装置，方式为按钮式、锁定式或封盖式。 ⑨可调整：端板上的选择器，用于定义先导气源（内先导气源或外先导气源）。 ⑩实用：预装配QS插式接头。 ⑪节省空间：结构细长的阀和平板消声器。 ⑫灵活：32个阀位、32个电磁线圈。 ⑬模块化：通过进气板可以形成多个压力分区和多个附加的排气口	①阀宽14mm。 ②减少停机时间：LED切换状态显示。 ③模块化结构：通过电源模块或带附加电源的气路板可创建压力分区，可有多个进气和排气口。 ④电接口简单：多针插头接口，I-Port接口/IO-Link。 ⑤功能性佳：接头单独指定，预先安装。 ⑥灵活性佳：32个阀位、32个电磁线圈。 ⑦装配快速：直接使用螺钉或螺栓。 ⑧耐受性佳：防护等级高达IP69K，耐受化学品和清洁剂，耐腐蚀性能优异

注：各系列阀岛的技术参数、外形安装连接形式及尺寸等以生产厂产品样本为准。

① 费斯托（中国）有限公司的阀岛。其主要产品有标准型（阀模块符合标准ISO 15407-1，ISO 15407-2 和 ISO 5599-2标准，用于基于标准的阀，可具有各种阀功能，可作为插件，也可单独连接。有VTIA、VTSA型等）、通用型（具有坚固的模块化阀模块，作为紧凑的或模块化的底座，用于各种标准任务。有 CPV、MPA、MPAL、VTSA、VTUB、VTUG、VTUS 型等）和应用特定型（专用型。节省空间的紧凑型阀模块用于特殊要求。MH1、MPAC、VTOC、VTOE 型）等三大类，其流量、阀位等因阀岛形式不同而异，流量在 10~3200L/min，阀位在 10~32 不等，详见表3-11。

② SMC（中国）有限公司总线阀岛。在该公司产品的电子样本中，将阀岛产品称为省配线现场总线系统（串行传送系统），此即总线阀岛，详见表3-12。

表 3-12　SMC（中国）有限公司的总线阀岛产品概览

系列型号		防护等级	通信协议（总线协议）	适用的SMC电磁阀系列型号	外形图	备注
单输出型	EX120	IP20	DeviceNet™、CC-Link、CompoNet™、CompoBus/S、NKE 省配线系统、S-LINK V（订制规格）	SY3000、5000、7000（插入式），VQ1000、2000，SV1000、2000、3000、4000	EX120 EX121 EX122 EX123 EX124 EX126 EX180 EX140	最多可控制输出点数16（即驱动16点电磁线圈）
	EX121			SY3000、5000		
	EX122					
	EX123	IP65	NKE省配线系统	VQ2000、4000、5000		
	EX124		CC-Link、CompoBus/S、DeviceNet™（订制规格）			
	EX126	IP67	CC-Link	SY3000、5000、7000（插入式），VQC1000、2000、4000、5000，SV1000、2000、3000		
	EX140		DeviceNet™、CC-Link、CompoBus/S、NKE 省配线系统	SQ1000、2000，SZ3000		
	EX180	IP20	DeviceNet™、CC-Link、EtherCAT®（订制规格）、AnyWireASLINK（订制规格）	SY3000、5000、7000，SJ2000、3000、S0700（集装阀）		无输入点控制。最多可控制输出点数32（即驱动32点电磁线圈）
	EX260	IP67	DeviceNet™、PROFIBUS DP、CC-Link、PROFINET、EtherCAT®、EtherNet/IP™、Ethernet POWERLINK、IO-Link（仅SY，JSY，VQC）	SY3000、5000、7000（插入式），JSY1000、3000、5000，VQC1000、2000、4000、5000，SV1000、2000、3000，S0700（IP40）		无输入点控制。最多可控制输出点数32（即驱动32点电磁线圈）

气动阀
原理、使用与维护

系列型号		防护等级	通信协议（总线协议）	适用的SMC电磁阀系列型号	外形图	备注
输入、输出一体型	EX250	IP67	DeviceNet™、PROFIBUS DP、CC-Link、EtherNet/IP™、EtherCAT®、PRO-FINET、MRP（PROFI-NET）（订制规格）、Ethernet POWERLINK（订制规格）、Modbus TCP（订制规格）、CC-Link IE Field（订制规格）、EtherNet/IP™、IO-Link主站单元（订制规格）、DeviceNet™、PROFIBUS DP、CC-Link、EtherNet/IP™、AS-Interface、CANopen	SY3000、5000、7000（插入式），VQC1000、2000、4000、5000，SV1000、2000、3000，S0700（IP40）		输入点数和输出点数均为32，即可以输入32个磁性开关等传感器的信号，控制32个电磁线圈
	EX245	IP65	PROFINET	JSY3000、5000（插入型），SY3000、5000（插入型），VQC2000、4000		最大输入点数为16，输出点数均为32，可控制32个电磁线圈
	EX600	IP67	DeviceNet™、PROFIBUS DP、CC-Link、EtherNet/IP™、EtherCAT®、PRO-FINET、MRP（PROFINET）（订制规格）、Ethernet POWERLINK（订制规格）、Modbus TCP（订制规格）、CC-Link IE Field（订制规格）、EtherNet/IP™、IO-Link主站单元（订制规格）	SY3000、5000、7000（插入式），VQC1000、2000、4000、5000，SV1000、2000、3000，S0700（IP40）		数字输入输出和模拟输入输出，最大输入点数为16，输出点数均为32，可控制32个电磁线圈

系列型号		防护等级	通信协议（总线协议）	适用的SMC电磁阀系列型号	外形图	备注
分体式网关型	EX500	IP67	DeviceNet™、PROFI-BUS DP、CC-Link、Ether-Net/IP™、EtherCAT®、PRO-FINET、MRP(PROFINET)（订制规格）、Ethernet POWERLINK（订制规格）、Modbus TCP(订制规格)、CC-Link IE Field(订制规格)、EtherNet/IP™、IO-Link 主站单元(订制规格)	SY3000、5000、7000（插入式），VQC1000、2000、4000、5000，SV1000、2000、3000，S0700(IP40)		与阀的安装场所分开,可贴近执行元件安装。一个网关单元有4通口,每一分支（分支电缆长度为20m）的输入/输出点数 32/32,可连接两台集装阀。总的输入/输出点数 128/128。分体安装构成见图3-74(a)
	EX510	IP20	DeviceNet™、PROFI-BUS DP、CC-Link、Ether-Net/IP™（订制规格）、PROFINET(订制规格)	SJ2000、3000,SY3000、5000、7000（插入式），SY3000、5000、7000,SYJ3000、5000、7000,SQ1000、2000,SZ3000,VQ1000、2000,VQZ1000、2000、3000,S0700		4分支,每一分支的输入/输出数 16/16,总的输入/输出点数 64/64。优点:可连接更多的传感器和电磁阀,插头式电缆,省配线,输入输出单元不必设置地址等。其分体安装构成见图3-74(b)

注:1. 不同系列适用协议不同,详情请参照各系列的样本。
2. 表中所列SMC各型电磁阀的流量及阀位可见产品样本。

气动阀
原理、使用与维护

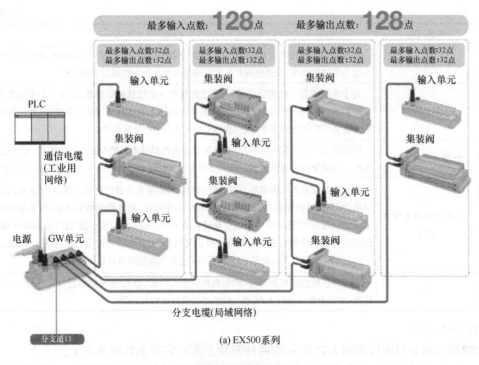

(a) EX500系列

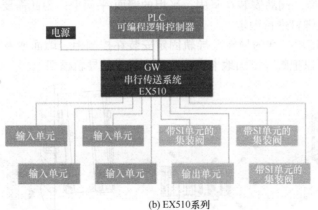

(b) EX510系列

图3-74　分体式网关型安装系统的构成图

3.7.7　选用安装

（1）选择要点

选用气动阀岛应考虑表3-13所列的6个因素。

表3-13　选用气动阀岛应考虑的因素

序号	考虑因素	内容
1	应用的工业领域	应考虑阀岛用在哪一工业领域(如食品与包装行业、烟草、轻型装配、过程自动化、电子半导体器件、汽车、印刷、烟草等)及环境(如恶劣环境、粉尘、焊屑飞溅、易腐蚀、洁净车间、防爆车间等)，以选择是用坚固型阀岛还是用专用型阀岛等

序号	考虑因素	内容
2	设备的管理状况	对拟用阀岛设备的管理判断:有无近期设备的更新、中长期设备的可扩展性以及将来是否接入管理层网络,以选择何种可扩展程度的商品及总线或以太网技术
3	分散的程度	对于少量的有一些离散区域的、每个区域有一定数量的驱动器,或者一个车间流水线有许多离散的区域,每个区域都有相对集中与部分离散的现场驱动设备的,可使用紧凑型分散安装系统的阀岛或带主控器(或PLC)、坚固型的模块化阀岛
4	电接口连接技术	可根据工厂已有的实际状况(选择某公司的PLC技术),被控制的点的数量、复杂程度,以选择是带单个电磁线圈电接口的阀岛还是带多针接口(省配线)或现场总线接口的阀岛
5	总线控制安装系统及网络	总线控制安装系统将取决于被控气动设备的数量及分散程度等因素,对于少量的现场驱动器,可采用紧凑型直接安装的阀岛;对于一定数量、离散的现场驱动器,可采用安装系统紧凑型阀岛;而对于一个中型的气动设备或小型自动生产线或小型工厂(近1000个输入/输出点),可采用带PLC控制的坚固型模块化阀岛。对于采用何种总线或网络技术,取决于工厂对自动化程度以及诊断的需求或采用某个现场总线或某种以太网网络技术
6	经济性	阀岛经济性包括保护等级、阀的规格流量与数量、输入/输出的数量(多少个模拟量输入/输出、多少个数字量输入/输出)、传感器以及插头的形式等

（2）安装方式

气动阀岛通常可通过如图3-75所示的两种安装方式安装到主机或系统上。

① 墙面/平面安装。阀岛安装在坚固、平坦的墙面/平面上,为此需要在安装面上开螺纹孔,使用垫片和安装螺钉进行固定。

② 导轨安装。使用标准的导轨,导轨固定安装在控制柜、墙面或者机架上,选用合适的安装支架附件就可以把阀岛牢固地卡在生产厂商提供的导轨槽架上。

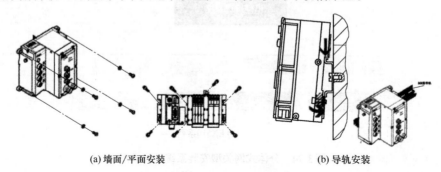

(a) 墙面/平面安装　　　　　　　　　　(b) 导轨安装

图3-75　气动阀岛的安装方式

第4章
压力控制阀

4.1 功用及种类

压力控制阀（简称压力阀）主要用来控制气动系统在不同区段或不同工况下压力的高低，满足系统动作稳定性、耐久性和安全性以及各种压力要求或用以节能。压力阀的分类见图4-1，其中安全阀（溢流阀）主要用于限压安全保护作用；减压阀主要用于降压稳压；增压阀用于提高系统压力；顺序阀用于多个执行元件间的动作顺序控制；气-电转换器则是通过气压与电气信号之间的转换，用于系统的压力控制和保护等。这些压力控制元件通常都是利用空气压力和弹簧力的平衡原理来工作的：直动式压力阀是利用弹簧力直接调压的；而先导式压力阀则是利用气压来调压的。

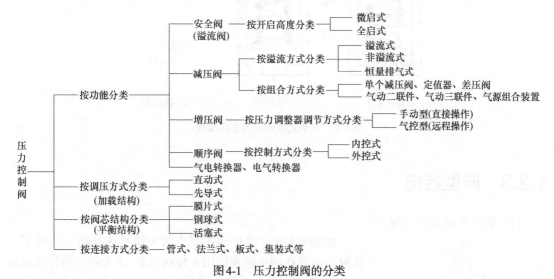

图4-1 压力控制阀的分类

4.2 安全阀（溢流阀）

4.2.1 功用及分类

气动系统中使用的溢流阀和安全阀在结构及性能上基本相同，所不同的只是阀在回路中所起的作用。溢流阀用于保持回路工作压力一定，而安全阀则是用于限制回路的最高压力起过压保护作用。溢流阀的分类见图4-1。其中微启式溢流阀的开启高度为阀座通径的1/40~1/20，通常做成开启高度随压力变化而逐渐变化的渐开式结构；全启式的开启高度等于或大于阀座通径的1/4，通常做成突开式（阀芯在开启中的某一瞬间突然跳起，达到安全高度）结构。其他分类方式的含义与4.1节相同。

4.2.2 基本原理

如图4-2（a）、(b) 所示为一种直动式溢流阀的工作原理图。阀在初始工作位置时 [图4-2(b)]，预先调整手柄使调压弹簧压缩，截止式阀芯的活塞端面使P→T间阀口关闭；当气动系统中的气体压力在规定范围内时，由于气压作用在活塞上的力小于调压弹簧的预紧力，活塞处于关闭状态。当系统压力升高，使作用在活塞上的气压作用力超过了弹簧的预紧力时，活塞上移开启阀口P→T连通排气 [图4-2（b）]，直到系统压力降低至规定压力以下时，阀口重新关闭。阀门开启压力大小靠调压弹簧的预压缩量来实现。直动式溢流阀的图形符号见图4-2（c）。

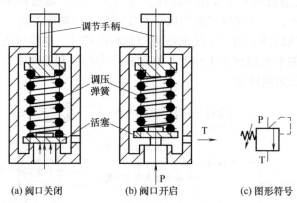

(a) 阀口关闭　　　　(b) 阀口开启　　　(c) 图形符号

图4-2　直动式溢流阀的工作原理

4.2.3 典型结构

（1）膜片直动式安全阀

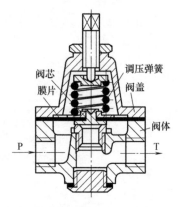

图4-3　膜片直动式安全阀

如图4-3所示的直动式安全阀为膜片式结构。当阀不工作时，阀芯在调压弹簧作用下使阀口P、T关闭。当作用在膜片上的气体压力大于调压弹簧力时，阀芯上移，阀口开启，P、T口连通，系统中部分气体经T口排向大气。阀的图形符号同图4-2（c）。

此类阀的特点是，由于膜片的承压面积比阀芯的面积大得多，阀门的开启压力与关闭压力接近，即阀的压力特性好，动作灵敏，但阀的最大开启量较小，流量特性较差。这种阀主要用于保证气动回路内的工作气压恒定。

（2）弹簧全启式安全阀

如图4-4所示，该阀由阀体、阀座、阀芯、调压弹簧及反冲结构等组成。具有以下结构性能特点：从喷嘴式阀座小截面喉部流出的空气速度较高可达声速，给阀芯以巨大的冲击；利用反冲盘配调节圈构成的反冲机构改变气流方向，将动量转化为阀芯升力，以保证安全阀迅速达到规定的开启高度，并利用调节圈对开启压力和关闭压力进行调节；阀座用螺纹连接在阀体上，由于螺纹间隙的存在，当形状不对称的阀体发生热变形时，能减小其对阀座密封面的影响；通过严格的定位和导向机构，并且在传递弹簧载荷的部位采用球面接触，当载荷作用线与密封面的垂直作用线不同心时，也可保证安全阀的密封性和动作准确性。

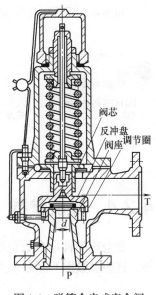

图4-4　弹簧全启式安全阀

（3）平衡式安全阀

如图4-5所示，阀芯上下两端承受相反方向的介质压力，弹簧载荷仅与两个方向介质作用力的差值有关，这样就有可能在高压场合采用较小的弹簧。但由于O形密封圈的阻力会使阀的启闭压差增大。

（4）突开式安全阀

如图4-6所示，该阀的阀芯为球阀结构。若回路中的气压超过弹簧设定值，只要阀芯略微上浮一些，则气压作用面积就会突然增大，使阀口迅即开启。突开式安全阀的流量特性好，主要用于储气罐和重要回路的安全保护。

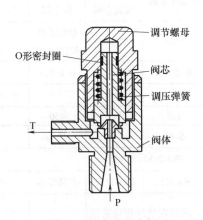

图4-5　平衡式安全阀

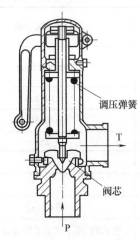

图4-6　突开式安全阀

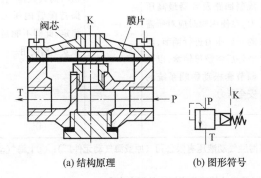

(a) 结构原理　　　(b) 图形符号

图4-7　先导式安全阀（溢流阀）结构原理及图形符号

（5）先导式溢流阀

图4-7（a）为一种外部先导式溢流阀的主阀，其先导阀是一个直动式减压阀，由减压阀的出口气压接入K口。所以调节减压阀的工作压力（先导压力）即可调节该主阀的工作压力。先导式溢流阀的图形符号如图4-7（b）所示。

该先导式溢流阀的特点是，在启闭过程中，使控制压力保持不变，不会因阀的开度引起调定压力的变化，阀的流量特性较好。

如图4-8所示为几种安全阀（溢流阀）产品的实物外形图。

(a) PQ系列安全阀　　　　(b) Q系列安全阀　　(c) D559B-8M型安全阀　(d) AP100压力调节阀(溢流阀)
(济南杰菲特气动元件　(威海博胜气动液压有限公司产品)(威海博胜气动液压有限公司产品)　[SMC(中国)有限公司产品]
有限公司产品)

图4-8　安全阀（溢流阀）实物外形图

4.2.4　性能参数

安全阀的性能参数包括公称通径、有效截面积、工作（溢流）压力、泄漏量和环境温度等，这些参数因产品系列类型不同而异。

4.2.5　产品概览（表4-1）

表4-1　安全阀（溢流阀）产品概览

技术参数	PQ系列安全阀	Q型安全阀	D559B-8M型安全阀	QZ-01型安全阀	AP100系列压力调节阀(溢流阀)
公称通径	10mm、15mm	6mm	25mm	接管螺纹 M12×1.25	连接口径 1/8″、1/4″
工作压力/MPa	0.10~1.0	0.05~1.0	0.05~1.0	0.2~0.8	0.05~0.69
有效截面积/mm²	≥40、60	—	—	—	流量特性见样本
泄漏量/(cm³·min⁻¹)	25	150		≤50	—
环境温度/℃	5~50	5~60	5~60	−40~60	−10~60
图形符号	图4-2(b)				
实物外形图	图4-8(a)	图4-8(b)	图4-8(c)	产品样本	图4-8(d)
结构性能特点	管式阀,用于气动系统或储气罐的安全保护,可根据需要自行调整设定压力。当回路中的工作压力高于设定安全值时,系统自动经安全阀向外排气,达到安全值,以保护设备及人身安全。系统应加装压力表以便系统压力设定的显示和工作压力的监控;压力设定后应锁紧螺母,以保证系统正常运行;若介质对人体有害,则应另行选型或采取其他防止措施	该阀在气压传动系统中,用于防止气动装置和设备及管路等被破坏而限制回路及容器最高压力。在使用阀时应对所需的开启压力进行调节,调节好后将螺母锁紧,以免调节套松动影响系统的安全压力		—	压力大于设定值时向大气排气,保持配管内压力稳定。此阀不能当做安全阀使用
生产厂	①	②		③	④

注：1. 生产厂：①济南杰菲特气动元件有限公司；②威海博胜气动液压有限公司（原威海气动元件厂）；③上海气动成套厂；④SMC（中国）有限公司。

2. 各系列安全阀（溢流阀）的技术参数、外形安装连接形式及尺寸等以生产厂产品样本为准。

4.2.6 典型应用

安全阀（溢流阀）的典型应用是气动系统的一次压力控制和气缸缓冲。

（1）构成一次压力控制回路

如图4-9所示，一次压力控制回路主要控制储气罐，使其压力不超过规定值。常采用外控式安全阀（溢流阀）来控制。空压机1排出的气体通过单向阀2储存于储气罐3中，空压机排气压力由安全阀（溢流阀）4限定。当储气罐中的压力达到安全阀调压值时，安全阀开启，空压机排出的气体经安全阀排向大气。此回路结构简单，但在安全阀开启过程中无功能耗较大。

（2）构成气缸缓冲回路

如图4-10所示，当气缸6突然遇到过大负载或在换向端点因冲击而使系统压力升高时，溢流阀4打开溢流，起到缓和冲击作用。

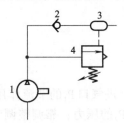

图4-9 一次压力控制回路

1—空压机；2—单向阀；3—储气罐；4—外控溢流阀

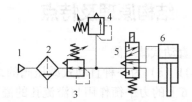

图4-10 带溢流阀的气缸缓冲回路

1—气源；2—分水过滤器；3—减压阀；4—溢流阀；
5—二位五通电磁阀；6—气缸

4.2.7 使用要点

气动系统应根据系统最高使用压力和排放流量来选择安全阀（溢流阀）的类型和技术规格。

安全阀（溢流阀）的常见故障及诊断排除方法见表4-2。

表4-2 气动安全阀（溢流阀）常见故障及诊断排除方法

	故障现象	可能原因	排除方法
1	压力没超过调定值,阀溢流侧已有气体溢出	膜片损坏	更换膜片
		调压弹簧损坏	更换弹簧
		阀座损坏	调换阀座
		杂质被气体带入网内	清洗阀
2	压力超过调定值但不溢流	阀内部孔堵塞,阀芯被杂质卡死	清洗阀
3	阀体和阀盖处漏气	膜片损坏	更换膜片
		密封件损坏	更换密封件
4	溢流时发生振动	压力上升慢引起阀的振动	清洗阀,更换密封件
5	压力调不高	弹簧损坏	更换弹簧
		膜片漏气	更换膜片

4.3 减压阀

4.3.1 功用及分类

在气动系统中，来自空压机的气源压力由溢流阀（安全阀）调定，其值高于各执行元件所需压力。各执行元件的工作压力由减压阀调节、控制和保持，故减压阀在气动技术中也常称调压阀。

减压阀的分类见图4-1。减压阀的平衡结构主要为膜片式和活塞式两类。除了单个减压阀用于系统调压外，减压阀也可以与多种元件组合成一体化气源处理装置。按溢流方式分类的含义参见本节下文。其他分类方式的意义同前。

4.3.2 结构原理及特点

（1）直动式减压阀

图4-11（a）为一种直动式减压阀的结构原理图。该阀靠进气口 P_1 的节流作用减压，靠橡胶膜片6上的力平衡作用与溢流孔的溢流作用稳定输出口 P_2 的压力；靠调整调节手柄1使输出压力在可调范围内任意改变。其减压稳压过程为：图示中的减压阀在调压弹簧力作用下有预开口，输出口压力气体同时经反馈阻尼器7进入膜片6下腔，在膜片上产生向上的反馈作用力，当其与调压弹簧力平衡时，减压阀便有稳定的压力输出。当反馈力大于弹簧力时，膜片离开平衡位置向上变形，使得溢流阀口4和阀杆8脱开，多余的空气经溢流口和排气孔5排入大气，使 p_2 口的压力下降，直至作用在膜片上的气压力与调压弹簧力相平衡时，溢流阀口关闭，p_2 口中的压力不再增高，稳定在调定值上。图4-11（b）为直动式减压阀的图形符号。

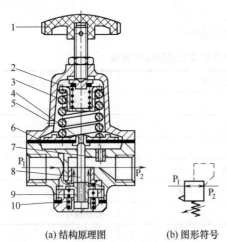

(a) 结构原理图　　　　(b) 图形符号

图 4-11　直动式减压阀结构原理及图形符号

1—盘式手柄；2，3—调压弹簧；4—溢流阀口；5—排气孔；
6—橡胶膜片；7—反馈阻尼器；8—阀杆；9—减压阀芯；
10—复位弹簧

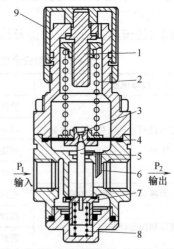

图 4-12　圆柱形调压手柄的直动式减压阀

1—调节螺钉；2—调压弹簧；3—溢流阀孔；4—橡胶膜片；
5—阀杆；6—反馈导管；7—进气阀门；8—复位弹簧；
9—圆柱形调压手柄

图4-12为圆柱形调压手柄的直动式减压阀，其结构原理与图4-11中的圆盘式手柄减压阀基本相同。

图4-11（a）和图4-12中的两种减压阀的溢流方式均为溢流式，其局部结构如图4-13（a）所示，这种溢流式减压阀具有稳定输出压力的作用，当阀的输出压力超过调压值时，压缩空气从溢流孔2排出，维持输出压力不变；但减压阀正常工作时，无气体从溢流孔溢出。此外，减压阀还有非溢流式和恒量排气式溢流结构，前者无溢流孔［图4-13（b)］，使用时在回路中阀的输出压力侧要安装一个放气阀（旁路阀）来调节减压阀的输出压力，当需要降低输出压力时，打开放气阀排出部分气体，直至达到新的调定值。后者则用于工作介质为有害气体的情况，恒量排气式减压阀始终有微量气体从溢流阀座上的小孔3排出［图4-13（c)］，这对提高减压阀在小流量输出时的稳压性能有利。

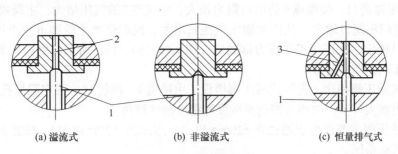

(a) 溢流式　(b) 非溢流式　(c) 恒量排气式

图4-13　减压阀的溢流结构

1—阀杆；2—溢流孔；3—小孔

（2）先导式减压阀

配管口径在20mm以上且输出压力较高时，为了减小阀的结构尺寸、弹簧刚度和调节用力，一般宜用先导式减压阀，在需要远距离控制时，可采用遥控先导式减压阀。

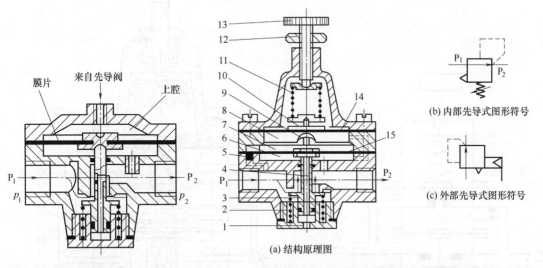

图4-14　先导式减压阀（遥控减压阀）主阀的结构原理

(a) 结构原理图

(b) 内部先导式图形符号

(c) 外部先导式图形符号

图4-15　先导式减压阀结构及图形符号

1—排气口；2—复位弹簧；3—减压阀芯；4—阀杆；5—固定阻尼孔；6—下气室；7—中气室；8—上气室；9—喷嘴；10—挡板；11—调压弹簧；12—锁紧螺母；13—调节手轮；14—导阀膜片；15—主阀膜片

先导式减压阀由主阀和先导阀组合而成。其主阀如图4-14所示，主阀膜片上腔无调压弹簧，而是利用先导阀输出的压力气体取代调压弹簧力。故调节先导阀的工作压力也就调节了主阀的工作压力。作为先导阀的减压阀应采用溢流式结构（一般为小型直动式减压阀）。先导阀装在主阀上腔内部的减压阀称内部先导式减压阀，先导阀装在主阀外部的减压阀称外部先导式减压阀或远程控制减压阀。外部先导阀与主阀的连接管道不宜太长，通常应≤30m，以免出现振动噪声等不良现象。

图4-15（a）为内部先导式减压阀结构原理图。中气室7以上部分为先导阀，以下部分为主阀。工作原理如下：一级压力气体由进气口P_1进入主阀后，经过减压阀口从输出口P_2输出。当出口压力p_2随负载增大而增大时，反馈气压作用在导阀膜片14的作用力也增大；当反馈作用力大于调压弹簧11的预调力时，导阀膜片14和主阀膜片15上移，减压阀芯3跟随上移，使减压阀口相应减小，直至出口压力p_2稳定在调定值上；当需要增大压力p_2时，调节手轮13压缩调压弹簧11，使喷嘴9的出口阻力加大，中气室7的气压增大，主阀膜片15推动阀杆4下移，使减压阀口增大，从而使输出气压p_2增大，反向调整手轮即可减小压力p_2。调节手轮位置一旦确定，减压阀工作压力即确定。图4-15（b）、（c）所示分别为内部先导式和外部先导式减压阀的图形符号。

与直动式减压阀相比，先导式减压阀增设了由喷嘴9、挡板10、固定阻尼孔5和中气室7所组成的喷嘴放大环节，故阀芯控制灵敏度即稳压精度较高。

先导式减压阀主要适用于通径在ϕ20mm以上，远距离（30m以内）、位置高、有危险及调压不便的气动系统。

（3）定值器（精密减压阀）

精密减压阀也称定值器，其原理如图4-16所示，是在普通减压阀中采用了喷嘴-挡板式放大器。放大器包括恒气阻（固定节流孔）1、喷嘴3、膜片（挡板）5及7和背压腔室2、6。

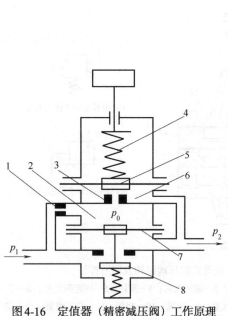

图4-16　定值器（精密减压阀）工作原理
1—恒气阻（固定节流孔）；2，6—腔室；3—喷嘴；4—弹簧；5，7—膜片；8—阀芯

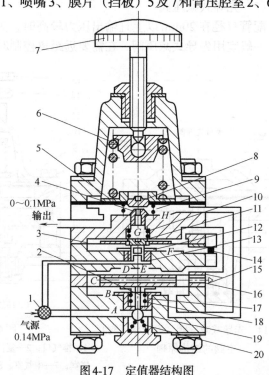

图4-17　定值器结构图
1—过滤网；2—溢流阀座；3，5—膜片；4—喷嘴；6—调压弹簧；7—旋钮；8—挡板；9，10，13，17，20—弹簧；11—硬芯；12—活门；14—固定节流孔；15—膜片；16—排气孔；18—主阀芯阀杆；19—进气阀

在减压阀工作中，当减压阀的输出口处压力p_2变化时，例如压力下降，则膜片（挡板）5在调压弹簧4作用下靠近喷嘴3，引起喷嘴-挡板放大器背压腔室2中的背压p_0升高，背压p_0作用在下膜片7上使阀芯8开度增加，通流面积增大，压降减小，输出压力p_2上升，直接接近规定的调定值。由于在普通减压阀的阀芯和调压弹簧之间增设了一个具有高放大倍数的喷嘴-挡板放大器，故定值器的稳压精度高。

如图4-17所示为一种定值器的结构图。其内部附加了特殊的稳压装置（保持固定节流孔14两端的压力降恒定的装置），故可保持输出压力基本稳定，即定值稳压精度较高。

定值器适用于供给精确气源压力和信号压力的场合，如射流控制系统、气动实验设备与气动自动装置等。定值器有两种压力规格：其气源压力分别为0.14MPa和0.35MPa，输出压力范围分别为0~0.1MPa和0~0.25MPa。输出压力的波动不大于最大输出压力的±1%。

（4）定差减压阀（差压阀）

定差减压阀简称差压阀，其输入压力与输出压力之差在可调范围内保持恒定。当输入压力变动时，输出压力也随之相应变动，但阀前后压力差不变。差压阀的压力差可在一定范围内调节。例如可设定在0.05~0.1MPa或0.003~0.03MPa的范围内。差压阀可分为溢流式和非溢流式两种。

图4-18所示为差压阀的结构原理图，在阀的顶部设置有一个先导差压阀，利用该先导差压阀的双膜片5的左右压力平衡，调节输入压力与先导压力之间的压力差，从而控制主阀输入压力与输出压力的压力差。当输入端有压缩空气输入时，输入压力经固定节流孔2后加到先导差压阀双膜片5的右方，膜片克服弹簧3的压力推动阀杆4向左移动，先导差压阀被打开。其输出压力作用在主阀膜片10的上方，产生向下的作用力与作用在膜片下方的主阀输出压力相平衡。若不平衡，则通过主阀开口度的改变来使输入压力与输出压力的差值（压力差）为给定值。当输入压力瞬时上升时，先导压力增加，使主阀杆1下降，主阀开口度加大，输出压力增加。反之，则同样能使主阀开口度减小，输出压力减小。

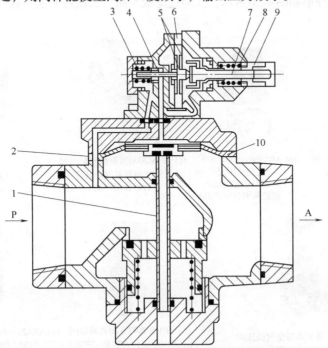

图4-18　定差减压阀（差压阀）结构原理图

1—主阀杆；2—固定节流孔；3，8—弹簧；4—阀杆；5—双膜片；6—隔板；7—调节杆；9—调节旋钮；10—主阀膜片差压阀的压力差分别由两只压力表读数相减求得。调压时先松开锁紧螺母，按顺时针方向旋转调压旋钮，克服调压弹簧的弹簧力，经调节杆、双膜片和阀杆克服弹簧力向左移动，逐渐增加先导差压阀的开度，最后达到输出压力增加，压力差减小的目的。反之，当调压旋钮逆时针方向旋转时，压力差增加。

因差压阀是溢流式结构，当输出压力超过给定的压力差值时，主阀膜片会向上浮动，溢流口被打开，多余的压缩空气经主阀杆的内孔排出阀外。

（5）三联件等气源处理装置

减压阀与分水过滤器、油雾器组合在一起的气动三联件［图4-19（a）］，通常安装在气源出口，在气动系统中起过滤、调压及润滑油雾化作用。目前新结构的三联件插装在同一支架上，形成无管化连接，其结构紧凑、装拆及更换元件方便，应用普遍。此外，减压阀还可与过滤器（或油雾分离器）组合构成气动二联件，称为过滤减压阀或油雾减压阀。气动三联件和二联件的图形符号如图4-19（b）、（c）所示。

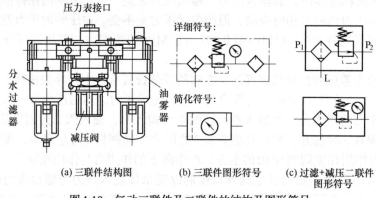

(a) 三联件结构图　　(b) 三联件图形符号　　(c) 过滤+减压二联件
图形符号

图4-19　气动三联件及二联件的结构及图形符号

减压阀的实物外形如图4-20所示，气动过滤减压阀（二联件）及三联件实物外形如图4-21所示。

(a) QAR 系列大口径减压阀
（济南杰菲特气动元件
有限公司产品）

(b) AR1000～AR5000
系列减压阀
（无锡市华通气动
制造有限公司产品）

(c) QPJM2000系列精密减压阀
（上海新益气动元件
有限公司产品）

(d) PJX系列减压阀
（威海博胜气动液压
有限公司产品）

(e) QTYa 系列高压空气减压阀
（广东省肇庆方大气动有限公司产品）

(f) VCHR系列直动式减压阀
［SMC（中国）有限公司产品］

(g) AR425～AR935系列先导式减压阀
［SMC（中国）有限公司产品］

共同输入型　　分别输入型　　　　　　　　　　　　　不带压力表　带压力表

(h) ARM2500/3000 系列集装式减压阀　　　　　　　(i) VRPA 系列减压阀
[SMC（中国）有限公司产品]　　　　　　　　　[费斯托(中国)有限公司产品]

图4-20　减压阀外实物外形图（减压阀一般附带压力表，以便指示调压和工作压力）

(a) QE系列过滤减压阀　　(b) 397系列过滤减压阀　　(c) QAW系列空气过滤减压阀　　(d) WAC2010系列气源处理二联件
（济南杰菲特气动元件　　（无锡市华通气动　　　（上海新益气动元件　　　　（威海博胜气动液压
有限公司产品）　　　制造有限公司产品）　　有限公司产品）　　　　有限公司产品）

(e) QFLJB系列过滤减压阀　　(f) AMR系列带油　　　(g) QE系列过滤减压阀　　(h) 397系列过滤减压阀
（广东省肇庆方大　　　雾分离器的减压阀　　（济南杰菲特气动元件　　（无锡市华通气动制造有
气动有限公司产品）　　[SMC(中国)有限公司产品]　有限公司产品）　　　限公司产品）

(i) QPC2000系列三联件　　　　(j) AC系列模块式FRL组合元件
（上海新益气动元件有限公司产品）　　[SMC（中国）有限公司产品]

图4-21　气动过滤减压阀（二联件）及三联件实物外形图

　　在传统三联件基础上，有的气动生产厂商还推出了多种元件组合为一体的气源处理装置，例如费斯托（中国）有限公司的MSB系列产品［图4-22（a）］。由其图形符号［图4-22（b）］可知，它由手控开关阀、带压力表的过滤减压阀、带压力开关分支模块、油雾器及安装支架等元件构成。该装置集多种功能于一体：打开和关闭进气压力、过滤和润滑压缩空气、在压力调节范围内无级输出压力、压力切断后装置排气、电控压力监控、调节开关压力，在分支模块接口处取出经过滤和润滑的压缩空气等。其连接气口 G1/8~G1 1/2、空气过滤精度 5~40μm，调压范围为 0.1~1.2MPa，流量为 550~14000L/min，因而大大方便了用户的选配和使用维护。

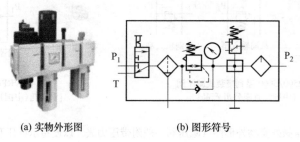

(a) 实物外形图　　　　　　(b) 图形符号

图 4-22　MSB 系列气源处理装置组合
［费斯托（中国）有限公司产品］

4.3.3　性能参数

减压阀的主要性能参数有公称通径、调压范围、额定流量、稳压精度和灵敏度及重复精度等。

4.3.4　产品概览（表4-3、表4-4）

表4-3　减压阀产品概览

技术参数	QAR系列大口径减压阀	AR1000~AR5000系列减压阀	QPJM2000系列精密减压阀	PJX系列减压阀	QTYa系列高压空气减压阀
阀型	内部先导式溢流型	溢流型	内部先导式溢流型	外部先导式溢流型	—
公称通径	连接口径1/4″~2″	接管口径：M5,1/8″~1″	连接口径G1/4	8~25mm	10~25mm
压力表口径	1/4″	1/16″~1/4″	G1/8	—	M10
调压范围/MPa	0.05~0.83	0.05~0.85	0.005~0.81	0.05~0.8	0.5~1.6
额定流量/(L·min⁻¹)	耗气量5（最高设定压力时）	100~8000	耗气量3~4（压力0.7~1.0MPa时）		流量特性见样本
环境温度/℃	–5~60	5~60	–5~60	5~60	–25~80
图形符号	图4-11(b)	图4-11(b)	产品样本	图4-15(c)	图4-11(b)
实物外形图	图4-20(a)	图4-20(b)	图4-20(c)	图4-20(d)	图4-20(e)
结构性能特点	带压力表	带压力表	带压力表	主要用于远距离控制气路的压力。该减压阀带有溢流装置，当输出压力超过定值压力时，溢流阀自动打开排气，使系统压力保持不变	带压力表。可将3MPa的压缩空气的压力调节到1MPa 或 1.6MPa以下，并保持恒定
生产厂	①	②	③	④	⑤

技术参数	VCHR系列直动式减压阀	AR425~AR935系列先导式减压阀	ARM2500/3000系列集装式减压阀	VRPA系列减压阀	LR系列差压调压阀
阀型	直动式溢流型	内部先导式溢流型	溢流型	—	—
公称通径	连接口径G3/4~G1 1/2	连接口径1/4″~2″	连接口径1/4″、3/8″	连接口径M5、R1/8、R1/4，快插接头4mm、6mm、8mm	接口M5、G1/8、G1/4、G3/8、G1/2，快插接头4mm、6mm、8mm、10mm、12mm
压力表口径	—	1/4″	1/8″		
调压范围/MPa	0.5~5.0	0.02~0.83	0.05~0.85	0.1~0.8	0.1~0.8
额定流量/(L·min⁻¹)	见样本	空气消耗量5（最高设定压力时）	流量特性见样本	80~160	30~760
环境温度/℃	−5~60	−5~60	−5~60	0~60	0~60
图形符号	图4-11(b)	图4-15(b)	图4-20(h)	图4-20(i)	样本
实物外形图	图4-20(f)	图4-20(g)			
结构性能特点	聚氨酯弹性座阀，金属密封型溢流结构，滑动部采用特殊氟树脂封材质，高压环境下耐久性高，寿命可达1000万次	带压力表，出口压力的设定范围 $p_2 \leq p_1 \times 90\%$，空气消耗量因设定压力不同而异	带有新型快速锁定式手轮，模块型，集装位数(2~10)可自由增减，适合压力的集中管理	手动管式阀，带单向阀，带和不带压力表，旋转手柄带锁定装置	管式连接，带集成单向阀，可保持二次输出压力基本恒定而不受一次输入压力波动和空气消耗的影响
生产厂	⑥			⑦	

注：1. 生产厂：①济南杰菲特气动元件有限公司；②无锡市华通气动制造有限公司；③上海新益气动元件有限公司；④威海博胜气动液压有限公司（原威海气动元件厂）；⑤广东省肇庆大方气动有限公司；⑥SMC（中国）有限公司；⑦费斯托（中国）有限公司。

2. 各系列减压阀及气动三联件的技术参数、外形安装连接形式及尺寸等以生产厂产品样本为准。

表4-4　气动过滤减压阀（二联件）及三联件产品概览

技术参数	QE系列过滤减压阀	397系列过滤减压阀	QAW系列过滤减压阀	WAC2010系列气源处理二联件	QFLJB系列过滤减压阀	AMR系列带油雾分离器的减压阀
阀型	溢流型			溢流型	—	溢流型
公称通径	接管口径M5，$R_C1/8~R_C1$	6~25mm，接管螺纹G1/8~G1	接管口径M5，1/8″~3/4″	接管口径G1/8~G1	8~25mm	连接口径1/4″~1″
压力表口径	$R_C1/8$	—	1/16″、1/8″、1/4″	G1/8、1/4″	—	—
调压范围/MPa	0.05~0.85	0.05~1.0	0.05~0.85	0.05~0.85	0.5~0.8	0.05~0.85
额定流量/(L·min⁻¹)	—	250~2665	100~4500	500~4000	350~2730	750~6000
过滤精度/μm	5	50~75	25	25	25~50	0.3
润滑用油	—	—	—	—	—	—
环境温度/℃	−5~60	5~60	5~60	5~60	−25~80	−5~60
图形符号	图4-19(c)	图4-19(c)	图4-19(c)	图4-19(c)	图4-19(c)	图4-19(c)
实物外形图	图4-21(a)	图4-21(b)	图4-21(c)	图4-21(d)	图4-21(e)	图4-21(f)

技术参数	QE系列过滤减压阀	397系列过滤减压阀	QAW系列过滤减压阀	WAC2010系列气源处理二联件	QFLJB系列过滤减压阀	AMR系列带油雾分离器的减压阀
结构性能特点	管式连接,带压力表,分水过滤器有自动排水和手动排水两种类型	带压力表,流量会因配管直径减小而减小	管式连接,带压力表,分水过滤器有自动排水和手动排水两种类型	过滤减压阀与油雾器组合二联件,带压力表	螺纹连接	油雾分离器与减压阀一体化,带压力表
生产厂	①	②	③	④	⑤	⑥

技术参数	QLPY系列三联件	498系列气源三联件	QPC2000系列三联件	WAC2000~5000系列三联件	QFLJWB系列气源三联件	AC系列模块式FRL组合元件(三联件)
阀型	溢流型	—	溢流型	溢流型	—	溢流型
公称通径	接管口径M5,R_c1/8~1	6~25mm,接管螺纹G1/8~G1	接管口径G1/8、1/4″	G1/8~G1	8~25mm	接管口径1/8″~3/4″
压力表口径	—	—	G1/8	G1/8、1/4″	—	1/8″
调压范围/MPa	0.05~0.7	0.05~1.0	0.05~0.85	0.05~0.85	0.5~0.8	0.05~0.7
额定流量/(L·min^{-1})	150~9000	250~3250	16	500~5000	300~2340	200~1100
过滤精度/μm	5	—	25	25	25~50	0.3、5
润滑用油	透平油1号ISOVG32	透平油1号ISOVG32	透平油1号ISOVG32	透平油1号ISOVG32		
环境温度/℃	-5~60	5~60	5~60	5~60	-25~80	-5~60
图形符号	图4-19(b)	图4-19(b)	图4-19(b)	图4-19(b)	图4-19(b)	图4-19(b)
实物外形图	图4-21(g)	图4-21(h)	图4-21(i)	样本	样本	图4-21(j)
结构性能特点	管式连接,带压力表,分水过滤器有自动排水和手动排水两种类型	流量会因配管直径减小而减小	管式连接,带压力表,手动失气排水	流量特性和压力特性见样本	装有金属防护罩,确保安全,可不停气补给润滑油,免除工作中停气之麻烦,组合和单个使用均可,拆装方便	滤芯与杯罩一体化,滤芯便于更换,节能型减压阀,压降最多改善50%。维护所需空间小,采用透明的全封闭式杯体保护罩,可视性与安全性提高
生产厂	①	②	③	④	⑤	⑥

注:1. 生产厂:①济南杰菲特气动元件有限公司;②无锡市华通气动制造有限公司;③上海新益气动元件有限公司;④威海博胜气动液压有限公司(原威海气动元件厂);⑤广东省肇庆方大气动有限公司;⑥SMC(中国)有限公司。

2. 各系列减压阀及气动三联件的技术参数、外形安装连接形式及尺寸等以生产厂产品样本为准。

4.3.5 典型应用

(1)构成二次压力控制回路

如图4-23所示,二次压力控制回路的作用是输出被控元件所需的稳定压力气体(带润滑油雾）。它是串接在一次压力控制回路（参见图4-9）的出口（储气罐右侧排气口）上。由带压力表4的气动三联件（分水过滤器2、减压阀3、油雾器5）串联而成。使用时可按系统实际要求，在减压阀入口形成多个相同的二次压力控制回路，以适应不同压力的需要。

（2）构成高低压力控制回路

如图4-24所示，高低压力控制回路的气源供给某一压力，经过两个减压阀分别调至要求的压力，当一个执行元件在工作循环中需要高、低两种不同工作压力时，可通过换向阀进行切换。

（3）构成差压控制回路

在如图4-25所示的差压控制回路中，当二位五通电磁阀1通电切换至上位时，一次压力气体经阀1进入气缸4的左腔，推动活塞杆伸出，气缸的右腔经快速排气阀3快速排气，气缸4实现快速运动。当阀1工作在图示下位时，一次压力气体经减压阀2减压后，通过快速排气阀进入缸的右腔，推动活塞杆退回，气缸左腔的气体经阀1排气。从而气缸在高低压下往复运动，符合实际负载的要求。

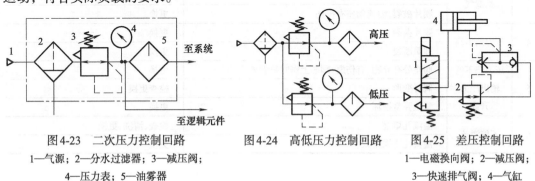

图4-23　二次压力控制回路　　　　　图4-24　高低压力控制回路　　　图4-25　差压控制回路

1—气源；2—分水过滤器；3—减压阀；　　　　　　　　　　　　　　　　　　1—电磁换向阀；2—减压阀；

4—压力表；5—油雾器　　　　　　　　　　　　　　　　　　　　　　　　3—快速排气阀；4—气缸

4.3.6　选型要点

① 应根据气动系统的调压精度要求，选择不同类型的减压阀。

② 当稳压精度要求较高时，应选用先导式减压阀；在对系统控制有要求或易爆有危险的场合，应选用外部先导式减压阀，遥控距离一般不大于30m。

③ 确定阀的类型后，由最大输出流量选择阀的通径或连接口径。

④ 阀的气源压力应高出阀最高输出压力0.1MPa；减压阀一般都使用管式连接，特殊需要时也可用板式连接。

4.3.7　使用维护

① 减压阀的一般安装顺序是，沿气流流动方向顺序布置分水过滤器、减压阀、油雾器或定值器等；阀体上箭头方向为气流流动方向，安装时不要装反。为了便于操作，最好能垂直安装，手柄向上。

② 安装前，应使用压缩空气将连接管道内铁屑等污物吹净，或用酸洗法将铁锈等清洗干净。洗去阀上的矿物油。

③ 为延长使用寿命，减压阀不用时应把调节手柄放松，以免阀内的膜片长期受压变形。

④ 有些减压阀并不需要润滑（以产品样本为准），也可用润滑介质工作（但以后必须始终用润滑介质）。

4.3.8 故障诊断（表4-5）

表4-5 减压阀常见故障及诊断排除方法

序号	故障现象	原因分析	排除方法
1	阀体漏气	密封件损伤	更换
		紧定螺钉受力不均	均匀紧固
2	输出压力波动大于10%	减压阀通径或进出口配管通径选小了,当输出流量变动大时,输出压力波动大	根据最大输出流量选用减压阀通径
		输入气量供应不足	查明原因
		进气阀芯导向不良	更换
3	溢流口总是漏气	进出口方向接反	改正
		输出侧压力意外升高	查输出侧回路
		膜片破裂,溢流阀座有损伤	更换
4	压力调不高	膜片撕裂	更换
		弹簧断裂	更换
5	压力调不低输出压力升高	阀座处有异物、有伤痕,阀芯上密封垫剥离	更换
		阀杆变形	检查更换
		复位弹簧损坏	更换
6	不能溢流	溢流孔堵塞	检查、清洗、更换
		溢流孔座橡胶太软	更换

4.4 增压阀

4.4.1 功用及特点

增压阀又称增压器，其功用是提高气动系统的局部气压（增压），气压提高的倍数称增压比。与通过增设空压机获取高压的方法相比，采用增压阀获取高压具有一系列显著优点：成本低，全气动，不需电源及配线，安全性好，发热少（对气缸和电磁阀没有影响），配置简单，占用空间小。

4.4.2 原理及类型

如图4-26（a）所示，增压阀由主体（缸筒）、双驱动活塞及活塞杆、压力调整器（调压阀）、单向阀和切换阀等部分构成。在使用压缩空气增压时，集成的单向阀会自动加快第二侧的压力。两个驱动活塞的气源都由行程控制的切换阀（换向阀）控制，到达行程终端位置后，换向阀会自动反向。

在图示位置，进口 P_1 的压缩空气通过单向阀通向增压腔A、B；空气经压力调整器和切换阀到达驱动腔B后，驱动腔B和增压腔A的空气压力推动活塞运动；在活塞运动的行程中，高压空气经过单向阀流向 P_2（出口）。当活塞运动到行程终点的时候，活塞触动切换阀，转换为驱动腔A进气，驱动腔B排气的状态；这样，增压腔B和驱动腔A的压力推动活塞反向运动，将增压腔A的空气压缩增压，由P₂口排出。上述步骤循环往复，就可以在P₂口连接提供大于P₁口压力的高压空气。

在通气后，若增压阀未达到所需的输出压力，则增压阀会自动启动。当达到所需输出压力时，增压阀会切换到节能模式，一旦系统运行过程中出现压降，增压阀就会自动重启。

驱动腔面积A_1与增压腔面积A_2之比k（$R=A_1/A_2=p_2/p_1$）即为增压比，它是增压器的主要性

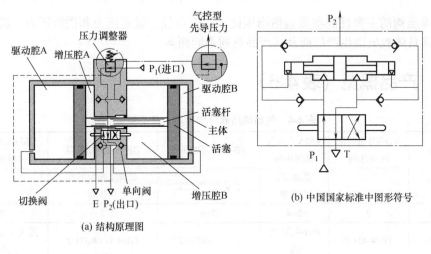

(a) 结构原理图

(b) 中国国家标准中图形符号

(c) SNC图形符号

(d) 费斯托图形符号

图4-26 增压阀的结构原理与图形符号

(a) XQ-VB系列倍压增压阀
（上海新益气动元件有限公司产品）

(b) VMA系列气动增压阀
[牧气精密工业(深圳)有限公司产品]

(c) VBA 系列增压阀
[SMC(中国)有限公司产品]

(d) DPA 系列增压器
[费斯托(中国)有限公司产品]

(e) MVA 系列高倍增压器阀
（宁波麦格诺机械制造有限公司产品）

图4-27 增压阀（增压器）实物外形图

能特征参数。在增压比一定的前提下，通过压力调整器调节 p_1，即可设定出口压力 p_2。而压力调整器可通过手柄（直接操作）或出口压力反馈（远程操作）来调节，前者称为手动型，后者称为气控型。若增压阀不带压力调整器，则输出压力即为气源压力的 k 倍。

图4-27为几种增压阀的实物外形图。

4.4.3　性能参数

气动增压阀的主要性能参数包括增压比、接管口径、设定压力和供给压力、流量、环境温度等，其具体数值因生产厂商及其产品系列不同而异。

4.4.4　产品概览（表4-6）

表4-6　气动增压阀（增压器）产品概览

技术参数	XQ-VB系列倍压增压阀	VMA系列气动增压阀	VBA系列增压阀	DPA系列增压器	MVA系列高倍增压器阀
压力调整器形式	—	手动型、气控型	手动型、气控型	带调压阀和不带调压阀	—
增压比 k	2	2~4	2~4	2	2~9
接管口径	G1/4~G1/2	Rc1/4、3/8″、1/2″	Rc1/4、3/8″、1/2″	G1/4、G3/8、G1/2	进气口G1/4~G1/2，出口G1/4
压力表口径	—	Rc1/8	Rc1/8	G1/8、G1/4	缸径63~125mm
设定压力/MPa	0.4~1.6	0.2~2.0	0.2~2.0	0.4~1.6	1.6~5.4
供压范围/MPa	0.2~1.0	0.1~1.0	0.1~1.0	0.2~1.0	0.2~0.8
流量/(L·min^{-1})	300~3000	70~1900	70~1900	300~3000	31~647/mL.回合$^{-1}$
润滑油	—	不需要	不给油	不可带润滑介质工作	—
环境温度/℃	5~60	2~50	2~50	5~60	—
图形符号	图5-26(b)	图4-26(c)	图4-26(c)	图4-26(d)	图4-26(b)
实物外形图	图4-27(a)	图4-27(b)	图4-27(c)	图4-27(d)	图4-27(e)
安装方向	水平	水平	任意	水平	见说明书
结构性能特点	成本低，完全以机械方式增压，无需外部能源。达到设定压力自动停止；当压力下降时可自动启动。可在使用中直接增加工作压力；可在狭小空间产生较大动力。安装维修快捷简单	手动控制型、气控型两种压力调节方式可选择；气压作动、不需供电、低发热，且安置简单，可将工厂部分空气压力，最大增压到2~4倍	在活塞部采用浮动连接构造，提高了使用寿命；在进气口内置滤网，防止异物混入导致动作不良，提高了可靠性；在切换阀的突出部安装缓冲器并安装了高效消声器，降低了金属撞击声和气噪声；导空管和缸筒一体化，可防止结露	双活塞式增压器(缸径40mm、63mm、100mm)，磁性活塞，可带储气罐和不带储气罐。任意位置安装，使用寿命长，结构紧凑，设计美观。阀驱动模式，流量损失小，注气时间短。带感测的增压阀，可通过外部传感器和累计计数器来记录驱动活塞的单次行程	在进气口通入0.2~0.8MPa的压缩空气，即可获得高压气体，可将压缩空气压力增高9倍。通过调节进气口压力大小，可以调节出口压力大小。适用于产品高压耐压测试，气动设备气源的补压，无静电、电火花的极端场合气体、液体的增压
生产厂	①	②	③	④	⑤

注：1. 生产厂：①上海新益气动元件有限公司；②牧气精密工业（深圳）有限公司；③SMC（中国）有限公司；④费斯托（中国）有限公司；⑤宁波麦格诺机械制造有限公司。

2. 各系列气动增压阀（增压器）的技术参数、外形安装连接形式及尺寸等以生产厂产品样本为准。

4.4.5 典型应用

（1）构成局部增压回路

如图4-28所示，在工厂的部分设备需要高压的场合，在相应的局部气路中设置增压阀1~4，尽管整体气路仍为低压，但在系统局部可以使用高压设备。

（2）构成增大输出力回路

如图4-29（a）所示，当气缸的输出力不足，同时受空间限制无法采用更大口径的气缸时，可以采用增压阀［图4-29（b）］，在不更换气缸情况下达到增加输出力的效果。对于驱动部件需要小型化，气缸要求体积小，预定的输出力却要求较大时，也可以采用增压阀，但气缸的耐压强度应足够。

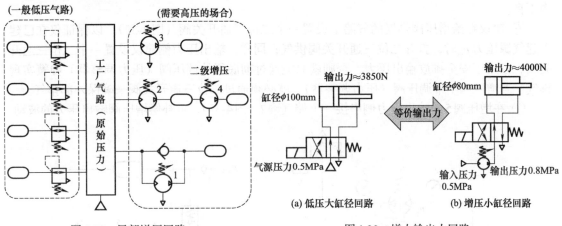

图4-28　局部增压回路　　　　图4-29　增大输出力回路

（3）构成单作用气缸节能回路

如图4-30所示，在气缸1单向做功的情况下，在相应的进气回路中安装增压阀2，可减少压缩空气的消耗量，实现节能。

（4）构成快速充气回路

如图4-31（a）所示，在储气罐4充气的过程中，采用增压阀2和单向阀1并联的回路，当储气罐压力低于入口的气源压力时，通过单向阀向储气罐充气，从而缩短充气时间［图4-31（b）］。

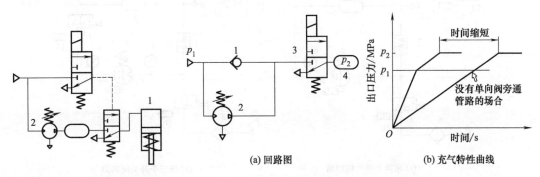

图4-30　单作用气缸节能回路　　　　图4-31　快速充气回路

1—单向阀；2—增压阀；3—电磁阀；4—储气罐

4.4.6　选型配置

① 增压阀主要用于气动系统局部增压，只在必要时用于气源调压，并不能替代空压机，因为连续工作会大大增加阀内密封件和驱动活塞等部分的磨损。

② 应根据增压阀出口侧压力、流量及生产节拍时间等条件，结合产品样本选定增压阀的增压比、通径等规格大小。

③ 增压阀进口侧供气量应是出口侧流量和T口所排出量（一部分）的总和。

④ 长时间运转时，需明确增压阀的寿命期限。因增压阀的寿命由动作次数决定，故当出口侧的执行元件使用量较多时，寿命会变短。

⑤ 出口压力的设定要比进口压力高0.1MPa以上。若压力差在0.1MPa以下，会导致动作不良。

⑥ 建议在给增压阀供气的气路上设置一个二位三通开关阀（图4-32），以保证仅在已建立起气源压力p_{in}时，打开二位三通开关阀供气；同样，输出压力侧建议设置一个二位三通开关阀，以用于安全排放输出压力，否则就只能通过彻底释放调压阀（压力调整器）弹簧实现排气。若增压阀不带调压阀（压力调整器），就必须通过二位三通开关阀来确保外部排气。

⑦ 在增压阀5的输出压力侧串接一个储气罐2（图4-33），可补偿增压阀输出压力的波动

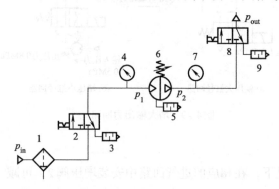

图4-32　回路中输入输出侧二位三通开关阀的设置
1—过滤器；2，8—二位三通开关阀；3，5，9—消声器；
4，7—压力表；6—增压阀

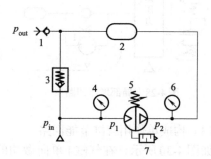

图4-33　回路中储气罐的设置
1—快换接头；2—储气罐；3—单向阀；
4，6—压力表；5—增压阀；7—消声器

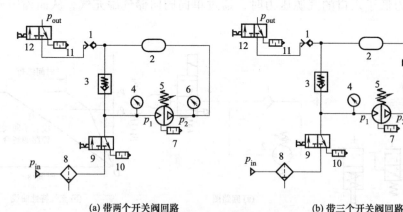

(a) 带两个开关阀回路　　　　　　(b) 带三个开关阀回路

图4-34　储气罐的排气方法

1—快换接头；2—储气罐；3—单向阀；4，6—压力表；5—增压阀；7，10，11，14—消声器；8—过滤器；9，12，13—开关阀

气动阀
原理、使用与维护

（此时储气罐相当于一个气容）。连接管路是利用气源压力p_1给储气罐注气的一种有效方式。增压阀5只需补偿气源压力p_1和输出压力p_2的差值，这样可加快储气罐的注气速度，单向阀3则可防止储气罐空气回流。

储气罐既可通过调压阀（压力调整器）5的手柄排气［图4-34（a）］，也可通过附加的开关阀13实现排气［图4-34（b）］。

在通气后，通过旋转调压阀手柄来预紧调压弹簧，直到达到所需输出压力，建议选用带锁调压阀，以防调压设定在未授权情况下被篡改。推荐使用压力表监控输出压力p_2。

4.4.7 使用维护

（1）安装配管

① 搬运。在搬运时请双手握住长度方向的两端，不要握住中央的调节手轮，以免手轮脱落导致本体落下而损伤。

② 增压阀应水平安装。垂直安装会导致动作不良。

③ 由于增压阀的驱动活塞的循环振动会传播，安装时，安装螺钉要用规定的紧固力矩进行安装。为了减振，可在产品之间夹防振橡胶。

④ 配管前，将配管内的切粉、切削油、灰尘等污物吹洗干净，以免其进入增压阀内部导致动作不良、耐久性降低。为了发挥增压阀的既定功能，配管尺寸应与阀的通口尺寸相符。

（2）运转维护

① 运转维护工作需要有一定气动技术知识和实践经验的人员来进行。

② 应避免在有雨淋及阳光直射处或有振动的场所设置和使用增压阀。

③ 应在靠近增压阀侧安装油雾分离器，保证压缩空气的品质，以免增压阀不能增压或耐久性降低；在使用干燥空气的场合，因内部润滑介质的挥发，其寿命可能会变短。

④ 应按产品使用说明书要求及方法对增压阀进行压力设定。对于手动型增压阀，其手轮的旋转范围不能超限，否则会造成阀内部零部件的损坏；对于气控型增压阀，如图4-35所示，应采用产品推荐的先导减压阀1，并以配管连接增压阀2的先导口，先导口压力和出口压力间的关系，可参考图4-36，在进口压力为0.4MPa时，先导口压力为0.2~0.4MPa，出口压力为0.4~0.8MPa。

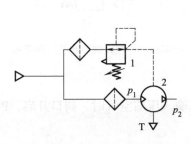

图4-35　气控型增压阀气路图

1—减压阀；2—增压阀

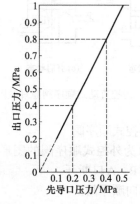

图4-36　先导口压力和出口压力间的关系（流量$q=0$）

⑤ 避免在过滤器、油雾分离器及储气罐内有大量冷凝水残留的状态下使用增压阀，否

则冷凝水流出会导致动作不良。每日要排放一次冷凝水，即便带自动排水器，也要检查以确保其每天动作一次。

⑥ 增压阀的使用寿命因使用空气的品质以及使用条件不同而异。若手轮下方经常泄气，或出口侧在不消耗空气的情况下，也能在10~20s间隔内听到增压阀的排气声，则应尽快检查维护。

⑦ 在维护时，应按增压阀的系列型号，备好维修用备件及工具。

4.5 顺序阀

4.5.1 功用及分类

气动顺序阀又称压力联锁阀，它是一种利用气动回路压力变化实现动作的控制元件，常用于不便安装机控阀发出行程信号气动设备中执行元件间的动作顺序控制。

顺序阀的分类见图4-1，其中由进口压力控制顺序阀启闭的称为内控式，由气动回路某处的压力控制顺序阀启闭的称为外控式；其他分类方式的含义同前。此外，顺序阀一般很少单独使用，往往与单向阀配合组装在一起，称为单向顺序阀。

4.5.2 结构原理

（1）直动式顺序阀

图4-37（a）、（b）为内控直动式顺序阀的结构原理简图。当输入压缩空气，作用在活塞上的气压作用力小于弹簧的作用力时，阀口关闭 [图（a）]，P→A口断开；当其压力大于弹簧力时，阀口开启 [图（b）]，P→A口接通。调节弹簧压缩量即可调节进口压力。直动式顺序阀的图形符号如图4-37（c）所示。

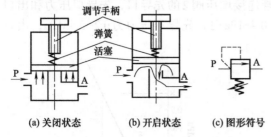

(a) 关闭状态　(b) 开启状态　(c) 图形符号

图4-37　内控直动式顺序阀原理及图形符号

图4-38　外控式顺序阀的图形符号

（2）外控式顺序阀

图4-38为外控式顺序阀的图形符号，当外控口K输入压缩空气时，阀口开启，P→A口相通；否则P→A口断开。

（3）单向顺序阀

图4-39为单向顺序阀。当压缩空气由单向顺序阀左端进入阀腔后 [图4-39（a）]，作用于活塞上的气压力超过压缩弹簧上的预调力时，将活塞（阀芯）顶起，压缩空气从P→A口输出，此时单向球阀在压差力及弹簧力的作用下处于关闭状态。反向流动时 [图4-39（b）]，

输入侧变成排气口，输出侧压力顶开单向阀，A→T口排气，顺序阀仍关闭。调节手柄就可改变单向顺序阀的开启压力，以便在不同的开启压力下，控制执行元件的顺序动作。图4-40为一种单向顺序阀的结构图。

图4-41为几种顺序阀的实物外形图。

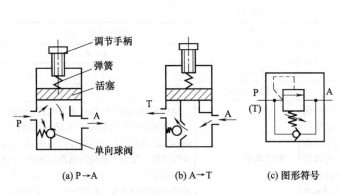

(a) P→A　　(b) A→T　　(c) 图形符号

图4-39　单向顺序阀原理及图形符号

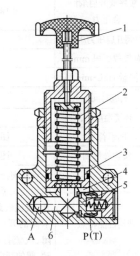

图4-40　单向顺序阀的结构图
1—调节手柄；2—弹簧；3—活塞；4，6—工作腔；5—单向阀

(a) KPSA-8型单向顺序阀
(济南杰菲特气动液压有限公司产品)

(b) KPSA系列单向压力顺序阀
(广东省肇庆方大气动有限公司产品)

(c) HBWD-B系列气动顺序阀
(东莞市好手机电科技有限公司产品)

图4-41　顺序阀实物外形图

4.5.3　性能参数

顺序阀的性能参数有公称通径、工作压力、开启/闭合压力、有效截面积、泄漏量、响应时间等，其具体参数因生产厂商及其产品系列的不同而异。

4.5.4　产品概览（表4-7）

表4-7　气动顺序阀产品概览

技术参数	KPSA-8型单向顺序阀	KPSA系列单向压力顺序阀	HBWD-B系列气动顺序阀
公称通径	8mm，接管螺纹G1/8	6~15mm	接管螺纹Rc1/8
工作压力范围/MPa	0.15~0.8	0.1~0.8	0.2~0.6

技术参数	KPSA-8型单向顺序阀	KPSA系列单向压力顺序阀	HBWD-B系列气动顺序阀
顺序阀开启/闭合压力	0.18~0.58MPa	85%/60%	—
单向阀开启压力/MPa		0.03	—
有效截面积/mm²	≥20	10~60	最小通路面积4.0
泄漏量/(mL·min⁻¹)	≤10	50~120	
响应时间/s	—	0.03	延迟时间1~10
环境温度/℃	5~50	−10~50	0~70
图形符号	图4-39(c)	图4-39(c)	图4-41(c)
实物外形图	图4-41(a)	图4-41(b)	
结构性能特点	管式阀,当进气压力达到阀的设定开启压力时,阀便打开,接通气路;当进气压力低于阀的开启压力时,阀即关闭,气流打开单向阀逆向流动。阀的开启压力可通过调整弹簧的压力来决定	管式连接	结构紧凑,密封性能好,无需电控,适用于防爆环境等限制用电的环境。能使夹具内的执行元件依次动作,延迟时间1~10s,最适用于气口数有限或不能使用电源的环境。能设置在切削加工工具上,能通过单向阀、调节阀等控制气压流量。无需气控口,能以最少的供给口实现执行元件动作
生产厂	①	②	③

注:1. 生产厂:①济南杰菲特气动液压有限公司;②广东肇庆方大气动有限公司;③广东东莞市好手机电科技有限公司。

2. 各系列顺序阀的技术参数、外形安装连接形式及尺寸等以生产厂产品样本为准。

4.5.5 典型应用

(1) 构成过载保护回路

图4-42过载保护回路用于防止系统过载而损坏元件。当按下手动换向阀1后,压力气体使气动换向阀4和5切换至左位,气缸6进给(活塞杆伸出)。若活塞杆遇到大负载或活塞行程到右端点时,气缸左腔压力急速上升。当气压升高至顺序阀3的调压值时,顺序阀开启,高压气体推动换向阀2切换至上位,使阀4和阀5控制腔的气体经阀2排空,阀4和5复位,活塞退回,从而保护了系统。

(2) 构成双缸顺序动作回路

图4-43为气动机械加工设备的双缸顺序动作回路,气缸1和支撑气缸2的动作顺序为:气缸1右行①,延迟1~10s,然后气缸2左行②,完成工件夹紧;接着机器开始对工件进行加工;加工结束后,双缸几乎同时完成动作③,对工件进行释放。为此,在后动作的气缸2的气路上串接了HBWD-B系列单向顺序阀3 [参见图4-38 (c)]。在电磁阀4处于图示下位时,从气源8供给的压缩空气经过滤器7、减压阀6和阀4后一分为二:一路进入气缸1的无杆腔(有杆腔经阀4排气)实现动作①(此时气缸2不动作);另一路经单向节流阀3-3向储气罐3-2充气,当储气罐的空气充满后时,其压力操纵内部气控换向阀3-1切换至上位,气缸2实现动作②。完成加工后,电磁阀4切换至上位,缸1有杆腔进气,无杆腔经阀4排气;同时气缸2经阀3中的内部单向阀3-4和阀4排气(同时储气罐通过单向节流阀中的单向阀3-4和阀4排气),双缸几乎同时完成动作③,释放工件。双缸动作顺序间延迟的时间可通过调节内部单向节流阀的开度来实现。

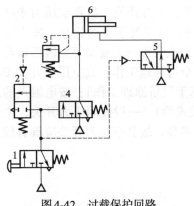
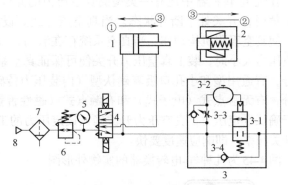

图 4-42　过载保护回路
1—手动换向阀；2，4，5—气控换向阀；
3—顺序阀；6—气缸

图 4-43　双缸顺序动作回路
1—气缸；2—支撑气缸；3—单向顺序阀；4—二位五通电磁阀；
5—压力表；6—减压阀；7—分水过滤器；8—气源

4.5.6　选型配置及使用维护

顺序阀的选型配置及使用维护等可参照溢流阀的相关内容来进行。

4.6　气-电转换器（压力开关）

4.6.1　功用及分类

气-电转换器（AE转换器）多称压力开关，又称压力继电器，是把输入的气压信号转换成输出电信号的元件，即利用输入气信号的变化引起可动部件（如膜片、顶杆或压力传感器等）的位移来接通或断开电路，以输出电信号，通常用于需要压力控制和保护的场合。

根据压力敏感元件的不同，气-电转换器有膜片式、波纹管式、活塞式、半导体式等形式，膜片式应用较为普遍，而膜片式按输入气信号压力的大小可分为高压（>0.1MPa）、中压（0.01~0.1MPa）和低压（<0.01MPa）等三种。根据触点形式不同，有触电式、机械式和电子式（数字式）等。其中新一代数字式压力开关实现了工作状况、设备状态可视化，可通过通信进行远程监视和远程控制；根据需要可以边观测压力值边进行设定，可通过LED对多种度量单位如MPa，kPa，kgf/cm^2，bar，psi，inHg，mmHg进行显示和切换，具有总线及自由编程功能，故是一类智能化压力开关。

4.6.2　结构原理

图4-44（a）为高压气-电转换器的结构原理，它由压力位移转换机构（膜片4、顶杆3及弹簧5）和微动开关1两部分构成。输入的气压信号使膜片4受压变形去推动顶杆3启动微动开关1，输出电信号。输入气信号消失，膜片4复位，顶杆在弹簧5作用下下移，脱离微动开关。调节螺母2可以改变接收气信号的压力值。此类气-电转换器结构简单，制造容易，应用广泛。气-电转换器的图形符号如图4-44（b）所示。

在气-电转换器中还有一类检测真空压力的元件——真空压力开关。当真空压力未达到设定值时，开关处于断开状态。当真空压力达到设定值时，开关处于接通状态，发出电信号，使真空吸附机构动作。当真空系统存在泄漏、吸盘破损或气源压力变动等原因而影响到真空压力大小时，装上真空压力开关便可保证真空系统安全可靠地工作。真空压力开关按功能分，有通用型和小孔口吸着确认型（内装压力传感器基于气桥原理工作）；按电触点的形式分，有无触点式（电子式）和有触点式（磁性舌簧开关式等）。一般使用压力开关，主要用于确认设定压力，真空压力开关确认设定压力的工作频率高，故真空压力开关应具有较高的开关频率，即响应速度要快。

图4-45为几种气-电转换器的实物外形图。

| (a) 结构图 | (b) 图形符号 | | (a) 机械式 | (b) 数字式 |

图4-44　高压气-电转换器　　　　　图4-45　气-电转换器实物外形图

1—微动开关；2—螺母；3—顶杆；4—膜片；5—弹簧

4.6.3　性能参数

气-电转换器的性能参数有压力调节范围、频率、电源电压及电流等。

4.6.4　产品概览（表4-8）

表4-8　气-电转换器（压力开关）产品概览

系列型号	工作介质	压力调节范围/MPa	工作频率/Hz	电源电压、电流	接管螺纹/mm	生产厂
TK-10型压力继电器	空气、油	0.4~1.0	≥2	0.5A	M12×1.25	①
KS系列机械式压力开关	空气及惰性气体	0.1~0.4,0.1~0.6		低于DC 24V，50mA	G1/8	②
KP系列电子压力开关（电子压力表）	非腐蚀性气体	−0.1~1.0,0.1~0,−0.1~0.1	可选反应时间:2.5~5000ms	DC 24V 27mA，DC 12V 45mA		
GPX系列数显式压力开关	空气及惰性气体	−0.1~1.0		DC 12~24V		③
SDE5型压力开关（传感器）	压缩空气	−0.1~1.0		DC 15~30V	M4、M6、1/4″	④

气动阀
原理、使用与维护

系列型号	工作介质	压力调节范围/MPa	工作频率/Hz	电源电压、电流	接管螺纹/mm	生产厂
PE系列气-电压力转换器	过滤压缩空气	0~0.8		DC 12~13V，AC 12~14V	G1/8	④
VPE系列真空开关	真空	0~-0.095				
ZSE20/ISE系列3画面高精度数字式压力传感器	空气、非腐蚀性气体、不燃性气体	0.0~-0.1（真空压）；-0.1~0.1（混合压）；-0.1~1.0（正压）		DC 12~24V；消耗电流25mA以下	M5×0.8，R1/8，NPT1/8	⑤⑥

注：1. 生产厂：①无锡汉英机器制造有限公司；②牧气精密工业（深圳）有限公司；③苏州吉尼尔机械科技有限公司；④费斯托（中国）有限公司；⑤SMC（中国）有限公司；⑥深圳市恒拓高工业技术股份有限公司。

2. 产品规格型号、具体结构及安装连接尺寸等见生产厂产品样本。

4.6.5　选用维护

① 应严守规格使用压力开关。以免在规格范围外场合使用引起误动作、故障、破损、触电、爆炸、起火及其他灾害。

② 请勿擅自分解、改装或修理。分解、改装（包括追加工、电路板的组合更换）或修理，可能会造成人身伤害、误动作或元件故障。

③ 应确保安装正确。设置、检查维护元件所需的空间并按要求正确安装，以免造成误动作、故障或破损。

④ 定期对元件进行检查维护，确认动作正常。未进行维护及定期检查，有可能会造成误动作及故障。在进行维护和定期检查时，应切断电源及供给的流体。在维护之后应实施适当的功能检查和泄漏检查。当设备发生异常动作及泄漏等异常情况时，应切断电源并停止流体供给。

⑤ 应避免施加振动、冲击负载，以免造成误动作、故障及破损。尤其不要将开关安装于可能被脚踏的场合。压力开关不应用于防静电的场合，以免造成系统不良及故障。

⑥ 不要在阳光直射的场所、腐蚀性环境和易燃易爆环境下使用压力开关，以免造成误动作和故障。如必须在阳光直射的场所使用，则应设法遮挡阳光；在腐蚀性环境下应确认材质后使用；防爆结构对应的产品应在符合防爆等级标准的环境下使用。

⑦ 应在规定的环境及流体温度、湿度范围内使用，以免造成误动作和故障。低温下使用时，应采取防冻结对策。

⑧ 切勿使用适用流体以外的流体或易燃性及有毒性流体，以免造成误动作、故障或破损，或造成爆炸、火灾等灾害。

⑨ 应避免杂质或冷凝水进入产品内部或配管通口内，以免造成误动作和故障。流入侧建议安装合适的过滤器。

⑩ 应在额定压力范围内使用压力开关，否则会造成误动作、故障乃至元件破损。

⑪ 应严守电源电压规格使用并正确配线，产品的配线和动力线、电力线不应为同一配线。应确认配线的绝缘性，否则会引起误动作、故障、触电或火灾。不要使用超过最大负载电压及电流的负载，以免导致误动作、破损或使寿命缩短。

⑫ 避免电缆受到弯曲应力、拉应力和重力负载而导致断线；通电中不要进行配线作业，否则可能导致触电；在通电中进行配线，还有可能会造成误动作和故障。

⑬ 对于发生电涌电压的负载，应采取相应对策，以免造成误动作和故障。

⑭ 在确认了负载动作电压基础上，同时应满足：电源电压减去产品内部电压的电压差大于负载的最小动作电压；不满足动作电压的场合，即使产品正常动作，负载也有可能不动作。

⑮ 对于电子式压力开关，应注意数据的输入次数，因为输入数据（设定压力值等）保存于记忆卡上，即便切断产品电源，数据也不会丢失，但是输入数据的次数有限。

⑯ 清洁压力开关时，不要使用汽油和稀释剂等，以免使产品表面出现伤痕或使显示消失。对于有严重污垢的产品，可先将柔软的布浸过用水稀释过的中性洗涤剂，拧干后擦除污垢，然后再用干布擦拭。

第5章
流量控制阀

5.1 功用及类型

流量控制阀简称为流量阀，其功用是通过控制压缩空气的流量来控制执行元件的运动速度，故又称之为速度控制阀。常用流量控制阀的类型如图5-1所示。

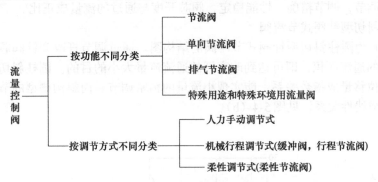

图5-1 常用流量控制阀的类型

流量控制阀对压缩空气流量的控制是通过改变阀中通流面积即局部阻力（气阻）实现的。实现流量控制的常用气阻如图5-2所示，其中毛细管、薄壁孔板属于固定的局部阻力装置，而锥阀、球阀及喷嘴-挡板阀则属于可调的局部阻力装置。在流量阀工作过程中，阀芯从全闭位置离开阀座的距离x称为阀的开度，此时通过阀的流量为q_v，阀的开度与流量之间的函数关系称为流量控制阀的流量特性。如图5-3所示，常用的流量特性有线性流量特性（q_v与x保持直线关系）、抛物线流量特性（q_v与x^2成正比关系）、等百分比流量特性（x变化单位

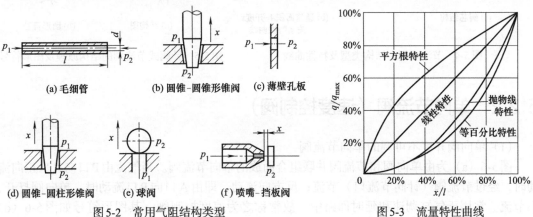

图5-2 常用气阻结构类型

图5-3 流量特性曲线

量时，q_v变化的百分比相同）和平方根流量特性（q_v与x的平方根成正比关系）等。理想流量特性是阀前后的压力差（压力降）Δp为定值，压力降可用局部压力公式［见第2章式（2-14）］进行计算。

5.2 结构原理

5.2.1 节流阀

（1）功用结构及要求

节流阀是安装在气动回路中，通过调节阀的开度来调节流量的控制阀。按阀芯结构不同，节流阀有针阀型（截锥型）、斜沟槽型和圆柱斜切型等类型［图5-4（a）］，其通流面积A与开度x之间的关系特性曲线如图5-4（b）所示。对节流阀的要求是：流量调节范围较宽，能进行微小流量调节，调节精确、性能稳定，阀芯开度与通过的流量成正比。

（2）圆柱斜切型针阀式节流阀

图5-5（a）为圆柱斜切型针阀式节流阀的结构图。通过调节杆改变针阀芯相对于阀体的位移量改变阀的通流面积，即可达到改变阀的通流流量大小的目的。圆柱斜切型的节流阀流通面积与阀芯位移量成指数关系，能实现小流量的精密调节。而斜沟槽型的节流阀流通面积与阀芯的位移成线性关系，见图5-4（b）。

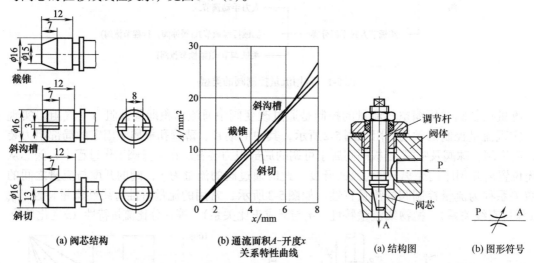

(a) 阀芯结构　　(b) 通流面积A-开度x关系特性曲线

图5-4 节流阀阀芯结构类型及特性曲线

(a) 结构图　　(b) 图形符号

图5-5 针阀式节流阀的结构原理及图形符号

5.2.2 单向节流阀（速度控制阀）

（1）单向阀开度不可调的单向节流阀

图5-6（a）为由单向阀和节流阀并联组合而成的单向节流阀。当气流由P口向A口正向流动时，经过节流阀（针阀节流口）节流；反方向流动，即由A口向P口流动时，单向阀打开，不节流。常用于气缸调速和延时回路中，故常称之为速度控制阀，其图形符号如图5-6（d）

所示。该单向节流阀中的单向阀开度不可调节。

（2）单向阀开度可调的单向节流阀

一般单向节流阀的流量调节范围为管道流量的20%~30%，对于要求在较宽范围内进行速度控制的场合，可采用单向阀开度可调节的单向节流阀，如图5-6（b）所示。

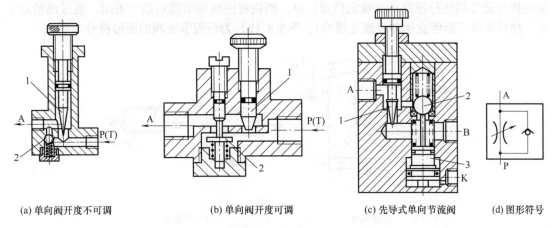

（a）单向阀开度不可调　　（b）单向阀开度可调　　（c）先导式单向节流阀　　（d）图形符号

图5-6　单向节流阀结构原理及图形符号

1—节流阀；2—单向阀；3—控制活塞及顶杆

（3）先导式单向节流阀

图5-6（c）为先导式单向节流阀，阀体上开有控制口K，与控制活塞及顶杆3下方相通。当阀的控制口K无输入信号时，控制活塞及顶杆处于最下端，压缩空气经A→B口流动被节流；当K口输入控制信号时，控制活塞在控制气压作用下，通过顶杆将单向阀2顶开，使气流A→B口方向满流通过。但当阀处于反向流动B→A口状态时，无论控制口K有无信号，气流总是从B口到A口满流通过。

5.2.3　排气节流阀

与节流阀所不同的是，排气节流阀安装在系统的排气口处，不仅能够靠调节流通面积来调节气体流量，从而控制执行元件的运动速度，而且因其常带消声器件，具有减少排气噪声的作用，故又称其为排气消声节流阀。

图5-7（a）为带消声套的排气节流阀结构图，通过调节手柄（上图）或使用一字螺丝刀调节螺钉（下图），可改变阀芯左端节流口（三角沟槽型或针阀）的开度，即改变由A口来的排气量大小。

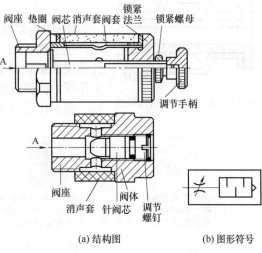

（a）结构图　　（b）图形符号

图5-7　排气节流阀结构原理及图形符号

5.2.4　行程节流阀（缓冲阀）

行程节流阀又称减速阀或缓冲阀，它是依靠行程挡块或凸轮等机械运动部件通过滚轮推动阀芯以改变节流口通流面积，从而控制通过流量的元件。

如图5-8（a）所示为行程节流阀的结构图，行程挡块（图中未画出）通过滚轮推动调节杆及阀芯上下运动控制其位置。在行程挡块未接触滚轮时，节流口开度最大（常通式），从进油口P进入的压力油经节流口后由出油口A流出，阀的通过流量最大；在行程挡块接触滚轮后，节流口开度随调节杆及阀芯逐渐下移而逐渐减小，阀的通过流量逐渐减少；当带动挡块的执行元件到达行程终点（规定位置）时，挡块将使阀的节流口趋于关闭，通过流量趋于零，执行元件逐渐停止运动（减速缓冲）。图5-8（b）为行程节流阀的图形符号。

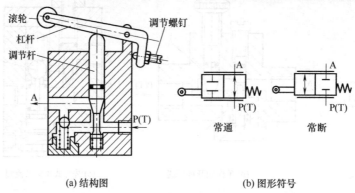

(a) 结构图　　　　　　　　　　(b) 图形符号

图5-8　行程节流阀结构原理及图形符号

通过改变行程挡块的结构形状，可以使行程节流阀获得不同的流量变化规律，以满足执行元件多种不同运动速度的要求。阀芯结构也可做成节流口开度从零到逐渐开大的形式（常断式），以使通过阀的流量从小到大变化。图中调节螺钉可用来调节杠杆的复位位置，以决定行程挡块不起作用时的节流阀开度。

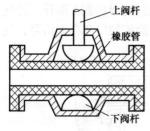

图5-9　柔性节流阀结构原理

5.2.5　柔性节流阀

图5-9为柔性节流阀的结构原理，依靠阀杆夹紧柔韧的橡胶管而产生节流作用，也可以用气体压力来代替阀杆压缩橡胶管。柔性节流阀结构简单，压降小，动作可靠，对污染不敏感。其最大工作压力范围通常在0.03~0.3MPa。

图5-10给出了一些气动流量控制阀的实物外形。

(a) KLJ系列节流阀
（济南杰菲特气动液压
有限公司产品）

(b) XQ150000系列节流阀
（上海新益气动元件
有限公司产品）

(c) KL系列节流阀
（威海博胜气动液压
有限公司产品）

(d) ASD系列双向速度控制阀
[SMC(中国)有限公司产品]

(e) GRPO系列精密节流阀
[费斯托(中国)有限公司产品]

(f) KLA系列单向节流阀
（济南杰菲特气动液压
有限公司产品）

(g) ASD系列双向速度控制阀
[SMC(中国)有限公司产品]

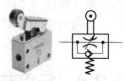

(h) GRR系列单向节流阀
[费斯托(中国)有限公司产品]

(i) QLA系列单向节流阀
(广东省肇庆方大气动
有限公司产品)

(j) KLPx、KLPXa系列排气
消声节流阀(威海博胜气动
液压有限公司产品)

(k) ASN2系列带消音器的排气
节流阀[SMC(中国)
有限公司产品]

(l) GRR系列排气节流阀
[费斯托(中国)有限公司产品]

(m) ASP系列排气节流阀
[SMC(中国)有限公司产品]

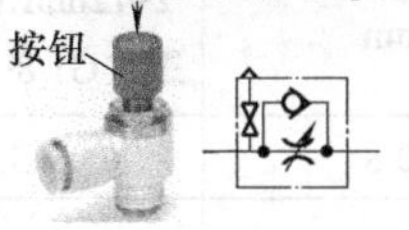

(n) ASFE系列排气节流阀
[SMC(中国)有限公司产品]

图5-10　流量控制阀实物外形图

5.3　流量控制阀的性能参数

流量阀的性能参数有公称通径、工作压力、有效截面积、泄漏量、环境温度等，其具体数值因生产厂及其系列类型不同而异。

5.4　流量控制阀产品概览（表5-1）

表5-1　气动流量控制阀产品概览

技术参数	节流阀				
	KLJ系列节流阀	XQ150000系列节流阀	KL系列节流阀	ASD系列双向速度控制阀	GRPO系列精密节流阀
公称通径	6~15mm	2~9mm,接口螺纹G1/8~G1/2	6~15mm,连接螺纹M10~M22	连接口径M5、10-32UNF、1/8″~1/2″	G1/8
工作压力/MPa	0.05~0.8	0~1.0	1.0	0.1~1.0	0~0.8
单向阀开启压力/MPa	—	—	—	—	—
有效截面积/mm²	6~36	流量0~1600 L·min⁻¹	5~40	流量75~1300L·min⁻¹	0 ~75.8L·min⁻¹
泄漏量/(mL·min⁻¹)	≤50~100	—	—	—	—
环境温度/℃	5~50	5~60	5~60	−5~60	−10~50
耐久性/万次	150~200	—	—		—
图形符号	图5-5(b)	图5-5(b)	图5-5(b)	图5-10(d)	图5-5(b)
实物外形图	图5-10(a)	图5-10(b)	图5-10(c)		图5-10(e)
结构性能特点	管式连接，双向节流结构，一般用于单作用气缸速度调节	管式连接，双向节流结构，用于改变气缸运动速度和其他节流场合	简单双向节流元件，通常用于调节气路中压缩空气的流量	管子在360º可自由安装。一个速度控制阀可控制双向的流量(进气节流和排气节流)。防止气缸急速伸出，单作用气缸的速度控制	底板安装或前面板安装，手动调节
生产厂	①	②	③	④	⑤

技术参数	单向节流阀				
	KLA系列单向节流阀	XQ100000系列单向节流阀	AS-FS系列带刻度的速度控制阀	GRR系列单向流量控制阀	QLA系列单向节流阀
公称通径	3~50mm	2~12mm,接口螺纹G1/8~G1/2	连接口径M5、10-32UNF、1/8″~1/2″	12mm,连接螺纹G1/2	3~25mm
工作压力/MPa	0.05~0.8	0.03~1.0	0.1~1.0	0.03~1.0	0.05~0.8
单向阀开启压力/MPa	0.05	0.03	—	—	≤0.05
有效截面积/mm²	3~650	流量0~2500 L·min⁻¹	样本	流量0~1300 L·min⁻¹	4~190
泄漏量/(mL·min⁻¹)	50~500	—		—	
环境温度/℃	5~50	5~60	−5~60	−10~60	−20~80
耐久性/万次	150	—	—	操纵力110N	
图形符号	图5-6(d)	图5-6(d)	图5-6(d)	图5-6(d)	图5-6(d)
实物外形图	图5-10(f)	样本	图5-10(g)	图5-10(h)	图5-10(i)
结构性能特点	由单向阀和节流阀并联而成,螺纹连接。一般安装在气缸和换向阀之间,有进气节流和排气节流二种接法,后者可使气缸排气腔形成一定的背压,使气缸运动更加平稳	由单向阀和节流阀组合而成,常用于气缸两个不同方向的速度。	针阀型节流口,弯头型、通用型,按压锁定式手轮操纵,进排气节流可选,可通过标度窗进行流量数值管理以减少作业工时和误设定	滚轮杠杆行程控制开度调节流量,弹簧复位,平稳性好	结构新颖,进出气口同轴,螺纹连接,便于安装,节流特性曲线平滑,线性好,无突变
生产厂	①③	②	④	⑤	⑥

技术参数	排气节流阀			特殊功能流量阀	
	KLPx、KLPXa系列排气消声节流阀	ASN2系列带消声器的排气节流阀	GRE系列排气节流阀	ASP系列带先导式单向阀的速度控制阀	AS FE系列带残压排气阀的速度控制阀
公称通径	6~25mm	连接口径M5、10-32UNF、1/8″~1/2″	接口尺寸G1/8~G3/4	连接口径1/8″~1/2″,先导口径M5、10-32UNF、1/8″~1/2″	连接口径R1/8~R1/2
工作压力/MPa	最高1.0	0.1~1.0	0~1.0	0.1~1.0	0.1~1.0
单向阀开启压力/MPa				先导阀动作压力为工作压力50%以上	
有效截面积/mm²	5~110	1.8~24.5	流量0~3600 L·min⁻¹	流量180~1190 L·min⁻¹	流量180~1710 L·min⁻¹
泄漏量/(mL·min⁻¹)		流量特性见样本	—	—	—
环境温度/℃	5~60	−5~60	−10~70	−5~60	−5~60
耐久性/万次	消声效果20dB(A)	针阀回转数10圈	—	—	凡士林为润滑剂

技术参数	排气节流阀			特殊功能流量阀	
	KLPx、KLPXa系列排气消声节流阀	ASN2系列带消声器的排气节流阀	GRE系列排气节流阀	ASP系列带先导式单向阀的速度控制阀	AS FE系列带残压排气阀的速度控制阀
图形符号	图5-7(b)	图5-7(b)	图5-7(b)	图5-10(m)	图5-10(n)
实物外形图	图5-10(j)	图5-10(k)	图5-10(l)		
结构性能特点	带消声器,除了具有排气节流阀的特性外,还能降低排气噪声。该阀一般安装在其他气动阀的排气口	针阀式节流口,速度控制容易,消声性能好(最大流量下消声效果在20dB以上)。可直接安装于电磁阀的排气通口	排气流量阀是拧入控制阀或传动装置的排气控制器。通过调整排气量来控制气缸的运动速度。空气通过消声器排出,降低了噪声水平	属特殊功能速度控制阀。先导式单向阀和速度控制阀一体化,能进行气缸的暂时中间停止及气缸的速度控制。管子可在360°内自由安装	属特殊功能速度控制阀。针阀结构,带残压释放阀和快换接头,安装与气缸和换向阀之间,推压一下按钮便能简单地排去残压。有进气节流和排气节流两个类型
生产厂	③	④	⑤	④⑦	

注：1. 生产厂：①济南杰菲特气动液压有限公司产品；②上海新益气动元件有限公司；③威海博胜气动液压有限公司；④SMC（中国）有限公司；⑤费斯托（中国）有限公司；⑥广东肇庆方大气动有限公司；⑦浙江西克迪气动有限公司。

2. 各系列流量阀的技术参数、外形安装连接形式及尺寸等以生产厂产品样本为准。

5.5　流量控制阀的典型应用

流量控制阀主要用于气动执行元件的速度控制，由其构成的各种气动回路有调速回路和速度换接（从一种速度变换为另一种速度）回路等。

气缸等执行元件运动速度的调节和控制大多采用节流调速原理。调速回路有节流调速回路、慢进快退调速回路、快慢速进给回路、气液复合调速回路等。对于节流调速回路可采用进气节流、排气节流、双向节流调速等，进气和排气节流调速回路的组成及工作原理较为简单，故此处着重介绍双向节流调速回路。

（1）构成单作用缸双向节流调速回路

如图5-11所示，二只单向节流阀1和2反向串联在单作用气缸4的进气路上，由二位三通电磁阀3控制气缸换向。图示状态，压力气体经过电磁阀3的左位、阀1的节流阀、阀2的单向阀进入气缸4，缸的活塞杆克服背面的弹簧力伸出，伸出速度由阀1开度调节。当阀3切换至右位时，气缸4由阀2的节流阀、阀1的单向阀、换向阀的右位排气而退回，退回速度由阀2的节流阀开度调节。

（2）构成双向调速回路

如图5-12所示为两种形式的双向调速回路，二者均采用二位五通气控换向阀3对气缸4换向。图（a）采用单向节流阀1、2进行双向调速，图（b）采用阀3排气口的排气节流阀5、6双向调速。两种调速效果相同，均为出口节流调速特性。

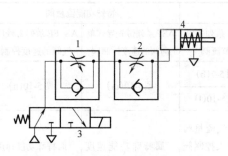

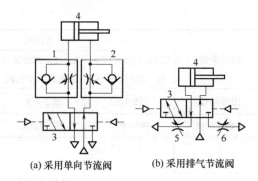

图 5-11　单作用缸双向节流调速回路
1, 2—单向节流阀；3—二位三通电磁阀；4—气缸

(a) 采用单向节流阀　　(b) 采用排气节流阀

图 5-12　双向调速回路
1, 2—单向节流阀；3—二位五通气控换向阀；
4—气缸；5, 6—排气节流阀

（3）构成慢进快退调速回路

机器设备的大多数工况为慢进快退，图5-13为慢进快退调速回路中常见的一种。当二位五通换向阀1切换至左位时，气源通过阀1、快速排气阀2进入气缸4左腔，右腔经单向节流阀3、阀1排气。此时，气缸活塞慢速进给（右行），进给速度由阀3开度调节。当换向阀1处于图示右位时，压缩空气经阀1和阀3的单向阀进入气缸4的右腔，推动活塞退回。当气缸左腔气压增高并开启阀2时，气缸左腔的气体通过阀2直接排向大气，活塞快速退回，实现了慢进快退的换接控制。

（4）构成用行程阀的快速转慢速回路（减速回路）

如图5-14所示，此回路可使气缸空程快进、接近负载时转慢速进给。当二位五通气控换向阀1切换至左位时，气缸5的左腔进气，右腔经行程阀4下位、阀1左位排气实现快速进给。当活塞杆或驱动的运动部件附带的活动挡块6压下行程阀时，气缸右腔经节流阀2、阀1排气，气缸转为慢速运动，实现了快速转慢速的换接控制。

（5）构成用二位二通电磁阀的快速转慢速回路

如图5-15所示，当二位五通气控换向阀1工作在左位时，气体经阀1的左位、二位二通电磁阀2的右位进入气缸4左腔，右腔经阀1排气使活塞快速右行。当活动挡块5压下电气行程开关（图中未画出）使阀2通电切换至左位时，气体经节流阀3进入气缸的左腔，右腔经阀1排气，气缸活塞转为慢速进给，慢进速度由阀3的开度调定。

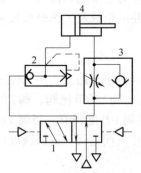

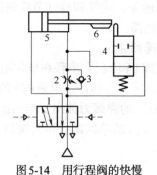

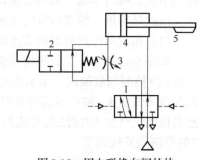

图 5-13　慢进转快退回路
1—二位五通气控换向阀；2—快速排气阀；3—单向节流阀；4—气缸

图 5-14　用行程阀的快速换接回路
1—二位五通气控换向阀；2—节流阀；3—单向阀；4—行程阀；5—气缸；6—活动挡块

图 5-15　用电磁换向阀的快慢速换接回路
1—二位五通气控换向阀；2—二位二通电磁阀；3—节流阀；4—气缸；5—活动挡块

气动阀
原理、使用与维护

（6）构成气-液复合调速回路

为了改善气缸运动的平稳性，工程上有时采用气-液复合调速回路，常见的回路有气-液阻尼缸和气-液转换器两种调速回路。

图5-16为一种气-液阻尼缸调速回路，其中气缸1作负载缸，液压缸2作阻尼缸。当二位五通气控换向阀3切换至左位时，气缸的左腔进气、右腔排气，活塞杆向右伸出，液压缸右腔容积减小，排出的液体经节流阀4返回容积增大的左腔，调节节流阀即可调节气-液阻尼缸活塞的运动速度；当阀3切换至图示右位时，气缸右腔进气、左腔排气，活塞退回，而液压缸左腔排出液体经单向阀5返回右腔，由于此时液阻极小，故活塞退回较快。在这种回路中，利用调节液压缸的速度间接调节气缸速度，克服了直接调节气缸因气体压缩性而使流量不稳定现象。回路中油杯6（位置高于气-液阻尼缸），可通过单向阀7补偿阻尼缸油液的泄漏。

图5-17为一种气-液转换器的调速回路。当二位五通气控换向阀1左位工作时，气-液缸4的左腔进气，右腔液体经阀3的节流阀排入气-液转换器2的下腔，缸的活塞杆向右伸出，其运动速度由阀3的节流阀调节；当阀1工作在图示右位时，气-液转换器上腔进气，推动活塞下行，下腔液体经单向阀进入气-液缸右腔，而气-液缸左腔排气使活塞快速退回。这种回路中使用气-液驱动的执行元件，而速度控制是通过控制气-液缸的回油流量实现的。采用气-液转换器要注意其容积应满足气-液缸的要求。同时，气-液转换器应该是气腔在上立位置。必要时，也应设置补油回路以补偿油液泄漏。

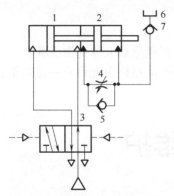

图5-16　气-液阻尼缸调速回路

1—气缸；2—液压缸；3—气控换向阀；4—节流阀；

5，7—单向阀；6—油杯

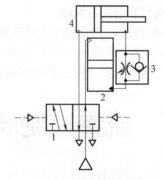

图5-17　气-液转换器调速回路

1—气控换向阀；2—气-液转换器；

3—单向节流阀；4—气-液缸

5.6　流量控制阀的选型配置

（1）明确使用目的

流量阀是以调节控制执行元件的速度为主要目的的气动元件，若用于以吹气为目的的场合的流量调整时，应使用不带单向阀功能的节流阀。

（2）调节控制气缸速度的要点

采用流量阀调节控制气缸的速度比较平稳，但由于空气显著的可压缩性，故气动控制比液压困难，一般气缸的运动速度不得低于30mm/s。在气缸的速度控制中，若能充分注意以下各点，则在多数场合可以取得比较满意的效果。

① 彻底防止气动管路中的气体泄漏，包括各元件接管处的泄漏。

② 尽力减小气缸运动的摩擦阻力，以保持气缸运动的平衡。为此，需注意气缸缸筒的加工质量，使用中要保持良好的润滑状态。要注意正确、合理地安装气缸，超长行程的气缸应安装导向支架。

③ 加在气缸活塞杆上的载荷必须稳定。若载荷在行程中途有变化，其速度控制相当困难，甚至不可能。在不能消除载荷变化的情况下，必须借助液压传动，如气-液阻尼缸，使用平衡锤或其他方法，以达到某种程度上的补偿。

④ 流量阀应尽量靠近气缸设置。

（3）调节控制方式的选择

采用流量阀对执行元件进行速度控制，有进气节流和排气节流两种方式，排气节流由于背压作用，故比进气节流速度稳定、动作可靠。只有在极少数的场合才采用进气节流来控制气动执行元件的速度，如气缸推举重物等。

（4）按照说明书进行选型

应按气动系统的工作介质、工作压力、流量和环境条件并参照产品使用说明书对流量阀进行选型，其使用压力、温度等不应超出产品规格范围，以免造成损坏或动作不良甚至人身伤害。

（5）特殊使用场合的选型

在具有振动或冲击的场合或使用一字螺丝刀调整用流量阀的场合，有针阀会松动，故应选用锁紧螺母六角形的流量阀。

（6）选型时的注意事项

① 不得对选定的流量阀进行拆解改造（追加工），以免造成人体受伤或事故。

② 流量阀产品不能作为零泄漏停止阀使用。由于产品规格上允许有一定泄漏，若为了使泄漏为零强行紧固针阀，会造成阀的破损。

5.7　流量控制阀的使用维护

5.7.1　安装配管

① 安装配管作业应由具有足够气动技术知识和经验的人员并仔细阅读及理解说明书内容后，再安装流量阀。应妥善保管说明书以便能随时使用。

② 确保维护检查所需的必要空间。必须注意流量阀的安装位置，原则上流量阀应设置在气动执行元件的气管接口附近。

③ 正确配置螺纹，要将R螺纹与Rc螺纹相配、NPT螺纹与NPT螺纹相配拧入使用，按照说明书推荐力矩拧紧螺纹阀的螺纹。

④ 确认锁紧螺母没有松动。若锁紧螺母松动，可能造成执行元件速度发生变化，产生危险。

⑤ 避免过度回转调节针阀，否则会造成破损，应确认使用产品的回转数。

⑥ 不要使用规定外的工具（如钳子）调节紧固手柄。手柄空转会导致破损。也不要对本体及接头部进行冲击，使用工具撬、挖、击、打，以免造成破损及空气泄漏。

⑦ 应在确认流动方向后再进行安装。若逆向安装，速度调整用阀可能无法发挥作用，执行元件可能会急速飞出，引起危险。

⑧ 对于针阀式流量阀，应按指定方向从针阀全闭状态慢慢打开，进行速度调整。若针阀处于打开状态，执行元件可能会急速伸出，非常危险。

⑨ 保证密封良好。

a. 要彻底防止管道中的漏损，低速时更应注意。

b. 对于带密封的配管：在安装时，用手拧紧后，一般要通过主体六角面使用合适的扳手增拧2~3圈。如果螺纹拧入过度，会使大量密封剂外溢，应除去溢出的密封剂。如果螺纹拧入不足，会造成密封不良及螺纹松动。

配管通常可以重复使用2~3次。从取下来的接头剥离掉密封剂，用气枪等清除接头上附着的密封剂后再使用，以免剥离下的密封剂进入周边设备，造成空气泄漏及动作不良。当密封效果消失时，请在密封剂外面缠绕密封带后再使用。

⑩ 配管注意事项可参考3.6.1节（7），此处不再赘述。

5.7.2　运行维护

① 空气源与使用环境参见3.6.1节之（10）及（11）。

② 要注意减小气缸运动的摩擦阻力以保持气缸运动的平稳性。为此要注意气缸缸筒和活塞的加工质量，运转中要保持良好的润滑状态。

③ 要保持气缸载荷稳定，若载荷在行程中途有变化，由于气体的可压缩性，使得采用流量阀对气缸的速度控制难于实现，甚至不可能。在不能消除载荷变化的场合，必须借助液压传动（如气-液阻尼缸，参见图5-16），以保证速度平稳。

④ 应按照使用说明书的步骤进行维护检查。以免操作不当造成动作不良或元件和装置损坏。

⑤ 错误操作压缩空气会很危险，故在遵守产品规格的同时，应由对气动元件有足够知识和经验的人进行维护保养工作等。

⑥ 应按说明书规定定期排放空气过滤器等中的冷凝水。

⑦ 拆除更换元件时，应首先确认是否对被驱动物体采取了防止落下与失控等措施，然后切断气源和设备的电源，并将系统内部的压缩空气排掉后再拆卸设备。重新启动时，应在确认已采取了防止飞出的措施后再进行，以免造成危险。

6.1 功用及类型

真空吸附是气动技术的重要分支，包括真空控制阀在内的真空元件品种日益增多。真空控制阀的功用是对真空系统的真空度大小、通断及动作顺序等进行控制的元件。按功能不同，真空控制阀的分类如图6-1所示。

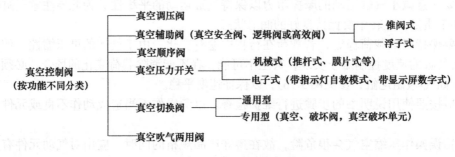

图6-1 真空控制阀的分类

6.2 真空减压阀（真空调压阀）

6.2.1 功用及原理

（1）功用

真空减压阀又称真空调压阀或真空调压器，其功用是设定或调节真空吸附系统的真空压力（真空度）并保持恒定，例如真空吸附及泄漏检测等。

（2）结构原理

图6-2（a）为一种真空减压阀的结构原理，它由阀体阀盖组件8、主阀芯1、阀杆2、膜片3、大气吸入阀芯4、柱形调节手轮5及调压弹簧6等构成。阀两侧开有V和S两个通口，V口接真空泵故称真空口，S口接负载（真空罐或真空吸盘）故称输出口。其动作原理为：一旦手轮5顺时针旋转，调压弹簧力使膜片3及主阀芯1推下，V口和S口接通，S口的真空度增加（绝对压力降低）。然后，S口的真空压力通过气路进入真空室7，作用在膜片3上方，与设定弹簧的压缩力相平衡，则S口的真空压力便被设定。

若S口的真空度比设定值高，设定弹簧力和真空室的S口压力失去平衡，膜片3被上拉，则主阀芯1关闭，大气吸入阀芯4开启，大气流入S口，当设定弹簧的压缩力与S口压力达到平衡时，S口真空压力便被设定。

若S侧的真空度比设定值低（绝对压力增大），设定弹簧力和真空室S口压力失去平衡，膜片3被推下，则大气吸入阀芯4关闭，主阀芯1开启，V口和S口接通，S口的真空度增加，当设定弹簧的压缩力与S口压力达到平衡时，S口的真空压力便被设定。

图6-3为另一种盘形调节手轮的真空减压阀结构原理图，与图6-2所示的阀类似，它由膜片、给气阀、调压弹簧等部分组成。真空口接真空泵，输出口接负载用的真空罐。当真空泵工作后，真空口的压力降低。顺时针旋转手轮3，调压弹簧4被拉伸，膜片1上移，带动给气阀芯抬起，则给气阀口打开。输出口与真空口接通。输出真空压力通过反馈孔6作用于膜片下腔。当膜片处于力平衡时，输出真空压力便达到一定值，且阀吸入一定流量。当输出真空压力偏离设定值上升时，膜片上移，阀的开度加大，则吸入流量增大。当输出压力接近大气压力时，吸入流量达最大值；反之，当吸入流量逐渐减小至零时，输出口真空压力逐渐下降，直至膜片下移，给气口被关闭，真空压力达最低值。手轮全松，复位弹簧5推动给气阀2，封住气口，则输出口与大气接通。

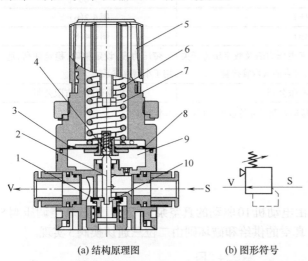

(a) 结构原理图　　(b) 图形符号

图6-2　柱形调节手轮的真空减压阀结构原理及图形符号

1—主阀芯；2—阀杆；3—膜片；4—大气吸入阀芯；5—手轮；6—调压弹簧；7—真空室；8—阀体阀盖；9—大气室；10—阀芯组件

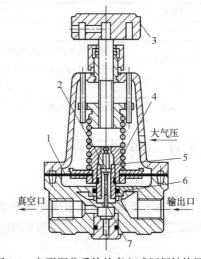

图6-3　盘形调节手轮的真空减压阀结构原理

1—膜片；2—给气阀；3—盘形手轮；4—调压弹簧；5—复位弹簧；6—反馈孔；7—给气口

SMC（中国）有限公司的IRV10/20系列真空调压阀及台湾气立可股份有限公司的ERV系列真空调压阀产品即为此类结构，其实物外形如图6-4所示。

直通型　　弯管型

(a) IRV10/20系列真空调压阀　　　(b) ERV系列真空调压阀

[SMC(中国)有限公司产品]　（台湾气立可股份有限公司产品）

图6-4　真空减压阀实物外形图

6.2.2 性能参数

真空压力阀的性能参数有公称通径、使用压力、流量、适用环境温度等，其具体数值因生产厂及其系列型号不同而异。

6.2.3 产品概览（表6-1）

表6-1 真空调压阀产品概览

技术参数	IRV10/20 系列真空调压阀	ERV系列真空调压器
公称通径	接管外径ϕ6~10mm,1/4″~3/8″	连接口径Rc1/8,1/4″
使用压力/kPa	−100~−1.3	−98.6~−1.0
流量/(L·min⁻¹)	0.6（ANR）以下	0.6
手轮分辨率/kPa	0.13以下	灵敏度±1%
环境温度/℃	5~60	5~60
图形符号	图6-2(b)	图6-2(b)
实物外形图	图6-4(a)	图6-4(b)
结构性能特点	采用夹子固定,拆装简单,可变更压力表及数字压力开关安装方向和角度,内置快换接头,可直通或弯管接管	带压力表,设定精确,稳定性高,适用于小型真空系统
生产厂	SMC(中国)有限公司	台湾气立可股份有限公司

注：各系列真空调压阀的技术参数、外形安装连接形式及尺寸等以生产厂产品样本为准。

6.2.4 典型应用

（1）构成吸附回路

如图6-5所示，真空吸附回路的真空由电动机10驱动的真空泵9产生，通过真空调压阀5即可设定真空吸盘1对工件的吸附压力。真空的供给和破坏则由二位三通切换阀3实现。

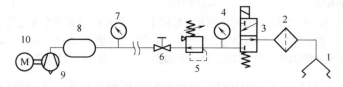

图6-5 真空吸附回路

1—真空吸盘；2—真空过滤器；3—真空切换阀；4,7—真空压力表；5—真空调压阀；
6—截止阀；8—真空罐；9—真空泵；10—电动机

如图6-6所示，真空吸附系统的三个吸盘A、B、C共用一个真空泵16，可分别通过三个真空调压阀10~12设定不同的真空压力，互不干扰；真空压力分别由压力表7~9显示和监控；各吸盘真空的供给和破坏则分别由二位三通切换阀4~6实现。

（2）构成工件泄漏检测回路

如图6-7所示，回路的真空由电动机12驱动的真空泵11产生，通过真空调压阀8即可设定真空吸盘1对被测工件的真空压力，从而实现对其泄漏的检测。真空的供给和破坏则由二位三通切换阀5、6配合实现；真空压力可通过传感器3精确检测。

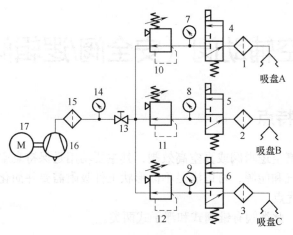

图 6-6　多吸盘并联系统

1~3，15—真空过滤器；4~6—真空切换阀；7~9，14—真空压力表；10~12—真空调压阀；
13—截止阀；16—真空泵；17—电动机

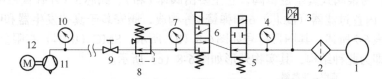

图 6-7　泄漏检测回路

1—被检工件；2—真空过滤器；3—真空传感器；4，7，10—真空压力表；5，6—真空切换阀；
8—真空调压阀；9—截止阀；11—真空泵；12—电动机

6.2.5　选型要点

调压阀不能用于可能受撞击或剧烈振动的场合；应避免置于室外或有化学物品及易腐蚀环境中；压力表的面板为塑料面板，不得用于喷漆、有机溶剂场合，以免表面损坏；真空泵后端需加装真空过滤器以确保管线内部洁净，以免杂质过多导致流量不足。

6.2.6　使用维护

（1）安装

① 真空调压阀上标记有"VAC"的通口接真空泵。

② 在安装时，应注意真空源方向，不得装反。

③ 安装压力表时，需使用扳手锁紧，而不能用手把持压力表头锁紧，以免损坏。

④ 配管前应防止杂物及密封带涂料等进入管内，应防止密封胶流入阀内导致动作不良。

（2）维护

① 应注意调压阀手轮旋转方向和真空压增减的关系，不要搞错。

② 压力调整时，手不要碰及阀体的侧孔（大气入孔）。

③ 当旋转（正反转）至最大值（压力不再变化）时，不可再强力扭转或用工具旋转手轮，以免阀被损坏。

④ 真空压力表原点位置与正压压力表原点位置相反，读数时应予以注意。

6.3 真空辅助阀（安全阀/逻辑阀/高效阀）

6.3.1 功用及特点

真空辅助阀也称真空逻辑阀或真空高效阀，其主要功用是保持真空，因此有时又称安全阀。具有节省压缩空气和能源，可以满足不同形状工件吸附需要并简化回路结构，变更工件不需进行切换操作等优点。

按阀芯结构不同，此类阀有锥阀式和浮子式两类。

6.3.2 结构原理

图6-8（a）为锥阀式真空逻辑阀，它主要由阀体1和7、阀芯5（开有直径不超过1mm的固定节流孔）、内置过滤器（滤芯）6和弹簧4等构成，阀安装于真空发生器和吸盘之间。阀的工作原理如表6-2所述，其图形符号如图6-8（b）所示。SMC（中国）有限公司的ZP2V系列真空高效阀即为此种结构，其实物外形如图6-8（c）所示。

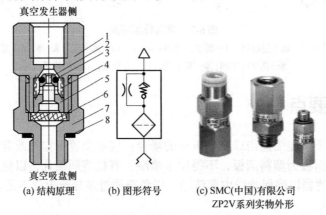

图6-8 真空安全阀结构原理及图形符号（锥阀式）

1，7—阀体；2—气阻（固定节流孔）；3—密封圈；4—弹簧；5—锥阀芯；6—过滤器（滤芯）；8—垫圈

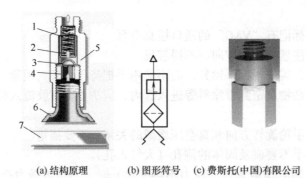

图6-9 真空安全阀结构原理及图形符号（浮子式）

1—弹簧；2—浮子；3—过滤器；4—固定螺钉；5—阀体；6—吸盘；7—工件（物体）

图6-9（a）为浮子式真空安全阀，它主要由阀体5、弹簧1、浮子2和内置过滤器3等构成，并安装于真空发生器（未画出）和吸盘6之间。当吸盘暴露在大气中时，浮子2就会被向上吸附在阀体5上，气流只能穿过浮子末端的小孔。当吸盘接触到工件（物体）7时，流量就会减少，弹簧就会推动浮子下移，气密性随之被打破，在吸盘中便产生完全真空。阀的图形符号如图6-9（b）所示。费斯托（中国）有限公司的ISV系列真空安全阀即为此种结构，其实物外形如图6-9（c）所示。

表6-2 锥阀式真空逻辑阀工作原理

项目	工况			
	初期	工件吸附		工件脱离
		无工件	有工件	
气流状态	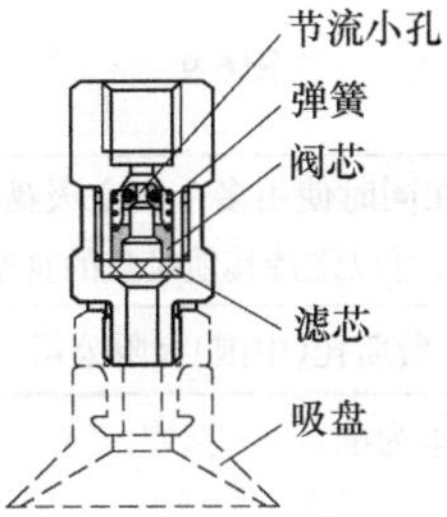 节流小孔 弹簧 阀芯 滤芯 吸盘	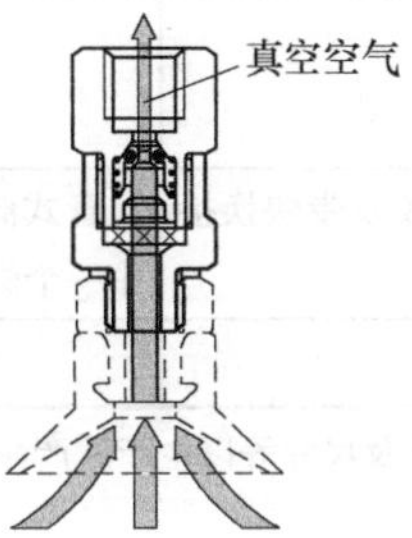 真空空气	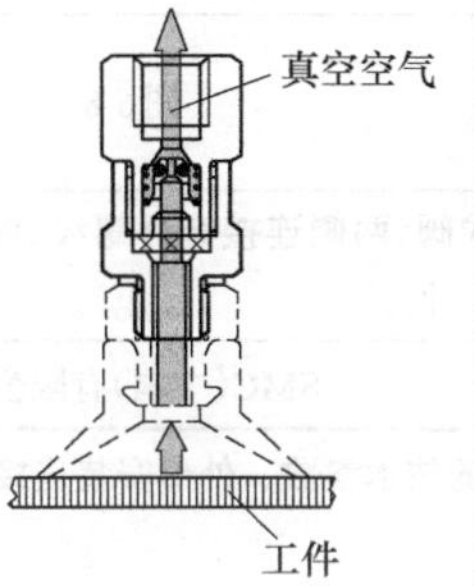 真空空气 工件	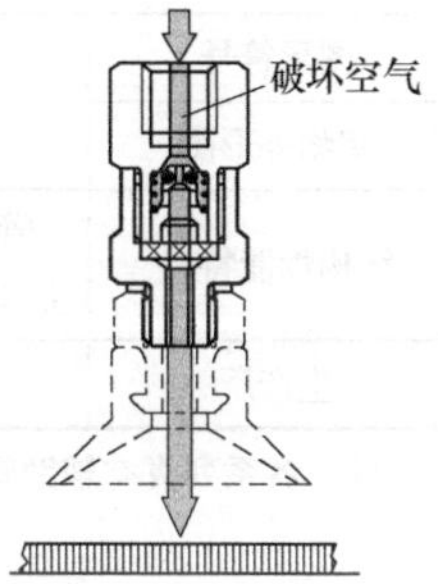 破坏空气
阀的状态	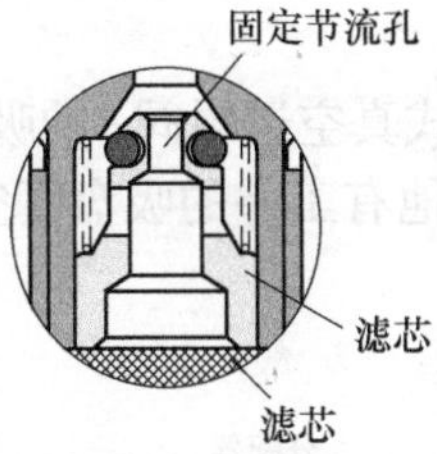 固定节流孔 滤芯 滤芯	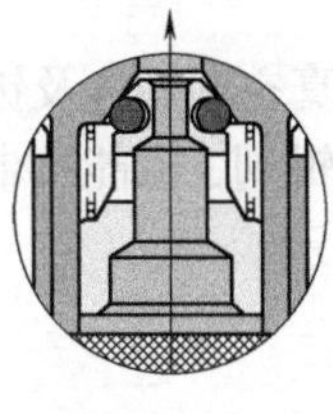	 缝隙流道	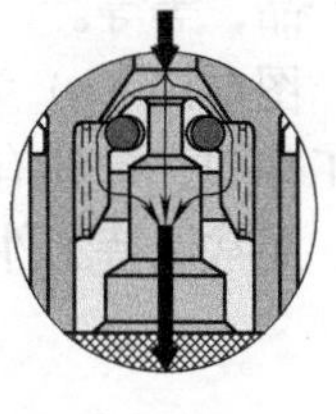
	阀开	阀闭	阀开	阀开
说明	由于无空气流动，在弹簧力作用下，阀芯被推至下方，阀口开启	当真空吸盘未吸附到工件时，真空气流使阀口关闭，各逻辑阀只能经自身固定节流孔此唯一流道吸入相应的空气	当真空吸盘吸附到工件时，吸入流量降低，弹簧力使阀芯下移，阀口打开，真空气流经阀芯与阀体之间的缝隙流道被吸入	在释放工件时，真空破坏空气使阀芯下移，阀口打开，空气经阀芯与阀体之间的缝隙流道和过滤器排出

6.3.2 性能参数及产品概览（表6-3）

表6-3 真空辅助阀（安全阀）产品概览

技术参数	ZP2V系列真空逻辑阀	ISV系列真空安全阀
公称通径	气口 $\phi4$、$\phi6$、M5、M6、M8、1/8″，固定节流孔孔径 0.3~1.0mm	气口 M4、M5、M6、M10、G1/8、G1/4、G3/8
使用压力/kPa	−100~0	−95~0
流量/(L·min⁻¹)	最小3~16（ANR）	1~2
有效截面积/mm²	0.07~3.04	—
泄漏量/(mL·min⁻¹)	滤芯过滤精度40μm	—
环境温度/℃	5~60	−10~60
图形符号	图6-8	图6-9
实物外形图		
结构性能特点	管式阀，两侧连接有外螺纹、内螺纹及带快换接头等多种类型	管式阀，在同时使用多个真空吸盘时，如果其中一个失灵，可以维持其他吸盘的真空度
生产厂	SMC(中国)有限公司	费斯托(中国)有限公司

注：各系列真空辅助阀的技术参数、外形安装连接形式及尺寸等以生产厂产品样本为准。

6.3.3 典型应用

真空辅助阀的典型应用是在多吸盘真空吸附系统中，在一个吸盘接触失效的情况下维持真空，在搬运袋装粉末状产品场合，可防止产品意外散落在真空产品周围，可抓取随机放置的产品，等等。

图6-10（a）为一个真空发生器2使用多个真空吸盘4及锥阀式真空逻辑阀3的吸附系统。在工作中，即使有未吸附工件的吸盘，通过逻辑阀3也能抑制其他有工件的吸盘真空度的降低，照常保持工件。实物外形如图6-10（b）所示。

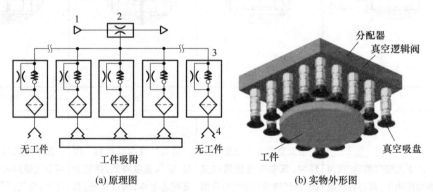

(a) 原理图 　　　　　　(b) 实物外形图

图6-10 采用锥阀式真空逻辑阀的多吸盘真空吸附系统
1—气源；2—真空发生器；3—真空逻辑阀；4—真空吸盘

图6-11所示为一个真空发生器1使用多个真空吸盘4及浮子式真空安全阀3的系统。在真

空发生过程中，若一个吸盘没有吸附或仅是部分吸附，则该支路真空安全阀3便会自动停止进气。当吸盘4紧紧吸附住表面，就会重新发生真空。当吸盘将物体放下后，阀会立即关闭。

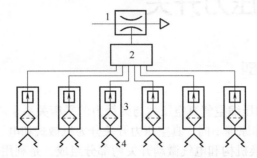

图6-11 采用浮子式真空安全阀的多吸盘真空吸附系统
1—真空发生器；2—真空分配器；3—真空安全阀；4—真空吸盘

6.3.4　选型要点

① 真空逻辑阀或高效阀没有真空保持功能，故不可用于真空保持。

② 一个真空发生器上可以使用的真空逻辑阀的数量 N，按如下一般步骤确定：根据拟选用的真空逻辑阀的型号规格及一个吸盘要求的真空压力查图表确定真空发生器的吸入流量。按如下公式计算：真空发生器的吸入流量/最低动作流量=N。

在多个被吸附工件中，若存在透气工件或工件与吸盘间存在缝隙泄漏，在一个真空发生器上能使用逻辑阀的数量会减少。

③ 对于产品说明书规定不可拆解的逻辑阀，若拆解再组装，则可能会失去最初性能。

6.3.5　使用维护

（1）安装

真空辅助阀的真空发生器侧与吸盘侧的配管不要搞错。真空配管应确保元件对最低动作流量的要求。配管中请勿拧绞，以免引起泄漏。配管螺纹要正确。阀的安装／卸除，应使用规定的工具。安装时，应根据产品说明书给出的紧固力矩进行紧固，以免导致元件损坏以及性能降低；应按规定的安装方向进行安装。

（2）维护

工件吸附时和工件未吸附时的真空压力的降低，会因真空发生器的流量特征不同而异。应先确认真空发生器的流量特征，再在实机上操作确认；若使用压力传感器等进行吸附确认，应在实机上确认后再使用；请检查吸盘与工件之间的泄漏量，并于确认后再使用。真空逻辑阀内置的滤芯如发生孔阻塞，应及时进行更换。

6.4　真空顺序阀

真空顺序阀的功用及结构原理与第4章介绍的压力顺序阀基本相同，只是用于负压控制，压力控制口在膜片上方，同样通过调节调压弹簧的压缩量来调整控制压力（真空度）大小。

6.5 真空压力开关

6.5.1 功用及类型

真空压力开关是利用压缩空气真空压力与弹簧力的平衡关系来启闭电气微动开关触点的气-电转换元件。根据工作原理不同，真空压力开关分为机械式和电子式两大类。机械式真空开关一般由压力-位移转换机构和电气微动开关两部分组成，是利用推杆、膜片等压力-位移转换机构触发其中的微动电气开关发出信号，实现控制。而电子式是利用压敏电阻方式实现真空压力的控制。按压力等级不同，机械式压力开关可分为–1~1.6bar和–0.8~–0.2bar（1bar=100kPa）等类型；电子式压力开关可分为–1~4bar、0~1bar和–1~1bar等类型。电子式压力开关有带指示灯自教模式和带显示器的数字式两类。

6.5.2 结构原理

（1）机械式真空开关

图6-12（a）为一种机械式真空开关的结构原理，它主要由推杆、调压弹簧和电气微动开关等构成。当真空口的压力增加时，推杆向上移动，通过杠杆触发微动开关触点启闭发送信号。切换点的压力可通过调整真空开关上方的螺钉调节弹簧力来实现。图6-12（b）为真空开关的图形符号。费斯托（中国）有限公司的VPEV系列真空开关即为此种结构，见图6-13（a），图6-13（b）为SMC（中国）有限公司ZMS1系列膜片式真空开关产品的实物外形图。

(a) 结构原理图　　(b) 图形符号

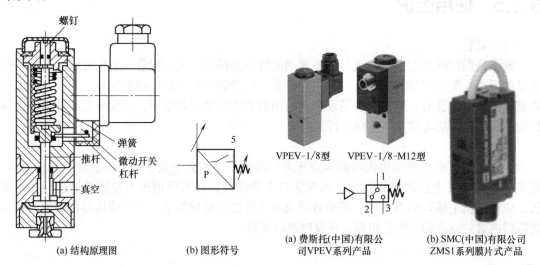

图6-12　机械式真空开关的结构原理及图形符号

(a) 费斯托(中国)有限公司VPEV系列产品　　(b) SMC(中国)有限公司ZMS1系列膜片式产品

图6-13　机械式真空开关实物外形图

（2）电子式真空压力开关

① 电子式带指示灯自教模式真空压力开关。它是利用压敏电阻方式在不同压力变化时可测得不同的电阻值，并转化为电流的变化的。其工作方式为LED闪熠（音亿）显示。其连

接方式如图6-14（a）所示，气接口一端或两端带快换接头，分别连接真空发生器及真空吸盘。电子式具有结构尺寸紧凑、易于安装并便于调试的特点。当压力达到所需值时，用小棒按一下按钮2［图6-14（b）］，黄色LED指示灯1闪熠显示，当确认该压力是所需压力值后，可再用小棒按一下按钮2，黄色LED指示灯1便停止闪熠，该点压力值设定（也称编辑）便完成。

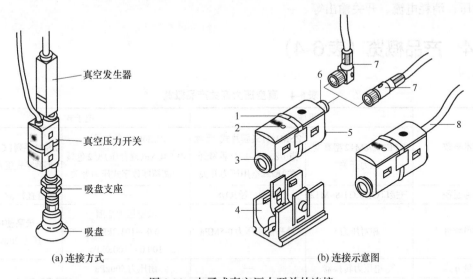

(a) 连接方式　　　　　　　　　　　　　　(b) 连接示意图

图6-14　电子式真空压力开关的连接

1—黄色LED，四周可见；2—编程按钮；3—气接口；4—用于墙面安装嵌入式燕尾槽支架；
5—气接口或堵头；6—插头；7—带电缆插座；8—开放式电缆末端

② 带显示屏的数字式真空压力开关。它也是利用压敏电阻方式在不同压力变化时可测得不同的电阻值，并转化为电流的变化的原理。它有PNP和NPN输出（如1个开关输出PNP型或NPN型，2个开关输出PNP型或NPN型，1个开关输出PNP型或NPN型和模拟量0~10V，2个开关输出PNP型或NPN型和模拟量4~20mA）。可有液晶显示屏LCD显示（便于操作）及发光LCD显示（便于读取）。有两个压力测量范围：–1~0bar，0~10bar。可进行相对压力和压差的测量。其配置工作模式与电子式带指示灯自教模式真空压力开关相同。如图6-15所示，由增加键或减少键调整设定所需工作压力。

图6-16所示为SMC（中国）有限公司的两款数字式压力开关的实物外形图。

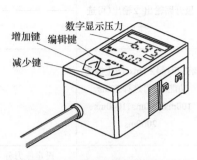

增加键
减少键
编辑键
数字显示压力

(a) ZSE40A(F)系列2色显示
式高精度数字式压力开关

(b) ZS3系列 LCD显示型
数字式压力开关

图6-15　带显示屏的数字式真空压力
开关压力调整示意图

图6-16　SMC（中国）有限公司数字式压
力开关实物外形图

6.5.3　性能参数

真空压力开关的性能参数有额定压力范围、耐压力、显示压力范围、设定压力分辨率、电源电压、消耗电流、开关输出等。

6.5.4　产品概览（表6-4）

表6-4　真空压力开关产品概览

技术参数	机械式		电子式	
	VPEV-1/8M12型真空压力开关	ZSM1-115(膜片式、无触点)/ZSM1-121(舌簧开关)型真空用压力开关	ZSE40A(真空压)/ZSE40AF(混合压)型2色显示高精度数字式压力开关	ZSE3系列LCD显示型数字式压力开关
公称通径	气接口G1/8、G1/8~M12	接管口径R1/8	—	通道直径φ8~12mm
测得变量	相对压力	最高使用压力0.5MPa	额定压力范围0.0~-101.3kPa、100.0~-100.0kPa	最高使用压力200kPa
测量方式	气-电压力转换器	—	耐压力500kPa	
压力测量范围/kPa	-100~160	-27~-80	显示、设定压力范围10.0~-105.0/105.0~-105.0	设定压力范围0~101
最大开关输出电压/V	AC250,DC125/AC48,DC48	28V/-	最大施加电压28(NPN输出时),残留电压1V以下(负载电流80mA以下时)	0~1800(ANR)
最大输出电流/mA	5000/4000	40/最大使用电流:24V以下50,48V时电流40,100V时电流20	最大负载电流80	
消耗电流/mA	—	100mA以下/最大触点容量AC2VA、DC2W	45mA以下	25mA以下
供给电压/V	—	DC 4.5~28/AC、DC 100以下	电源电压DC12~24V(±10%)波动(p-p)10%以下(带逆接保护)	
开关状态显示	黄色 LED	指示灯:ON灯亮	开关输出NPN或PNP集电极开路输出 2输出(可选择)	
阈值设置范围/bar	-0.95~-0.2			
转换后阈值设定范围/bar	-1.6~0.16			
迟滞/kPa	电气接口A型,插头方形符合DIN 43650标准/4 针、插头M12x1圆形结构符合 EN 60947-5-2 标准	Max15/Max20	响应时间2.5ms,防止振荡功能时,可选择20ms、100ms、500ms、1000ms、2000ms	
重复精度	—	±10%以下	设定压力分辨率0.1kPa	设定压力分辨率1kPa
最高开关频率/Hz	3	—	—	—

气动阀
原理、使用与维护

技术参数	机械式		电子式	
	VPEV-1/8M12型真空压力开关	ZSM1-115(膜片式、无触点)/ZSM1-121(舌簧开关)型真空用压力开关	ZSE40A(真空压)/ZSE40AF(混合压)型2色显示高精度数字式压力开关	ZSE3系列LCD显示型数字式压力开关
介质和环境温度/℃	−20~80	−5~60	−5~80	−5~80
图形符号	图6-13(a)	样本		
实物外形图		图6-13(b)	图6-16(a)	图6-16(b)
生产厂	费斯托(中国)有限公司	SMC(中国)有限公司		

注：各系列真空压力开关的技术参数、外形安装连接形式及尺寸等以生产厂产品样本为准。

6.5.5 选用及维护（参见4.6.5节）

6.6 真空切换阀（真空供给破坏阀）

6.6.1 功用及类型

真空切换阀的功用是真空供给或破坏的控制，故又称真空供给破坏阀。按用途结构不同，真空切换阀可分为通用型和专用型两类。前者除了可以作为一般环境的正压控制，也可直接用作真空环境的负压控制（作真空切换阀）；后者则主要用作负压控制。

6.6.2 结构原理及性能产品

（1）通用型真空切换阀

图6-17为一种通用型真空切换阀（二位三通电磁阀），它主要由阀芯阀体组成的主体结构和作为操纵机构的电磁铁组成，其内部构造可参看本书3.3.6节相关内容。该阀可用于一般环境和真空环境，其技术参数列于表6-5中。通用型真空切换阀的选用维护可参考3.3节有关内容，此处不再赘述。

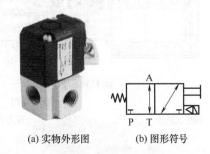

(a) 实物外形图　　(b) 图形符号

图6-17　通用型真空切换阀（二位三通电磁阀）

[牧气精密工业（深圳）有限公司VG307系列产品]

表6-5　真空切换阀产品概览

技术参数	通用型	专用型
	VG307-G-DC24型二位三通电磁阀	SJ3A6系列带节流阀的真空破坏阀
公称通径	接管口径Rc1/8	接管口径M5
使用压力/kPa	−100~100	真空压力通口−100~0.7MPa，破坏压力通口0.25~0.7MPa，先导通口0.25~0.7MPa
电压/V	AC 220，DC 24	DC 12、24
手轮分辨率/kPa	反应时间20ms	响应时间19ms以下
有效截面积/mm²	3.9	

技术参数	通用型	专用型
	VG307-G-DC24型二位三通电磁阀	SJ3A6系列带节流阀的真空破坏阀
最高频率/Hz	10	3
环境温度/℃	−10~50	−10~50
图形符号	图6-17	图6-18
实物外形图		
结构性能特点	一般+真空环境使用可选；管式连接；无需润滑，阀体防尘；主要采用HNBR橡胶，对应低浓度臭氧；可以直接接线或DIN端子接线	集装式结构，阀位数可增减，防尘；插头插座式和各自配线式连接；内置2个滑阀；使用1个阀即可控制真空吸附和破坏；带能够调节破坏空气流量的节流阀；真空侧、破坏侧内置可更换的过滤器
生产厂	牧气精密工业(深圳)有限公司	SMC(中国)有限公司

注：各系列真空控制阀的技术参数、外形安装连接形式及尺寸等以生产厂产品样本为准。

(2) 专用型真空切换阀（真空破坏单元）

专用型真空切换阀又称真空破坏单元，它由如图6-18（a）所示的若干外部先导式三通电磁阀（真空、破坏阀）盒式集装［各阀一并安装于如图6-18（c）所示的DIN导轨之上的D、U两侧端块组件之间，位数可增减］而成。各电磁阀内置两个滑阀阀芯5和8。阀体7上具有真空压通口E、破坏压通口P和真空吸盘通口B等三个主通口，以及先导压通口X和压力检测

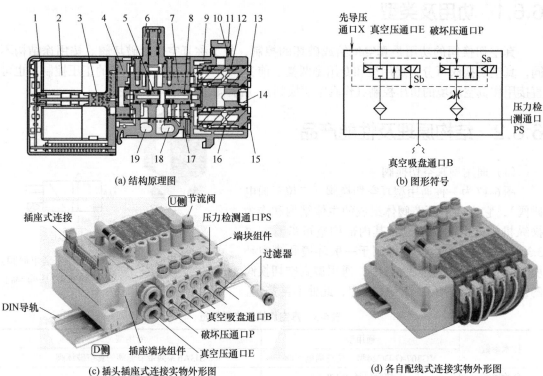

(a) 结构原理图

(b) 图形符号

(c) 插头插座式连接实物外形图

(d) 各自配线式连接实物外形图

图6-18 真空、破坏阀（盒式集装式四通电磁阀）

［SMC（中国）有限公司SJ3A6系列产品］

1—灯罩；2—先导阀组件；3—先导连接件；4—连接板；5, 8—阀芯组件；6—节流阀组件；7—阀体；9—端盖；
10—压力检测通口PS；11—插头；12, 16—过滤器；13, 15—过滤器组件；14—真空吸盘通口B；17—底盖；
18—破坏压通口P；19—真空压通口E

通口PS。阀内带有节流阀6，用以调节破坏空气流量并可防止吹飞工件，节流阀可用手动操作或螺丝刀操作。真空压侧、破坏压侧内置可更换的过滤器13和15，用于除去各侧的异物。真空破坏单元的电磁铁配线有插入式连接［图6-18（c）］和非插入式（各自配线）连接［图6-18（d）］两种形式。此类阀的最显著特点是使用一个阀即可实现真空吸附和破坏的控制。SMC（中国）有限公司SJ3A6系列产品即为这种结构，其技术参数列于表6-4中。

6.6.3　典型应用

（1）构成真空吸附回路

图6-19为含有通用型切换阀和真空发生器组件的工件吸附与快速释放回路。回路由真空发生器1、二位二通电磁阀2（真空供给阀）和3（真空破坏阀）、节流阀4、真空开关5、真空过滤器6、真空吸盘7等组成。当需要产生真空时，阀2通电；当需要破坏真空快速释放工件时，阀2断电、阀3通电。上述真空控制元件可组成为一体，形成一个真空发生器组件。

（2）由专用型切换阀构成真空吸附回路

图6-20为由专用型切换阀构成的工件吸附与释放回路。回路由真空破坏阀（盒式集装式四通电磁阀）1，分水过滤器2，压缩空气减压阀3，真空调压阀4，真空开关5和真空吸盘6组成。当需要真空吸附工件时，真空压切换阀1-1通电；当需要破坏真空释放工件时，阀1-1断电、阀1-2通电；真空开关可实现吸盘真空压力检测及发信。

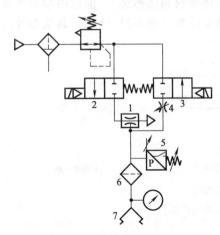

图6-19　由通用型切换阀和真空发生器组件组成的工件吸附与快速释放回路

1—真空发生器；2，3—二位二通电磁阀（真空供给阀、真空破坏阀）；4—节流阀；5—真空开关；6—真空过滤器；7—真空吸盘

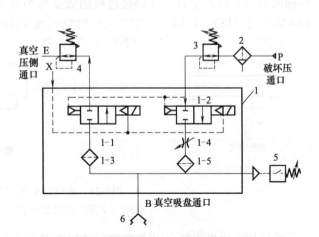

图6-20　含有真空破坏阀（盒式集装式四通电磁阀）的工件吸附与释放回路

1—真空破坏阀（盒式集装式四通电磁阀）（1-1—真空压切换阀；1-2—破坏压切换阀；1-3—真空压过滤器；1-4—真空节流阀；1-5—真空过滤器）；2—压缩空气分水过滤器；3—正压减压阀；4—真空调压阀；5—真空开关；6—真空吸盘

6.6.4　使用维护

① 真空电磁阀应尽量避免连续通电，否则会导致线圈发热及温度上升，性能降低，寿命下降，并对附近的其他元件产生恶劣影响。必须连续通电的场合（特别是相邻三位以上长期连续通电的场合以及左右两侧同时长期连续通电的场合），应使用带节电回路（长期通电

型）的阀。

② 为了防止紧急切断回路等切断电磁阀的DC电源时，其他电气元件产生的过电压有可能引起阀误动作，需采取防止过电压回流对策（过电压保护用二极管）或使用带逆接防止二极管的阀。

③ 带指示灯（LED）的电磁阀，其电磁线圈Sa通电时，桔黄色灯亮；电磁线圈Sb通电时，绿色灯亮。

④ 水平安装整个集装式单元时，若DIN导轨的底面全与设置面接触，用螺钉仅固定导轨两端即可使用。其他方向的安装，应按说明书指定的间隙用螺钉固定于DIN导轨上。若固定处比指定的固定处少，则DIN导轨和集装阀会因振动等产生翘度和弯曲，引起漏气。

⑤ 在拆装插座式插头时，应在切断电源和气源后进行作业。

6.7　真空、吹气两用阀

6.7.1　真空发生器/大流量喷嘴

此类阀一件二用，通过供给压缩空气，可进行大流量吹气（工件表面水滴的吹散及切粉的吹散等）或产生真空（焊接过程的吸烟与小球及粉体等材料的搬运）。能以供给空气量的4倍吹气［图6-21（a）］；能产生供给空气量3倍的真空流量［图6-21（b）］。其实物外形如图6-21（c）所示，其技术参数列于表6-5中。

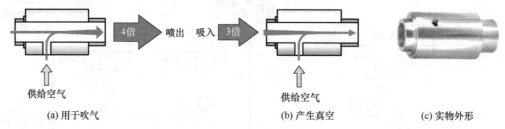

(a) 用于吹气　　　　　　　　　(b) 产生真空　　　　　　　(c) 实物外形

图6-21　真空发生器/大流量喷嘴
［SMC（中国）有限公司 ZH-X185系列产品］

在使用真空发生器/大流量喷嘴时的注意事项如下所述。

① 由于吸入物与排气一同被喷出，故不要将排气口朝向人体及元件。喷出侧如设置捕捉灰尘滤材等，应注意不要因此引起对气流的背压。

② 请勿在有腐蚀性气体、化学药品、有机溶剂、海水、水蒸气及相应物质的场所和环境下使用。

6.7.2　真空发生器/大流量阀

此阀一件二用，与前述真空发生器/大流量喷嘴所不同的是，真空发生器/大流量阀的喷气吹扫和真空吸气可同时实现，真空发生器/大流量阀的实物外形和图形符号如图6-22所示，其技术参数列于表6-6中。该阀在吸附搬运时，流量较大，响应时间短，还可吸附存在漏气的工件。喷气吹扫功能可用于金属切削机床的冷却液的吹扫和切屑的吹散，通过压缩空气，提高吹扫压力和吹扫能力。其使用注意事项见6.7.1节。

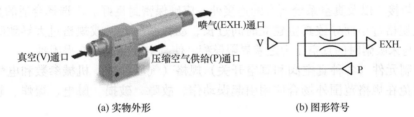

(a) 实物外形   (b) 图形符号

图6-22　真空发生器/大流量阀

[SMC（中国）有限公司 ZH-X226~338 系列产品]

表6-6　真空、吹气两用阀产品概览

技术参数	ZH-X185 系列真空发生器/大流量喷嘴	ZH-X226~338 系列真空发生器/大流量阀
公称通径	通道直径 ϕ13~42mm	通道直径 ϕ8~12mm
使用压力/kPa	供给压力 0~0.7MPa，真空压力 −7~0	供给压力 0~0.7MPa，真空压力 −50~0
流量/(L·min⁻¹)	0~5000（ANR）	0~1800（ANR）
有效截面积/mm²	流量特性见样本	7.92
环境温度/℃	−5~80	−5~80
图形符号	样本	图6-22(b)
实物外形图	图6-21(c)	图6-22(a)
结构性能特点	按压缩空气的供给，可进行大流量吹气或产生真空：能以供给空气量的4倍吹气；能产生供给空气量3倍的真空流量。通过直径大，可将切削屑、杂质等吸入，无需维护。 可用于水滴飞溅、切削屑的吹除，烟液的吸收，颗粒、粉体等的材料真空吸附搬运。可带安装支架	可通过供给压缩空气实现大流量喷气吹扫或真空吸气；用于吸附搬运，通过冷却液吹扫，吹散切削末、水滴
生产厂	SMC(中国)有限公司	

注：各系列真空吹气两用阀的技术参数、外形安装连接形式及尺寸等以生产厂产品样本为准。

6.8　真空元件选用注意事项

包括真空源、真空执行元件、真空控制元件及真空辅件在内的真空元件在选用时应考虑压缩空气、元件及系统构成、工件及工况、使用维护等几个方面的因素。

（1）供给压缩空气因素

为防止真空发生器内细小直径的喷嘴堵塞，应采用过滤无油润滑的压缩空气。此外，在真空吸盘与真空源（真空泵或真空反生器）之间应安装真空过滤器，尤其是当工件为纸板材质或周围环境存在粉尘、灰尘等污物时。

（2）元件与系统因素

真空发生器的气源压力要适当，一般应在 0.05~0.06MPa。真空吸盘与真空发生器间的连接管道不宜过长或过短，管道过长将使抽吸容积增大而延长抽吸时间。在真空发生器的前级要设置储气罐，以防电源或气源发生故障时，工件因失去真空而脱落。当一个真空发生器带动数个真空吸盘时，应在真空发生器上游安装真空保护器，或采用带单向阀结构的吸盘，或采用真空安全阀，以免一个真空吸盘脱落而使整个真空系统遭到破坏。吸附面积较大的玻璃板、平板工件时会产生较大风阻，应采用足够保险的吸盘及合理均匀的分布位置。在接头与阀、气管与接头以及真空系统所有的连接处，应确保密封良好。应选择合适的真空发生器规格，以免规格过小而导致真空建立时间过长、动作频率低，或规格过大导致吸入流量过大、过快，与未吸附时的真空压力之差界限模糊，使真空开关设定变得困难。

真空控制元件（各种真空阀和真空开关）规格（气压参数、机械参数和电气参数）等要适当，以免在规格范围外场合使用引起误动作、故障、破损、触电、爆炸、起火及其他灾害。

（3）工件及工况因素

应根据工件的形状、尺寸及重量，工件的透气性，工件表面的粗糙程度、清洁程度，工件的最高温度，工件抓取时的定位精度，工件的循环次数，最大加速度，工件的周围条件，等等，来选择使用相应的真空吸盘的结构类型、材质，真空发生器的规格，管道长度及直径，工件的抓取方式，等等。

（4）使用维护因素

要便于真空系统的测量、监视、调节及控制。真空发生器的排气不得节流，更不得堵塞，以免真空性能变差，要定期清洁消声器、真空过滤器。

应确保安装设置、检查维护真空元件所需的空间并按正确安装，以免造成误动作、故障或破损。定期对真空元件进行检查维护，确认动作正常。在进行维护和定期检查时，应切断电源及供给的流体，在维护之后应实施适当的功能检查和泄漏检查。当设备发生异常动作及泄漏等异常情况时，应切断电源并停止流体供给。应避免施加振动、冲击负载，以免造成误动作、故障及破损。腐蚀性环境下应确认材质后使用，防爆结构对应的产品应在符合防爆等级标准的环境下使用。应在规定的环境及流体温度、湿度范围内使用，以免造成误动作和故障，低温下使用时，应采取防冻结对策。切勿使用适用流体以外的流体或易燃性及有毒性流体，以免造成误动作、故障或破损，或造成爆炸、火灾等灾害。应正确进行电气配线，元件的配线和动力线、电力线不应为同一配线，应确认配线的绝缘性，以免引起误动作、故障、触电或火灾。避免真空切换阀、真空开关等真空元件的电缆受到弯曲应力、拉应力和重力负载而导致断线。通电中不要进行配线作业，以免导致触电或误动作和故障。对于电子式真空压力开关，应注意数据的输入次数不得超限。清洁真空元件时，应注意使用要求的洗涤剂，以免使产品表面出现伤痕或使显示消失。

第7章
逻辑控制阀

7.1　功用类型及特点

在气动控制中，通常所说的气动逻辑控制元件是指以压缩空气为工作介质，靠元件的可动部件来实现逻辑功能的一种流体控制元件。此外，还有一类逻辑元件——射流元件，它是靠气流的相互作用和气体流动时的物理效应（如附壁效应、动量交换等）来实现逻辑功能的元件。气动逻辑元件的工作压力、输出功率、负载能力、响应时间和体积要比射流元件大，但气动逻辑元件的过滤要求、气源稳定性要求、功率消耗、工作频率、耐久性要比射流元件低（小）。目前，气动逻辑元件要比射流元件的技术更为成熟、标准化产品更多、应用更为广泛一些，故本章仅对气动逻辑元件做一些介绍。

从逻辑控制角度而言，气动逻辑控制阀也是用0或1来表示其输入信号（压力气体）或输出信号（压力气体）的存在或不存在（有或无），并且可用逻辑运算法求出输出结果的一类气动元件，它可以组成更加复杂而自动化的气动系统。气动逻辑控制阀的图形符号借用电子逻辑元件图形符号绘制，其输入输出状态用逻辑表达式和真值表表示。

气动逻辑控制阀类型较多，如图7-1所示，其中高压元件的压力范围为0.2~0.8MPa、低压元件的压力范围为0.02~0.2MPa、微压元件的压力范围在0.02MPa以下。结构上，气动逻辑控制阀一般由控制部件、开关部件和复位部件等三部分构成。控制部件接受输入信号并转换为机械动作；开关部件是执行部分（其类型见图7-1），控制阀口启、闭；复位部件用于元件恢复至原始状态。图7-2为构成气动逻辑阀的基本结构，其中任一开关部件和任一控制部件均能构成一种逻辑元件。

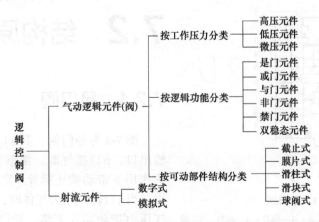

图7-1　逻辑控制阀的分类

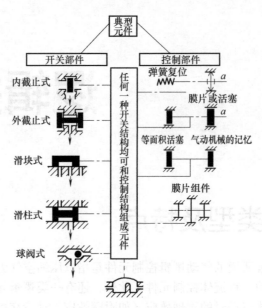

图 7-2 构成气动逻辑阀的基本结构

气动逻辑控制阀具有表 7-1 所列的显著特点，因而在全气动控制中得到了较为广泛的应用。但也需指出，随着气动元件的小型化以及 PLC 控制技术在气动系统中的大量应用，近年来，气动逻辑阀的应用范围正在逐渐减小。

表 7-1　气动逻辑控制阀的特点

序号	项目	序号	项目
1	结构紧凑、外形尺寸较小	4	具有关断能力，耗气量较小
2	无相对滑动的零部件，故工作时不会产生摩擦，也不必加油雾润滑	5	输入阻抗无限大，带载能力强，输出可带较多的元件
3	抗污染能力强，对气源净化要求低	6	组成系统时，元件连接方便，易于调试，可在强磁、辐射、易燃易爆等恶劣工作环境下使用

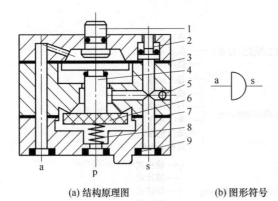

(a) 结构原理图　　(b) 图形符号

图 7-3　是门阀

1—手动按钮；2—显示活塞；3—膜片；4—阀杆；5—球堵；6—截止膜片；7—密封垫；8—弹簧；9—O 形密封圈

7.2　结构原理

7.2.1　是门阀

图 7-3 为是门阀，其 a 口为输入口，s 口为输出口，p 口接气源。常态下，阀杆 4 在气压 p 的作用下带动截止膜片 6 关闭下阀口，没有输出。当 a 口输入压力气体时，作用在膜片 3 上的气压力带动阀杆下移，开启下阀口，p 口的压力气体经 s 口输出。也就是有输入即有输出，

无输入即无输出。此外，手动按钮1用于手动发信，即只要按下，s口即有输出。是门阀的逻辑表达式及真值表见表7-2。

是门阀属有源元件，可用作气动回路中的波形整形、隔离、放大。

表7-2　是门阀的逻辑表达式及真值表

表达式	s=a	
真值表	a	s
	0	0
	1	1

7.2.2　或门阀

图7-4为或门阀。或门阀的a和b口为输入口，s口为输出口。当a口有压力气体输入，而b口无压力气体输入时，膜片式阀芯下移封闭b口，a口压力气体经s口输出；反之，当a口无压力气体输入，而b口有压力气体输入时，阀芯上移封闭a口，b口压力气体从s口输出。当a、b口都有相等压力气体输入时，s口也输出压力气体。可用控制活塞（图中未画出）显示输出的有无。或门阀的逻辑表达式及真值表见表7-3。

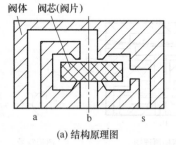

阀体　阀芯(阀片)

(a) 结构原理图　　　　(b) 图形符号

图7-4　或门阀

表7-3　或门阀的逻辑表达式及真值表

表达式	s=a+b		
真值表	a	b	s
	0	0	0
	1	0	1
	0	1	1
	1	1	1

或门阀属无源元件，用于多种操作形式的选择控制。如手动控制信号接a口，自动控制信号接b口，即可实现手动或自动的选择控制。

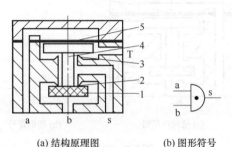

(a) 结构原理图　　　(b) 图形符号

图7-5　与门阀

1—截止膜片；2—下阀口；3—上阀口；4—阀杆；5—膜片

7.2.3　与门阀

如图7-5所示为与门阀。与门阀的a口和b口为输入口，s口为输出口。当a口有压力气体，b口无压力气体时，阀杆4下移，上阀口关闭，下阀口开启，s口无压力气体输出。当b口有压力气体，a口无压力气体时，阀杆上移关闭下阀口，开启上阀口，s口仍无压力气体输出。只有当a口和b口同时都有等压气体输入时，s口才有输出。这是因为在阀芯上、下有效作用面积差作用下，上阀口关闭，下阀口开启，b口与s口连通，故s口有压力气体输出。与门阀的逻辑表达式及真值表见表7-4。

表7-4　与门阀的逻辑表达式及真值表

表达式	$s=a \cdot b$		
	a	b	s
真值表	0	0	0
	1	0	0
	0	1	0
	1	1	1

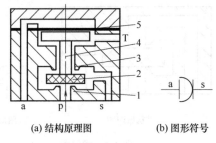

(a) 结构原理图　　　(b) 图形符号

图7-6　非门阀

1—下阀座；2—截止膜片；3—上阀座；4—阀杆；5—膜片

与门元件也属无源元件，用于两个或多个输入信号互锁控制，起到安全保护作用。如立式冲床的操作，上料后必须双手同时按下工作台两侧的按钮，滑块才能下行冲压工件，防止发生人身事故。

7.2.4　非门阀

图7-6为非门阀。非门阀的a口为输入口，s口为输出口，p口接气源。常态下，阀杆4在气源压力作用下上移关闭上阀口，p口和s口连通，s口有压力气体输出。当a口有压力气体时，阀杆下移关闭下阀口，s口无压力气体输出。非门阀的逻辑表达式及真值表见表7-5。

表7-5　非门阀的逻辑表达式及真值表

表达式	$s=\bar{a}$	
	a	s
真值表	0	1
	1	0

7.2.5　禁门阀

图7-7为禁门阀。其a口为禁止控制口，b口为输入口，s口为输出口。当a口无压力气体时，b口的压力气体使下阀口开启，上阀口关闭，s口即有输出。若a口有压力气体输入，则阀杆4下移关闭下阀口，s口无输出。禁门阀的逻辑表达式及真值表见表7-6。禁门阀用于对某信号的允许或禁止控制。

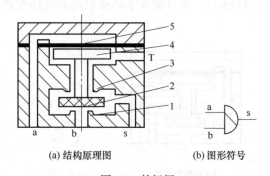

(a) 结构原理图　　　(b) 图形符号

图7-7　禁门阀

1—下阀座；2—截止膜片；3—上阀座；4—阀杆；5—膜片

气动阀
原理、使用与维护

表7-6　禁门阀的逻辑表达式及真值表

表达式	$s=\bar{a}b$		
真值表	a	b	s
	0	0	0
	0	1	1
	1	1	0
	1	0	0

7.2.6　或非门阀

图7-8为或非门阀，其a、b、c口为输入口，s口为输出口，p口接气源。或非门阀的工作原理基本上和非门相同，只是增加了两个输入口。也就是当a、b、c三个口都无压力气体时，s口有输出。只要其中有一个输入口有压力气体时，s口就无输出。或非门阀的逻辑表达式及真值表见表7-7。

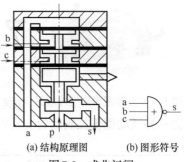

(a) 结构原理图　　(b) 图形符号

图7-8　或非门阀

表7-7　或非门阀的逻辑表达式及真值表

表达式	$s=\overline{a+b+c}$			
真值表	a	b	c	s
	0	0	0	1
	0	0	1	0
	0	1	0	0
	1	0	0	0
	1	1	1	0

7.2.7　双稳态阀

双稳态又称双记忆阀，其结构形式很多，有截止式、滑块式等。图7-9为滑块式双稳态阀。其a口和b口为输入口，p口接气源，s_1和s_2为输出口，T口为排气口。当a口输入压力气体信号，b口无信号时，阀芯4被推向右端（图示状态），p口的压力气体经过内腔由s_1口输出，s_2则无输出。当a口信号消失后，此阀仍保持s_1有输出、s_2无输出的状态。如果b口输入压力气体信号，阀芯4将被移至左端，p口和s_2口连通，s_2有输出，s_1口无输出，状态发生了翻转，即使b口信号消失也能保持这种翻转后的状态。双稳态阀的逻辑表达式及真值表见表7-8。

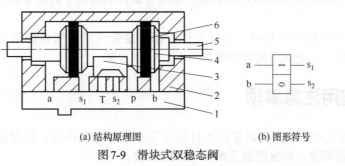

(a) 结构原理图　　　　　　　(b) 图形符号

图7-9　滑块式双稳态阀

1—连接板；2—阀体；3—滑块；4—阀芯；5—手动杆；6—密封圈

表7-8　双稳态阀的逻辑表达式及真值表

表达式	$s_1=K_b^a$　$s_2=K_a^b$			
	a	b	s_1	s_2
真值表	1	0	1	1
	0	0	1	0
	0	1	0	1
	0	0	0	1

图7-10　气动逻辑阀组外形图

7.3　参数产品

气动逻辑控制阀的技术参数有公称通径及流量、工作压力、切换压力、返回压力及响应时间等，其典型产品见表7-9。图7-10为一种气动逻辑控制阀的实物外形图。

表7-9　气动逻辑控制阀典型产品

系列型号	公称通径/mm	工作压力/MPa	流量/(L·min⁻¹)	切换压力	返回压力	响应时间/ms	环境温度/℃	生产厂
QL系列气动逻辑控制阀（或门、与门、非门、是门、禁门、顺序与门、双稳态）	2.5	0.2~0.6	120	—	—	—	–5~60	浙江省象山石浦天明气动成套厂
WQLJ系列气动逻辑元件	2.5	0.2~0.6	120	65%P_s	35%P_s	2~6	–5~60	浙江省象山气动元件厂
QLJ系列气动逻辑元件	2.5	0.2~0.6	120	35%P_s	18%P_s	2~6	–5~60	浙江省温州模具厂

注：1. 流量为0.4MPa时的数值。

2. 技术参数及产品外形连接尺寸以生产厂产品样本为准。

7.4　选择与使用

7.4.1　适用范围

气动逻辑控制阀的适用范围如图7-11所示，其中可动部件的逻辑控制阀用于一般工厂的气动机械设备中。高压逻辑控制阀输出功率较大，对气源净化条件要求不高；而低压逻辑控制阀主要用于气动仪表配套的控制系统；微压逻辑控制阀用于射流系统、气动传感器配套的系统。

无可动部件的逻辑控制阀（射流元件）用于复杂气动控制系统并有特殊条件保证的航天、潜艇等设备，工业应用尚有待继续研发。

7.4.2　选用注意事项

① 各系列气动逻辑控制阀都有各自的性能参数和技术指标，若参数匹配不合理，容易产生许多不正常现象，造成调试及维修中判断困难。

就切换压力而言，有65%P_s、35%P_s和18%P_s等，且差距较大。故在一个系统中应避免不同系列元件混用。逻辑控制阀的输出流量和响应时间等参数也应根据系统要求参照产品样本等相关资料选取。

② 系统中应尽量减少或避免使用延时及脉冲元件，因此类元件延时精度较低，运行中的气压波动更容易引起故障。

③ 逻辑控制阀的带载能力有限，故一个元件不能直接带动过多的元件。必要时可用"是门"元件作压力恢复之用。当逻辑控制阀要相互串联时，一定要有足够的流量，否则可能无力推动下一级元件。

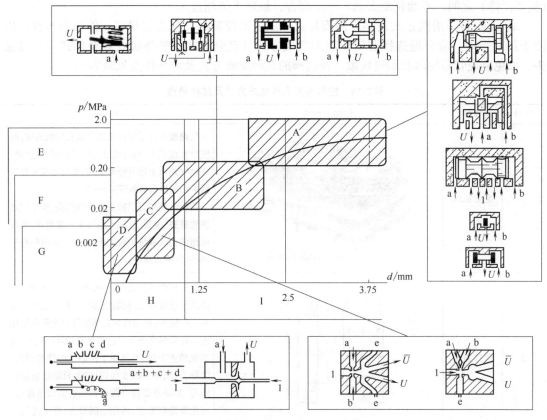

图7-11 各类气动逻辑控制元件的适用范围

A—高压逻辑阀；B—低压逻辑阀；C—射流元件；D—紊流元件；E—工业气压范围；

F—气动仪表气压范围；G—微压范围；H—特殊净化气源

④ 由于主控回路中气缸等大气容会造成延迟，故必要时采用"是门"元件进行隔离，以及增加流量放大元件。

⑤ 在使用中必须保证各类元件对工作条件的要求，提供合适的气源和环境条件。尽管高压逻辑控制阀对气源过滤要求不高，但最好使用过滤后的气源。

⑥ 对于有橡胶可动件的元件，必须与需要润滑的气动回路分开，即不要使用加入油雾的气源进入逻辑控制阀，以免橡胶件被污损。

⑦ 气源压力波动允许范围较大，通常达±20%，比其他气动元件扩大了约一倍。然而，在大于20%又以较高频率出现压力波动时，会影响系统的正常运转。气源的压力变化必须保障逻辑控制阀正常工作需要的气压范围和输出端切换时所需的切换压力。

⑧ 逻辑控制阀是一种大批量生产的外购元件。当使用中发现某个元件损坏时，应采取

更换的办法，除有资格的逻辑控制阀调试人员外，均不能修理后使用。因修理后的元件的性能参数难以保证，极易因匹配不好而出现误动作。

⑨ 系统及元件不宜在强烈振动下工作。

⑩ 应考虑气压信号在系统中的传播速度。逻辑控制阀的响应时间短，均在10ms以下，有的仅1~2ms，而气压信号在管道中的传输速度一般要大于元件响应时间许多倍。传输速度取决于管道的尺寸、长度和两端压力差，故应适当选取管径和尽可能短的长度，避免使脉冲信号切换元件。由于信号的传输有一定的延时，信号的发出点（例如行程开关）与接收点（例如元件）之间，不能相距太远。一般而言，最好不要超过几十米。

⑪ 无论是采用截止式还是采用膜片式高压逻辑控制阀，都要尽量将元件集中布置，以便于集中管理。应合理选择逻辑控制阀集成方式（剖分板式、整体板式和叠加式等）及接头，以免出现管路脱落和漏气现象。控制阀的几种集成方式及结构特点见表7-10。

表7-10　控制阀的几种集成方式及结构特点

序号	集成方式	结构示意图	特点
1	剖分板式	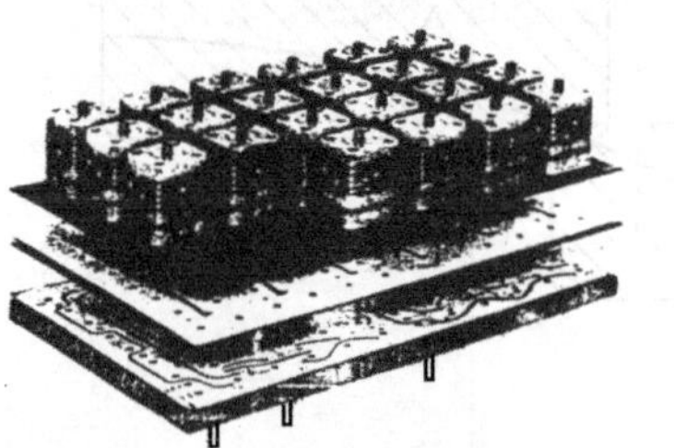 (a) 剖分式阀板集成	气路板用几层塑料板或金属板黏结而成，阀安装在面板上，阀与阀之间的气路联系（通道）通过气路板上的开槽来实现。系统中仅对外管路采用管接头和软管来连接。 这种气路板可以减少管道和接头，整个气动装置整齐、美观。其缺点是当工艺变更时，系统回路的更改和维护较困难，必须重新再制作气路板(开槽和黏结)
2	整体板式	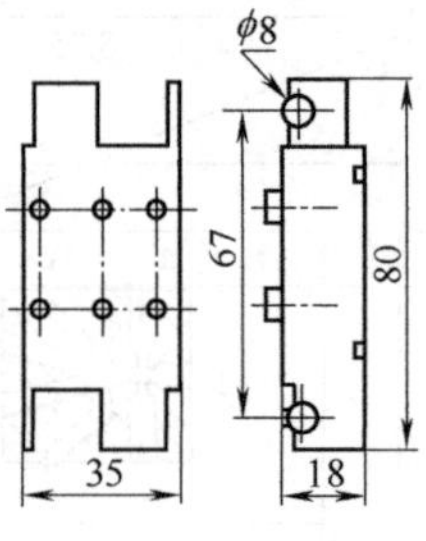 (b) 整体式安装底板	在底板管式集成方式中，阀安装在通用的整体式标准底板上，阀的全部气口都在底板上有相应的接头，通用底板之间的气口全部由通用连接件按规定的形式连接起来。不仅整个气动系统整齐美观，而且便于在调试中修改回路，维修方便，不需改变任何结构，只要注意接管即可。其缺点是所有气口都用接头管道连接，因此管路较复杂，占用空间较大，要求连接中不允许有一个接头或一段管道漏气
3	叠加式	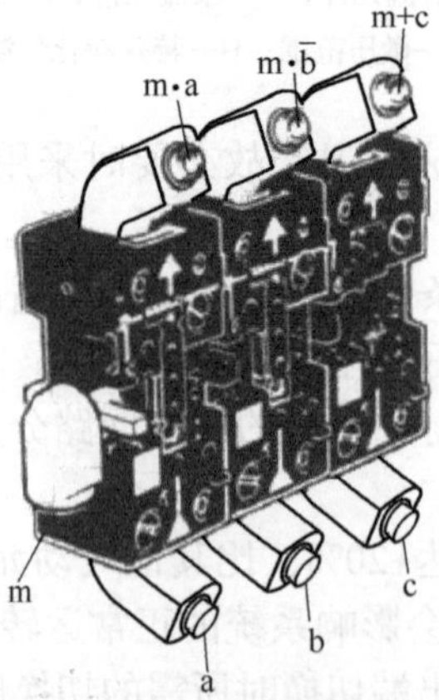 (c) 叠加式连接底板	叠加式集成有元件叠加集成和底板叠加式集成等两种集成方式。 叠加式集成将设计考虑极为周全的元件或通用底板，按一定的规则叠加组合起来，使系统的内部气路通道在叠加时对接起来，实现所谓无管连接；对外通路有预先考虑好的对外接头实现对外连接。 叠加式集成影响到全系列的元件和底板的结构和尺寸，因此必须统一考虑方能达到良好的效果。其优点是结构简单、尺寸小、连接整齐美观、工作可靠，并可直接与电子、电气元件统一安装在控制柜内

7.5 采用普通气动阀实现逻辑控制功能

除了用逻辑控制阀，采用普通气动阀（如滑阀式换向阀）进行适当组合也能实现逻辑控制功能，其回路见表7-11。

表7-11 由普通气动换向阀组成的逻辑控制基本回路

回路类型	简图	逻辑功能及表达式	真值表

是回路 — s=a

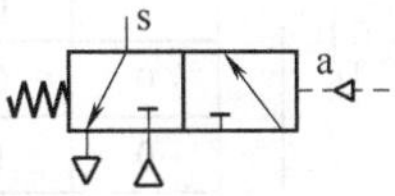

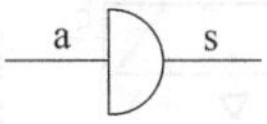

a	s
0	0
1	1

非回路 — s=ā

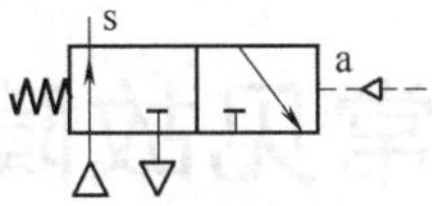

a	s
0	1
1	0

或回路 — s=a+b

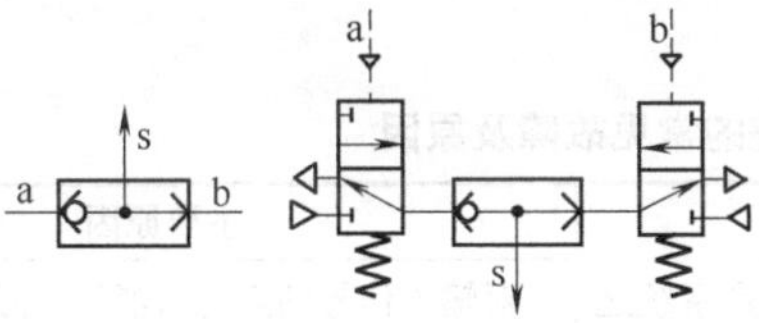

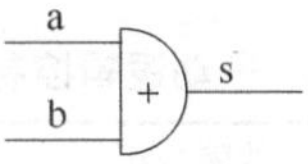

a	b	s
0	0	0
0	1	1
1	0	1
1	1	1

与回路 — s=a·b

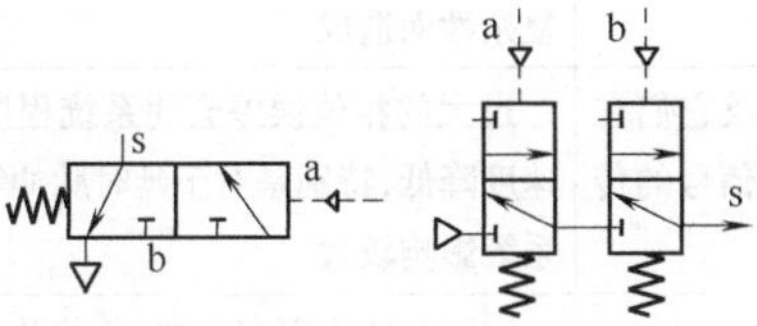

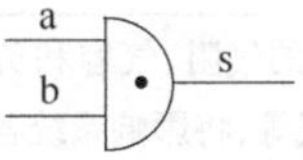

a	b	s
0	0	0
0	1	0
1	0	0
1	1	1

或非回路 — s=$\overline{a+b}$

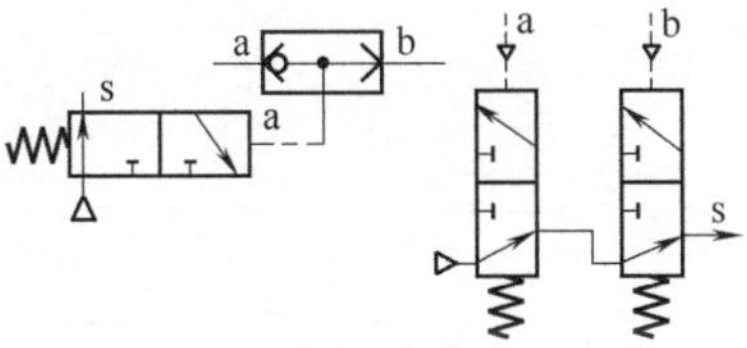

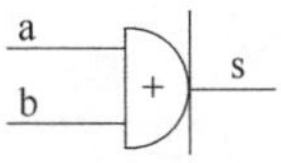

a	b	s
0	0	1
0	1	0
1	0	0
1	1	0

与非回路 — s=$\overline{a·b}$

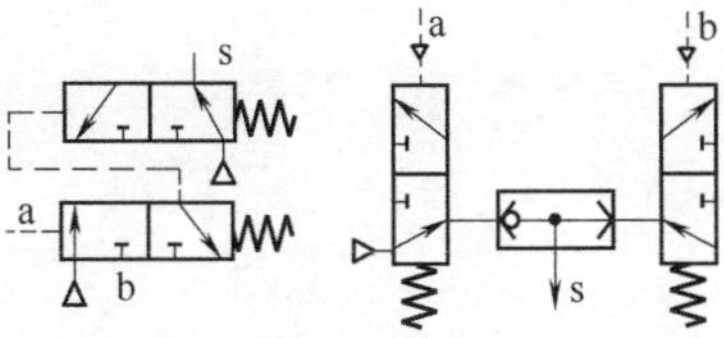

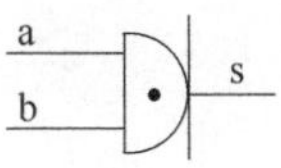

a	b	s
0	0	1
0	1	1
1	0	1
1	1	0

回路类型	简图	逻辑功能及表达式	真值表
禁回路	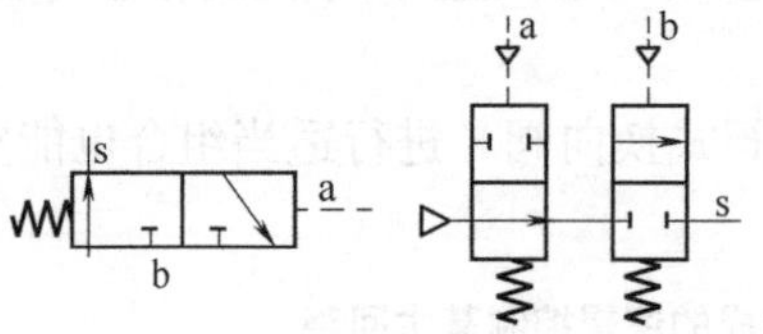	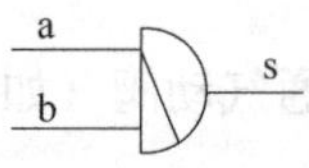 $s=\bar{a}\cdot b$	a b s 0 0 0 0 1 1 1 0 0 1 1 0
记忆回路	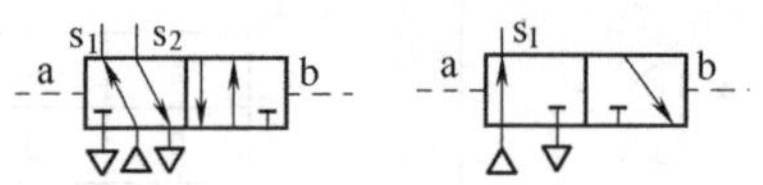 双稳　　单记忆	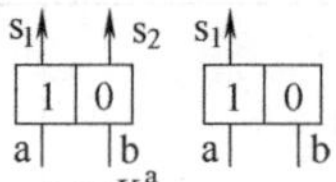 $s_1=K_b^a$ $s_2=K_a^b$	a b s_1 s_2 1 0 1 0 0 0 1 0 0 1 0 1 0 0 0 1

7.6 气动逻辑控制系统常见故障及原因（表7-12）

表7-12　气动逻辑控制系统的常见故障及原因

序号	故障现象	故障分析	主要原因
1	程序逻辑错误	系统不能满足设备运转的程序要求,这是系统运转中出现最多的一种故障形式	对输入信号的障碍未消除,导致程序紊乱或运转中断
2	互锁保护错误	系统不能满足设备的互锁、保护要求,特别是在复杂系统中,互锁、保护要求严格	因设计者考虑不周,或执行元件相互关系的复杂性而造成
3	信号传递失误	系统中实际存在的气阻、气容和负载以及它们在运行中的变化,漏气等,将影响系统各部位信号的传递速度和压力恢复,造成各信号的相位差	过大的相位误差会使系统程序紊乱或转换速度降低,特别是对于延时脉冲等阻容元件的系统影响较大
4	系统的竞争和振荡	设计中较难对可能发生的竞争和振荡进行判别	实际系统中阻容参数、负载及元件性能参数的匹配,对竞争是否发生具有决定性的影响

第8章
比例控制阀与伺服控制阀

气动比例控制阀与气动伺服控制阀是为适应现代工业自动化的发展，满足气动系统较高的响应速度、调节性能和控制精度的要求发展起来的控制元件，主要用于气动系统的连续控制。

8.1 气动比例阀

8.1.1 功用及类型

气动比例控制阀（下简称比例阀）是一种输出信号与输入信号成比例的气动控制阀，它可以按给定的输入信号连续成比例地控制气流的压力和流量等。由于比例阀具有压力补偿的性能，故其输出压力和流量等可不受负载变化的影响。

按输入信号不同，比例阀有气控式、机控式和电控式等类型，但在大多数实际应用中，输入信号为电控信号，故这里主要简介电-气比例控制阀（简称电-气比例阀）。电-气比例阀的输出压力、流量与输入的电压、电流信号成正比。在结构上，电-气比例阀通常由电气-机械转换器与气动放大器（由阀的先导级+功率级构成的主体部分）组成，有的比例阀还内置输出量检测反馈机构，从而组成闭环比例控制。电气-机械转换器的作用是将输入的电信号（指令信号）转换为驱动气动放大器工作的机械信号，气动放大器的输出是输送给执行元件的压力或流量。电气-机械转换器有电磁铁（输出位移）、压电晶体、力矩马达（输出转角）、力马达（输出转角）等形式。气动放大器有滑阀（滑柱或滑块）式、截止式和喷嘴-挡板式等。电-气比例阀的分类如图8-1所示。

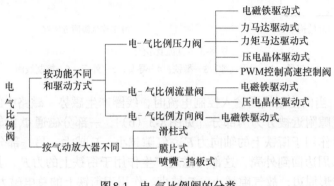

图8-1 电-气比例阀的分类

8.1.2　滑柱式电-气比例阀

（1）基本构成及原理

滑柱式电-气比例阀由比例电磁铁+气动放大器组合而成，其结构原理如图8-2所示。其

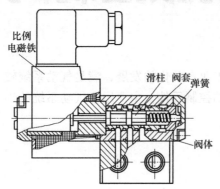

图8-2　电磁铁驱动的比例控制阀

动作原理如下：在比例电磁阀的电磁线圈中通入与阀芯机械行程大小相应的电流信号，产生与电流大小成比例的吸力，该吸力与阀的输出压力及弹簧力相平衡，达到调节控制阀的输出压力、阀口开度（流量）及气流方向的目的。

为了保证阀的输出特性，滑柱和阀套的配合间隙应尽量小；为了提高控制精度，专门的驱动器使滑柱做微小的低速振动，以消除卡死现象。此类阀的优点是结构简单、易于制造、动作灵敏（灵敏度达0.5%）、动作响应快（0.1~0.2s），线性度为3%；其缺点是电磁铁线圈电流较大（0.8~1A）。

① 电气-机械转换器：直流比例电磁铁。作为电-气比例阀的电气-机械转换器，直流比例电磁铁，用于实现电磁比例的电气-力转换。

a. 结构组成。如图8-3（a）所示为一种典型的直流比例电磁铁的结构原理，它由壳体、极靴、控制线圈、衔铁及推杆、导套等构成。其磁路（图中用虚线表示）经工作气隙2、衔铁3、径向非工作气隙、导套4、外壳5回到前端盖极靴1。由导磁材料制成的导套4分前后两段，中间用一段非导磁材料焊接成一体。导套前段的锥形端部与极靴组合，形成盆形极靴，其尺寸决定了比例电磁铁的稳态特性曲线的形状。导套与壳体之间装入同心螺线管式控制线圈6。

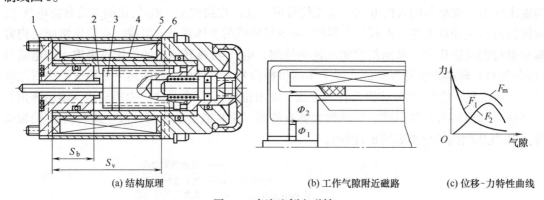

(a) 结构原理　　　　　　　　　　(b) 工作气隙附近磁路　　　(c) 位移-力特性曲线

图8-3　直流比例电磁铁

1—极靴；2—工作气隙；3—衔铁；4—导套；5—外壳；6—控制线圈

b. 工作原理。当向控制线圈输入控制电流时，线圈产生磁势。磁路中的磁通量除部分漏磁通外，在工作气隙附近被分为两部分［见图8-3（b）］，一部分磁通 Φ_1 沿轴向穿过气隙进入前端盖极靴，产生作用于衔铁上的轴向力 F_1。气隙越小，F_1 越大。另一部分磁通 Φ_2 则穿过径向间隙经盆口锥形周边回到外壳，这部分磁通产生作用于衔铁上的力 F_2，其方向基本与轴向平行，并且因是锥形周边，故气隙越小，F_2 越小。作用于衔铁上的总电磁力为

$$F_{\mathrm{m}} = F_1 + F_2 \tag{8-1}$$

通过对锥形结构尺寸的优化设计，使F_1和F_2受衔铁气隙大小的影响相互抵消，可以得到水平的位移-力特性曲线［见图8-3（c）］。但这种抵消作用仅在一定的气隙范围内有效。故一般直流比例电磁铁的位移-力特性分为吸合区、工作区和空行程区等三个区域。工作区域内的位移-力特性呈水平直线。应适当控制比例阀的轴向尺寸，使阀的稳态工作点落在该区域内。

c. 特点。直流比例电磁铁的优点是：结构简单，价格低廉、输出功率-质量比大等，是目前气动和液压控制技术中广泛应用的一种电气-机械转换器。直流比例电磁铁在气动比例控制元件中直接驱动气动放大器，构成单级比例阀。此类比例电磁铁的缺点是：频宽较窄，影响其响应特性，为此可通过减少控制线圈匝数、增大电流并采用带电流反馈的恒流型比例放大器等措施，提高其频宽。

d. 类型。常见的直流比例电磁铁有力输出和位移输出两大类。后者是在前者基础上采取衔铁位移电反馈或弹簧力反馈，获得与输入信号成比例的位移量。

表8-1所列为几类国产直流比例电磁铁的性能参数，其外形安装连接尺寸见图8-4。

表8-1　几类国产直流比例电磁铁的性能参数及外形安装连接尺寸

技术参数		BED-G035-ZA	BED-G045-ZA	BED-G060-ZA	BED-G045-ZA$_3$	WBED-G045-ZA	WBED-G045-ZA$_3$
输出量		力	力	力	力	位移	位移
额定电压/V		DC24					
额定电流/A		0.7	0.8	1.1	1.6	1.8	1.6
额定输出力/N		55	70	145	70	70	70
工作行程/mm		2+2	3+3	4+4	3+3	3	3
频宽/Hz		35	25	24	85	20	60
配套放大器		BMXH-1X	BMXH-1X	BMXH-1X	BKT-1X	BMXH-1X	BKT-1X
外形安装连接尺寸/mm	A	35	45	60	45	45	45
	B	67	80	100	80	155	155
	C	28	35.4	48	35.4	35.4	35.4
	D	M4	M5	M6	M5	M5	M5
生产厂代号		①②③	①②③	①②③		①	

注：1. 开发单位：浙江大学流体传动及控制研究所。

2. 生产厂：①无锡大力电器厂；②上海机床电器三厂；③天津机床电器二厂。

3. 表中额定输出力为额定电压DC 24V时的数值。

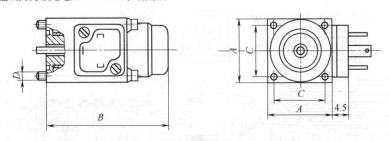

图8-4　国产直流比例电磁铁外形安装图（尺寸见表8-1）

② 气动放大器。上述比例阀可以制成比例压力阀、比例流量阀和比例方向阀之一，它们的气动放大器即滑柱结构各有不同。

a.比例压力阀。其结构原理如图8-5所示，在阀的输出口A有一条反馈管路通至滑柱左端，电磁铁的吸力与输出压力之间的关系决定了滑柱的行程位置，图中F_s为电磁吸力；F_p为

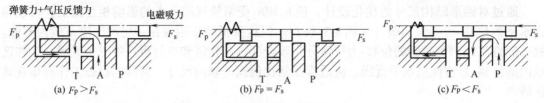

图8-5 电-气比例压力阀的结构原理

输出反馈压力作用在滑柱上的力与弹簧力之和。

b. 比例流量阀。其结构原理如图8-6所示。在阀的滑柱左端设置了弹簧，用于平衡与滑柱行程成比例的电磁吸力。这样，通过电磁线圈中输入电流大小就决定了阀的输出口开度，即输出流量的大小。当做比例流量阀时，既可做二通阀，也可做三通阀。做二通阀时，排气口T堵死；做三通阀时，可控制排气口T的流量。

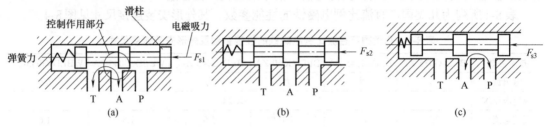

图8-6 电-气比例流量阀的结构原理

$$(F_{s1} < F_{s2} < F_{s3})$$

（2）典型结构之一：滑柱式电-气比例方向节流阀

流量式四通或五通比例控制阀可以控制气动执行元件的双向运动速度。此类阀的典型结构之一如图8-7所示，它由直流比例电磁铁1、阀芯（滑柱）2、阀套3、阀体4、位移传感器5和控制放大器6等部分组成。采用电感式原理的位移传感器的作用是，检测比例电磁铁的衔铁位移并将其线性地转换为反馈电压信号输出。控制放大器主要有三个作用：一是将位移传感器的反馈输出信号 U_f 进行放大；二是比较指令信号 U_e 和位移反馈信号 U_f，得到两者的差值 ΔU；三是对 ΔU 进行放大，并转换为电流信号 I。此外，控制放大器还含有对反馈信号 U_f 和电压差 ΔU 的处理环节（例如状态反馈控制和PID调节等），以改善比例方向阀的性能。

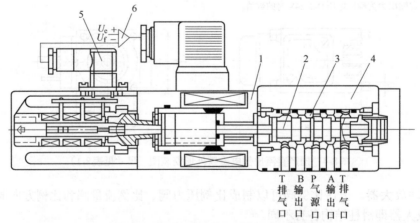

图8-7 电-气比例方向节流阀的结构原理

1—直流比例电磁铁；2—滑阀阀芯；3—阀套；4—阀体；5—位移反馈器；6—控制放大器

如图8-7所示，带反馈的电-气比例方向节流阀的工作原理为：在初始状态，控制放大器的指令信号$U_e=0$，阀芯处于零位，此时气源口P与工作输出气口A、B及排气口T均切断，阀无流量输出。同时位移传感器的反馈电压$U_f=0$。

　　若阀芯受到某种干扰而偏离调定的零位，位移传感器将输出一定的电压U_f，控制放大器将得到的$\Delta U=-U_f$，放大后输出电流给比例电磁铁，电磁铁产生的推力迫使阀芯回到零位。若指令信号$U_e>0$，则电压差ΔU增大，使控制放大器的输出电流增大，比例电磁铁的输出推力也增大，推动阀芯右移。而阀芯的右移又引起反馈电压U_f增大，直至U_f与指令电压U_e基本相等，阀芯达到力平衡。此时

$$U_e = U_f = K_f x \tag{8-2}$$

　　式中，K_f为位移传感器增益。

　　该式表明，阀芯位移x与输入信号U_e成正比。若指令电压信号$U_e<0$，通过上式类似的反馈调节过程，使阀芯左移一定距离。

　　阀芯右移时，气源口P→A口连通，B口→排气口T连通。节流口开口量（也称开度）随阀芯位移增大而增大。上述工作原理说明带位移反馈的方向节流阀的气流方向及节流口开口量均受输入电压U_e的线性控制。

　　此类阀具有线性度好、滞环小和动态响应性能高的优点。浙江大学开发的DQBF-25-06-112型比例方向阀即为此种结构（滑阀式、带直流比例电磁铁、位移电反馈、有效通径6mm），如图8-8所示是其安装连接尺寸图。

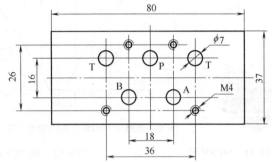

图8-8　电气比例方向节流阀安装连接尺寸图

　　（3）典型结构之二：滑柱式电-气比例方向流量阀

　　图8-9为一种三位五通常闭型电-气比例方向流量阀，其气动放大器由滑柱式位置控制阀芯及阀体组成，采用电气驱动，机械弹簧复位。它在改变气缸等执行元件运动方向的同时，控制排气流量调节速度（故又可称之为电-气比例方向流量阀）；还可将电子元件的模拟输入信号转换成阀输出口相应的开口大小，并与外部位置控制器和位移传感器相组合，可形成一个精确的闭环气动定位系统。

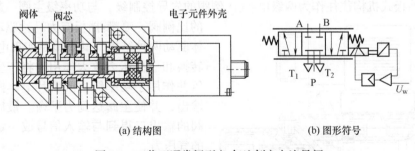

(a) 结构图　　　　　　　(b) 图形符号

图8-9　三位五通常闭型电-气比例方向流量阀

　　如图8-10所示，此类比例方向阀具有以下特性：可快速切换设定流量，通过提高气缸的速度缩短设备作业（装配、抓取和家具作业等）的循环时间；可根据工作过程的需要灵活调节气缸的速度，具有各种独立的加速梯度（对于汽车、传送、测试工程等精密工件及物品，可缓慢地接近终端位置）；动态性强且可快速改变流量，可实现气动定位及软停止。

　　费斯托（中国）有限公司生产的MPYE系列电-气比例方向阀即为此种结构，其实物外

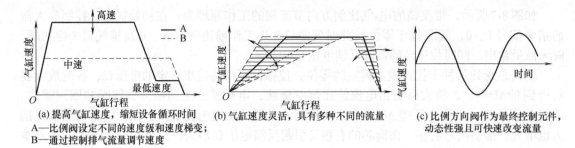

(a) 提高气缸速度，缩短设备循环时间
A—比例阀设定不同的速度级和速度梯变；
B—通过控制排气流量调节速度

(b) 气缸速度灵活，具有多种不同的流量

(c) 比例方向阀作为最终控制元件，动态性强且可快速改变流量

图8-10　三位五通电-气比例方向阀的特性

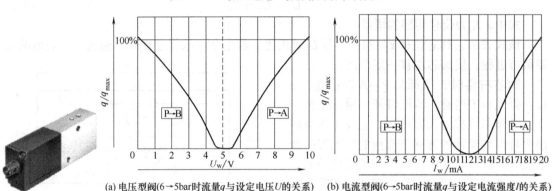

(a) 电压型阀(6→5bar时流量q与设定电压U的关系)

(b) 电流型阀(6→5bar时流量q与设定电流强度I的关系)

图8-11　MPEY系列电-气比例方向阀〔费斯托（中国）有限公司产品〕

图8-12　电-气比例方向阀流量与设定值的关系曲线

形如图8-11所示，其技术参数列于表8-3中，其流量与设定值的关系曲线如图8-12所示。

8.1.3　喷嘴-挡板式电-气比例压力阀

（1）基本构成及原理

喷嘴-挡板式机构往往作为两级电-气比例阀的先导控制级，与功率级主阀一起构成完整的比例阀。喷嘴-挡板有力马达驱动和压电晶体驱动两种结构，其功能是实现电-气信号的转换和一次压力放大作用，将产生的先导气压并作用于功率级主阀膜片上，操纵主阀的输出，并使主阀达到力平衡。最后，在整个阀的输出口得到与输入信号成一定比例关系的气压力。

1）电气-机械转换器

① 力马达。力马达有动铁式和动圈式两种。

a. 动铁式力马达。图8-13为动铁式力马达的结构原理。它采用了左右对称的平头盆形动铁式结构，由壳体1（软磁材料制成），轭铁2，

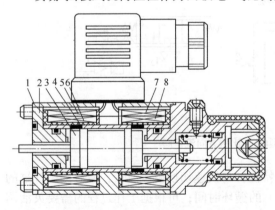

图8-13　动铁式力马达的结构原理
1—壳体；2—轭铁；3—衔铁；4—导向套；
5，7—励磁线圈；6，8—控制线圈

衔铁3，带隔磁环的导向套4，励磁线圈5、7及控制线圈6、8等组成。两励磁线圈极性相同互相串联连接；两控制线圈极性相反互相串联或并联。

工作原理如下：工作时，两极性相同的励磁线圈由恒流电源供给励磁电流产生极化磁通。因左右磁路对称，极化磁通对衔铁的作用合力为零。

当极性相反的两控制线圈输入控制电流后，产生控制磁通，其方向和大小由输入电流的极性和大小确定。该磁通与极化磁通共同作用于衔铁，在左右工作气隙内产生差动效应，使衔铁得到输出力。由于采用励磁线圈和特殊的盆口尺寸，保证了输出力可双向连续控制，无零位死区。力马达的控制增益随励磁电流大小而变，便于控制和调节。

动铁式力马达具有驱动功率大、固有频率高等优点，可以输出推力或拉力，是一种理想的电气-机械转换器。

表8-2所列为几类国产动铁式力马达的技术参数外形安装连接尺寸。

表8-2　几类国产动铁式力马达的技术参数外形安装连接尺寸

技术参数		DBED-G035ZA	BED-G045-ZA	BED-G060-ZA
输出量		力	力	力
额定电压/V		24		
额定电流/A		0.7	0.7	1
额定输出力/N		35	60	100
工作行程/mm		0.8	1.2	2
频宽/Hz		120	80	40
配套放大器		BMXH-21L		
外形安装连接尺寸/mm	A	35	45	60
	B	80	100	120
	C	28	35.4	48
	D	M4	M5	M6

注：1. 开发单位：浙江大学流体传动及控制研究所。

2. 生产厂：无锡大力电器厂。

3. 表中额定输出力为额定电压24V时的数值。

b. 动圈式力马达。图8-14为典型的动圈式力马达结构原理。该力马达由永久磁铁1、导磁架2、线圈架3、控制线圈4等组成。

永久磁铁产生的磁路如图中虚线所示，它在工作气隙中形成径向磁通，载流控制线圈的电流方向与极化磁通方向垂直。磁场对线圈的作用力F_m与输入电流成正比。

动圈式力马达具有结构尺寸紧凑、线性行程范围大、线性度好、滞环小、工作频宽较宽等优点，其缺点是输出功率较小。由于它适用于干式工作环境，故在气动控制中应用较为普遍，可作为两级阀的先导级或小功率单级阀的电气-机械转换器。

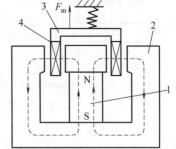

图8-14　动圈式力马达的结构原理
1—永久磁铁；2—导磁架；3—线圈架；4—控制线圈

② 压电晶体。将压电晶体作为电-气比例阀的电气-机械转换器，是一项不同于传统气动阀的全新技术。

压电晶体是利用晶体管的正压电效应：对于晶体构造中不存在对称中心的异极晶体，如加在晶体上的张紧力、压应力或切应力，除了产生相应的变形外，还将在晶体中诱发出介电极化或电场，这一现象称为正压电效应；反之，若在这种晶体上施加电场，从而使该晶体产生电极化，则晶体也将同时出现应变或应力，这就是逆压电效应。两者通称为压电效应。利用逆压电效应原理，在晶体上给予一定的电压，晶体也将按一定线性化比例产生形变。

如图 8-15 所示为压电晶体驱动的一种微型二位三通换向阀结构原理，阀中间的弯曲部件为由压电材料制成的压电阀片。当压电阀片无外加控制电场作用时，阀处于图（a）所示的状态，进气口 1 关闭，输出口 2 经排气口 3 通大气；当在压电阀片外加控制电场后，压电阀片产生变形上翘［图（b）］，排气口 3 被压电阀片关闭，同时进气口 1 和输出口 2 经连通，这样就实现了二位三通电磁换向阀的功能。

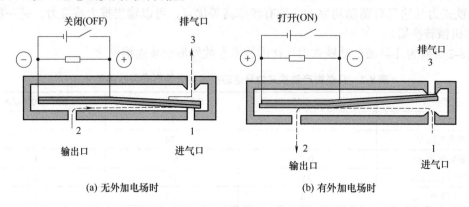

(a) 无外加电场时　　　　　　　　(b) 有外加电场时

图 8-15　压电晶体驱动的微型阀结构原理

显然，如果向压电阀片施加连续可变的电场，则阀口阻力及开度就可连续变化，从而实现气流压力或流量的比例变化，构成压电晶体驱动的电-气比例阀。

2）气动放大器

气动放大器为喷嘴-挡板式机构。图 8-16 为喷嘴-挡板机构的工作原理。机构由固定节流孔及喷嘴挡板构成的可变节流器组成。其工作原理是，稳定的气压源流经固定节流孔到喷嘴的背压腔室，再从喷嘴流入大气。在一定的结构参数和气源压力 p 的作用下，喷嘴的背压（先导气压）p_0 是随挡板和喷嘴之间的间隙而变化的，操纵挡板的位移就可控制背压 p_0 的大小。在比例控制阀中，挡板的位移可由前述力马达或压电晶体驱动。这样喷嘴-挡板机构就实现了电-气信号的转换和一次压力放大。为保证喷嘴-挡板机构有足够的控制精度，所使用的气源压力必须考虑用内部先导控制的精密减压阀（见第 4 章）供给。

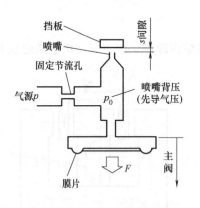

图 8-16　喷嘴-挡板机构的工作原理

（2）典型结构之一：力马达驱动的喷嘴-挡板式电-气比例阀

图 8-17（a）、（b）为力马达驱动的电-气比例阀的结构图和图形符号。图（a）中的可动电磁线圈作为电气-力的转换机构，其作用是在力马达中产生一个与输入电信号成比例的力。图 8-17（c）为力马达的结构原理，如前所述，当可动电磁线圈中有直流电流通过时，将在线圈上产生一个垂直于铁芯气隙间的磁力线方向的力。当电磁线圈匝数一定时，作用在线圈上的力与线圈中流过的电流成比例。

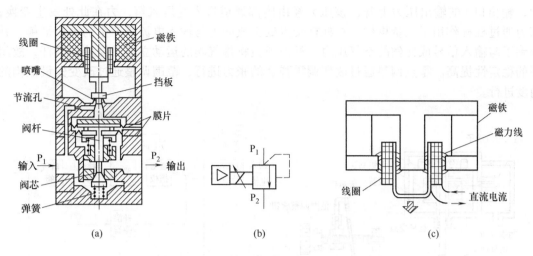

图8-17 力马达驱动的喷嘴-挡板式电-气比例阀

如图8-17（a）所示，当可动电磁线圈中输入一定的直流电流信号后，在力马达中就产生了一个与输入电信号成比例的力，可带动可动线圈和挡板产生相应的位移，使作为第一级气动放大器的喷嘴的背压p_0增高，即作用在作为第二级气动放大器的主阀膜片组件上的控制气压增加，推动阀杆下移，进气阀口开启，控制阀有气压p_2输出。当控制阀达到平衡时，阀的输出气压与输入的直流电流成线性比例关系。如图8-18所示为阀的特性曲线。

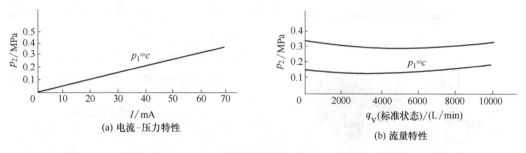

图8-18 力马达驱动的喷嘴-挡板式电-气比例阀特性曲线
p_1—喷嘴-挡板机构气源压力；p_2—阀的输出压力

力马达驱动的喷嘴-挡板式压力比例控制阀的特点是，驱动的输入电流较小（20mA），不需要专用的控制器，控制阀的控制精度为1.5%（满量程），响应时间为0.6s，适用于中等控制精度和一般动态响应的控制场合。

（3）典型结构之二：力矩马达驱动的喷嘴-挡板式电-气比例转换器（闭环控制电-气比例压力阀）

电-气转换器是将电信号按比例转换成气压信号输出的元件，实质上就是电-气比例压力阀。如图8-19（a）、（b）所示分别为一种典型的由力矩马达驱动的喷嘴-挡板式电-气比例转换器（SMC公司IT系列产品）结构原理图和原理方块图，它由力矩马达、喷嘴-挡板机构、先导阀及受压风箱和杠杆（反馈机构）等部分组成，是一个带反馈的闭环控制元件（闭环控制电-气比例压力阀），它可用图8-19（c）所示的图形符号进行表示，其实物外形见图8-19（d）。其工作原理如下：当输入电流增大时，力矩马达的转子受到顺时针方向回转的力矩，将挡板向左方推压，喷嘴舌片因此而分开，喷嘴背压下降；于是，先导阀的排气阀向左方移动，输出口1的输出压力上升；该压力经由内部通道进入受压风箱，力在此处发生变换；该力通过杠杆作用于矢量机构，在杠杆交点处生成的力与输入电流所产生的力相平衡，并得到了与输入信号成比例的空气压力。补偿弹簧将排气阀的运动立刻反馈给挡板杆，故闭环的稳定性提高。零点调整通过改变调零弹簧的张力进行，范围调整通过改变矢量机构的角度进行。

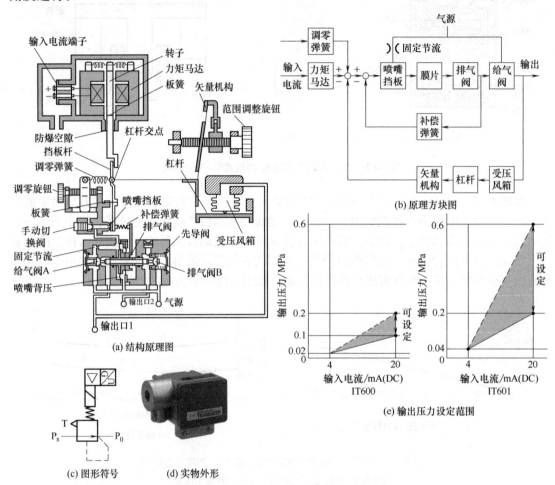

图8-19　力矩马达驱动的喷嘴-挡板式电-气比例转换器（电-气比例压力阀）

该电-气转换器是一闭环控制元件，可输出与输入电流信号成比例的空气压力［见图8-19（e）］，输出范围广（0.02~0.6MPa），按输出气信号的压力可为高压（>0.1MPa）、中压（0.01~0.1MPa）和低压（<0.01MPa）三种，可通过范围调整自由设定最大压力。可作为有关气动元件的输入压力信号使用。先导阀容量大，故可得到较大流量。当直接操作驱动部分或对有大容量储气罐的内压进行加压控制时，响应性优异。该元件耐压防爆（防火花），即使在易发生爆炸、火灾的场所，也可将主体外壳卸下进行范围调整、零点调整及点检整备。平滑的范围调整采用矢量机构，其性能参数见表8-3。

（4）典型结构之三：压电晶体驱动的喷嘴-挡板式电-气比例压力阀

图8-20（a）为压电晶体驱动的喷嘴-挡板式电-气比例压力阀，压电晶体4作为喷嘴-挡板机构中的挡板。在压电晶体上加了外加电压后，压电晶体（挡板）就产生位移。另外，阀的内部设置了半导体压力传感器8，用以检测阀的输出压力，进行反馈控制。因此这也是一个闭环

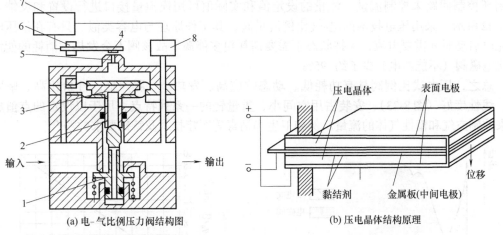

(a) 电-气比例压力阀结构图　　　　　(b) 压电晶体结构原理

图 8-20　压电晶体驱动的喷嘴-挡板式电-气比例压力阀

1—主阀；2—排气阀；3—膜片组件；4—挡板；5—喷嘴；6—压电晶体；7—控制回路；8—压力传感器

控制元件，其图形符号参见图 8-19（c）。

如图 8-20（b）所示为压电晶体的结构原理。如前所述，压电晶体元件是一种可逆换能器，可实现电能和机械能的正反向互相转换。其工作原理为：当把压电晶体元件置于电场中，其几何尺寸即发生变化，这种由外电场作用导致物质机械变形的现象又称为电致伸缩现象。其结构为在一块极薄的金属板的两面黏结了压电晶体。在压电晶体的两个工作面上有金属真空喷镀形成的金属膜，构成两个电极。电极的一端固定，连成并联电路。当外加电压时，产生上侧晶体伸长，下侧晶体收缩的机械变形，则在压电晶体固定端产生向下的位移。这种利用压电晶体元件通过外加电压获得机械位移的方法，与一般利用电磁力产生振动的方法比较，其结构小巧、无电磁噪声及发热现象。

压电晶体驱动的电-气比例压力阀的工作原理框图如图 8-21 所示，其本身即为一个反馈控制系统。控制阀的输出压力由压力传感器检测，变换为电信号，与给定输入信号相比较产生偏差信号，使压电晶体元件（挡板）产生相应位移，阀的动作过程与力马达驱动的比例压力阀相同，喷嘴-挡板机构背压 p_0 的大小决定了阀的输出压力大小，直到阀的输出压力达到给定的输出压力，输入控制回路稳定的压力。

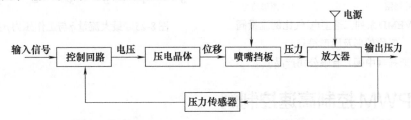

图 8-21　压电晶体驱动的喷嘴-挡板式电-气比例压力阀的工作原理框图

这种压电晶体驱动的电-气比例压力阀因采用了闭环反馈控制，控制精度可高达 0.5%（满量程），适用于要求精度高、迟滞小的压力控制系统。

8.1.4　采用压电驱动器的电-气比例流量阀

采用压电驱动器的电-气比例流量阀，驱动器为压电陶瓷，它可通过带集成温度传感器的闭环控制回路来控制流量，流量的设定值和实际值可用模拟量接口进行设置和反馈。如图 8-22 所示，采用压电技术的电-气比例流量阀，其工作原理与电容类似，只有在给压电陶瓷充电启动时才需要电流，保持状态不需要消耗更多能源。故该阀不会发热，消耗的能源也要比电磁阀（不能断电）少了约 95%。

总之，压电式比例阀具有功耗低、动态响应高、发热小、噪声低、性价比高、坚固耐用、线性度好（图 8-23）、安装占用空间小、重量轻的一系列特点，用于以设定的点值成比例来控制空气和惰性气体的流量。例如卫生和消毒等医疗技术及特殊要求的场合。

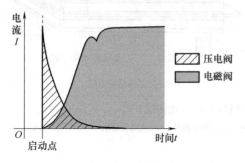

图 8-22　压电式电-气比例流量阀电流特性

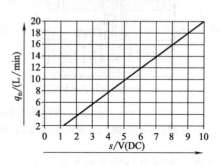

图 8-23　流量 q_n-设定电压 s 关系曲线

费斯托（中国）有限公司生产的 VEMD 系列二通型电-气比例流量阀即为此类阀，其实物外形及图形符号如图 8-24 所示，其技术参数列于表 8-3 中。在室温下，其最大流量与工作压力关系如图 8-25 所示。

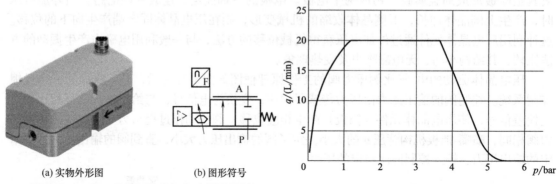

(a) 实物外形图　　　(b) 图形符号

图 8-24　VEMD 系列二通型电-气比例流量阀
实物外形及图形符号
［费斯托（中国）有限公司产品］

图 8-25　最大流量 q 与工作压力 p 的关系

8.1.5　PWM 控制高速控制阀

图 8-26 为一种 PWM 控制的高速压力控制阀结构原理图，它由两只常断式二位二通电磁阀 19（供气、排气用）、先导式调压阀（膜片式先导阀和给气阀 5、排气阀 6）、过滤器 18、压力传感器（图中未画出）、控制电路（调制控制放大器，电路的功能包括压力信号的放大、开关阀电磁铁的驱动电路及压力显示等）等构成，通过压力传感器构成输出压力的闭环控制。阀的工作原理可借助图 8-27（a）来说明。

电磁阀 1 和 2 通断由控制回路（调制控制器）发出的电脉冲调制信号控制其通、断，电磁阀 1 接通（ON）时电磁阀 2 断开（OFF），电磁阀 1 断开（OFF）时电磁阀 2 接通（ON）。

当输入电信号增大时，供给压力 p_s 通过阀 1 输出的气脉冲信号作用在先导室 3，使先导室内压力上升而作用在膜片 4 上面，进行压力、流量的放大输出。即与膜片联动的调压阀中的给气阀 5 打开，一部分供气压力 p_s 成为输出压力 p_o，另一部分经排气阀的 T 口溢流至大气；同时，经阀 1 和 2 调制放大后的输出压力通过压力传感器 7 检测反馈至控制回路 8 输入端，与输入信号（设定信号）进行比较并用得出的偏差进行 PWM 脉冲宽度调制（修正动作），操作电磁阀进气和排气以进行压力补偿，直到输出压力与输入信号成比例，因此会得到与输入信号成比例的输出压力（图 8-28）。如图 8-27（b）所示的原理框图反映和表达了压力的上述自动控制过程。SMC（中国）有限公司的 ITV 系列产品即为此种结构，其实物外形如图 8-29（b）所示，其技术参数列于表 8-3 中，这类比例阀可通过控制气缸用于小型水位调节阀的操作、物料张力控制、滚轮压力控制及冷却液供应控制等，如图 8-30 所示是其一应用回路。

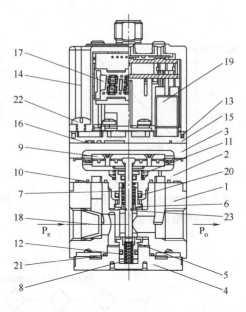

图 8-26 PWM控制的高速压力控制阀

1—阀体；2—中间阀体；3—盖；4—阀芯导套；5—供气阀；6—排气阀，7, 8—阀弹簧；9—膜片组件；10, 13, 16—密封圈；11—偏置弹簧；12, 20, 21—O形圈；14—壳组件；15—底板；17—控制回路组件；18—过滤器；19—二位二通电磁阀；22—十字槽小螺钉；23—弹簧

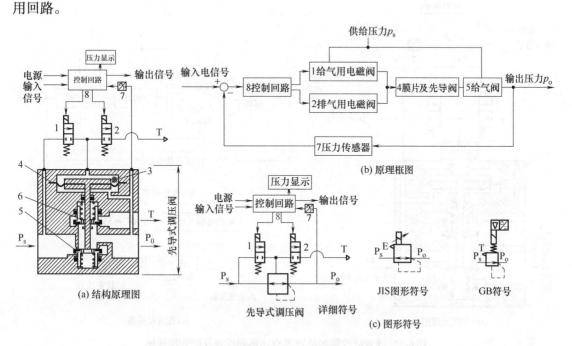

图 8-27 PWM控制的高速压力控制阀原理及图形符号

1—给气用电磁阀；2—排气用电磁阀；3—先导室；4—膜片；5—给气阀；6—排气阀；7—压力传感器；8—控制电路（放大器）

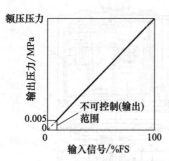

图 8-28　PWM控制的高速压
力控制阀输入输出特性曲线

(a) VMP系列电气比例阀
[牧气精密工业(深圳)有限公司产品]

(b) ITV系列电气比例阀
[SMC(中国)有限公司产品]

图 8-29　PWM控制的高速压力控制阀实物外形图

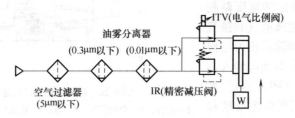

图 8-30　PWM控制的高速压力控制阀的应用回路

　　由如图8-26所示比例压力阀派生出的电子式真空比例阀的结构原理，如图8-31（a）所示，它由真空用和大气压用电磁阀、膜片式先导阀、真空压阀、大气压阀、压力传感器、控制电路（放大器）及压力显示等部分复合而成，通过压力传感器构成输出真空压力的闭环控

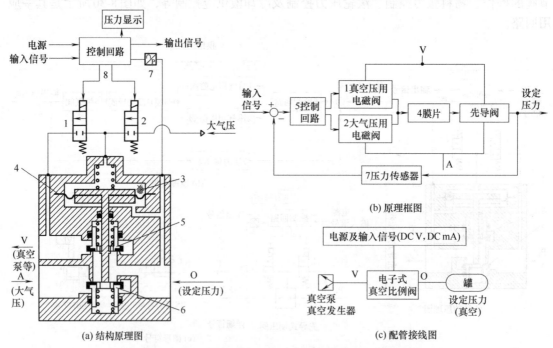

图 8-31　PWM控制的高速真空比例阀原理及配管接线图
1—真空用电磁阀；2—大气压用电磁阀；3—先导室；4—膜片；5—真空压阀芯；
6—大气压阀芯；7—压力传感器；8—控制电路（放大器）

制。阀的工作原理说明如下。

电磁阀1和2通断由控制回路（调制控制器）发出的电脉冲调制信号控制，电磁阀1接通时电磁阀2断开，电磁阀1断开时电磁阀2接通。当输入电信号增大时，则真空压用电磁阀1接通，大气压用电磁阀2断开。由此，通过V和先导室3，使先导室的压力变为负压，作用在膜片4上面。因此，与膜片4联动的真空阀芯5打开，V口与O口接通，设定压力变为负压。此负压通过压力传感器7反馈至控制回路8，与输入信号进行比较并用得出的偏差进行PWM脉冲宽度调制（修正动作），直到真空压力与输入信号成比例，因此会得到与输入信号成比例的真空压力。图8-31（b）所示的原理框图反映和表达了真空压力的上述自动控制过程。SMC（中国）有限公司的ITV209系列产品即为此种结构，其实物外形与图8-29（b）所示的类似，其技术参数一并列于表8-3中。

8.1.6 电-气比例阀的性能参数

电-气比例阀的性能参数有配管通径、供给压力及设定压力、供电电源、输入信号及输出信号（电流或电压）、线性、迟滞、重复性、灵敏度、频率等，其具体数值因产品系列型号不同而异。

8.1.7 电-气比例阀的使用维护

电-气比例阀的使用维护及故障诊断请参照8.5节和生产厂产品使用说明书。

8.2 气动伺服阀

8.2.1 功用及分类

（1）功用及构成

气动伺服阀也是一种输出量与输入信号成比例的气动控制阀，它可以按给定的输入信号连续成比例地控制气流的压力、流量和方向等。与气动比例阀相比，除了在结构上有差异外，主要在于伺服阀具有很高的动态响应和静态性能，但其价格及使用维护要求也较高。

在大多数实际应用中，气动伺服阀的输入信号为电气信号，即电-气伺服控制阀（简称电-气伺服阀），这种阀的输出压力、流量与输入的电压、电流信号成正比。在结构上，电-气伺服阀通常也由电气-机械转换器、气动放大器（阀的主体部分含先导级和功率级）与检测反馈机构等三部分组成，其构成原理框图如图8-32所示，其中电气-机械转换器的功能是将阀的输入电信号转换为机械信号（例如位移）；气动放大器的功能是对功率信号进行放大并以流量和

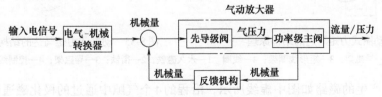

图8-32 电-气伺服阀的组成及原理框图

压力形式输出给气动执行元件（例如气缸），功率级主阀的动作由反馈机构（例如弹簧杆）检测并反馈至输入端与电气-机械转换器的输出信号进行比较，得出的偏差去修正气动放大器输出，直至输出信号与输入信号相平衡。

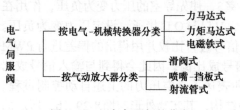

图 8-33　电-气伺服阀的分类

（2）分类

电-气伺服阀的分类如图 8-33 所示，按电气-机械转换器分类中的力马达和力矩马达式应用较多；按气动放大器分类中的喷嘴-挡板式和射流管式多用于两级阀中的第一级（又称先导级或前置级），而滑阀式既可作为第一级，也可作为第二级，但多用于第二级（功率级）。

8.2.2　电气-机械转换器结构原理

电磁铁、力马达的结构原理及类型已在 8.1 节进行了介绍，此处不再赘述。这里仅对力矩马达进行介绍。

力矩马达有动圈式和动铁式两种，作用都是将电气信号转变为机械信号，驱动气动放大器工作。

（1）动圈式力矩马达

如图 8-34 所示为动圈式力矩马达的结构原理。它是由永久磁铁 1、导磁架 2、矩形线圈架 3、线圈 4 等组成。动圈式力矩马达的工作原理与动圈式力马达基本相似。

永久磁铁产生的磁路如图中虚线表示，它在工作气隙中形成磁场，磁场方向如图所示。载流控制线圈的电流方向与磁场强度方向垂直，同时矩形线圈与转动轴相平行的两侧边 a 和 b 上的电流方向又相反，磁场对线圈（气动放大器与之相连）产生力矩，其方向遵守左手定则。

（2）动铁式力矩马达

图 8-35 为动铁式力矩马达的结构原理，它由永久磁铁 1、衔铁 2、导磁架 3、控制线圈 4、扭簧支架 5 等组成。力矩马达的工作原理如下。

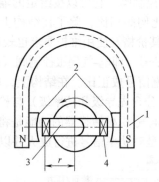

图 8-34　动圈式力矩马达的结构原理

1—永久磁铁；2—导磁架；3—矩形线圈架；4—线圈

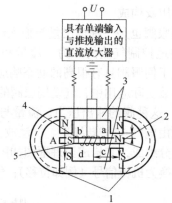

图 8-35　动铁式力矩马达的结构原理

1—永久磁铁；2—衔铁；3—导磁架；4—控制线圈；5—扭簧支架

永久磁铁产生的磁路如图中虚线所示，沿程的 4 个气隙中通过的极化磁通量相同。当控制线圈无电流信号输入时，衔铁由扭簧支承在上、下导磁架（也称导磁体）的中间位置，力矩马达无力矩输出。

当有差动电流信号输入时，控制线圈产生控制磁通 Φ_c。若控制磁场和永久磁铁的极化磁场如图所示，则气隙 b、c 中的控制磁通和极化磁通方向相同，而在气隙 a、d 中方向相反。因此，气隙 b、c 中的合成磁通大于气隙 a、d 中的合成磁通，衔铁受到顺时针方向的磁力矩。当差动电流方向相反时，衔铁受到逆时针方向的磁力矩。即改变和调节差动电流的极性与大小，就改变和调节了力矩方向及大小。

动铁式力矩马达的稳定性和线性度受有效工作行程与工作气隙长度之比值影响较大。

8.2.3 气动放大器的结构原理

（1）喷嘴-挡板阀

按喷嘴数量，喷嘴-挡板阀有单喷嘴和双喷嘴两种，如图8-36所示，挡板可由力马达或力矩马达等驱动。按喷嘴结构形式不同，可分为锐边型和平端型两种喷嘴-挡板阀，如图8-37所示。前者的控制作用是靠喷嘴出口的锐边与挡板之间形成的环形面积（节流口）来实现的，阀的特性较为稳定，但制造困难；后者的喷嘴制成有一定出口外径的平端，当喷嘴的平端不大时，阀的特性与锐边型阀基本一样，性能也较为稳定，其缺点是加大了作用在挡板上的力，且这个力难以精确计算。

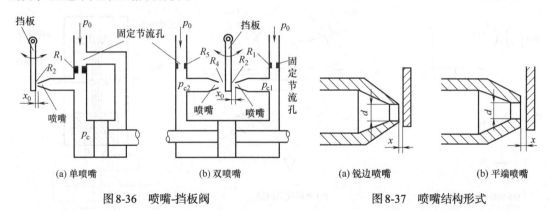

图8-36　喷嘴-挡板阀　　　　　　图8-37　喷嘴结构形式

单喷嘴-挡板阀［图8-36（a）］主要由固定节流孔、喷嘴和挡板等组成，挡板由电气-机械转换器（力马达或力矩马达）驱动。喷嘴与挡板间的环形面积构成了可变节流口，用于改变固定节流孔与可变节流孔之间的压力（简称控制压力）p_c。由于单喷嘴阀是三通阀，故只能用于控制差动气缸，控制压力 p_c 与负载腔（缸的大腔）相连，恒压气源的供气压力 p_0 与缸的小腔相连。当挡板与喷嘴端面之间的间隙 x_0 减小时，由于可变气阻增大，使通过固定节流孔的流量 q_1 减小，在固定节流孔处的压降也减小，因此控制压力 p_c 增大，推动负载运动，反之亦然。为了减小油温变化的影响，固定节流孔通常做成短管形的，喷嘴端部是近于锐边形的。

双喷嘴-挡板阀［图8-36（b）］由两个结构相同的单喷嘴-挡板阀组合在一起按差动原理工作，当挡板上未作用输入信号时，挡板处于中间位置（零位），与二喷嘴之距相等（$x_{01}=x_{02}$），故二喷嘴控制腔的压力 p_{c1} 与 p_{c2} 相等，称阀处于平衡状态。当挡板向某一喷嘴移动时，上述平衡状态将被打破，即二控制腔的压力一侧增大，另一侧减小，从而就有负载压力信号 $p_L(=p_{c1}-p_{c2})$ 输出，去控制气缸或主阀（负载）运动。因双喷嘴-挡板阀是四通阀，故可用于控制对称气缸。

由上述已知，单喷嘴阀有三个通口（一个为供气口、一个排气口和一个工作气口），它是一种典型的气动半桥［见图8-38（a）］，其中p_0、p_b、p_c为阀的工作压力、排气口压力、缸工作腔压力，A_{T1}、A_{T2}为节流口1、2的通流面积，q_{m1}、q_{m2}为节流口1、2的质量流量。双喷嘴-挡板阀有四个通口（一个供气口，一个排气口和两个工作口），是一种典型的气动全桥［见图8-38（b）］，其中p_0、p_b为阀的工作压力、排气口压力，p_{c1}、p_{c2}为缸两腔工作压力（负载压力），A_{T1}、A_{T2}、A_{T3}、A_{T4}为节流口1、2、3、4的通流面积，q_{m1}、q_{m2}、q_{m3}、q_{m4}为节流口1、2、3、4的质量流量。利用气动桥路可方便地对喷嘴-挡板气动伺服阀的压力、流量等特性进行完整描述，此处从略。

喷嘴-挡板阀具有结构简单、灵敏度高、制造比较容易、价格较低、对污染不像滑阀那样敏感等优点。其缺点是零位流量较大，效率较低。一般用于小功率系统或作为两级阀的前置级。在气动测量、气动调节仪表及气动伺服系统中应用广泛。

（2）射流管阀

射流管阀的结构原理如图8-39所示，这种阀是根据动量原理工作的。它由一个射流管和接收器组成，通常射流管做成收缩形或拉瓦尔管形，射流管可以由力矩马达等驱动绕支承中心转动。接收器是一个扩压管，其上的两个圆形接收孔分别与气缸或滑阀两腔相连。

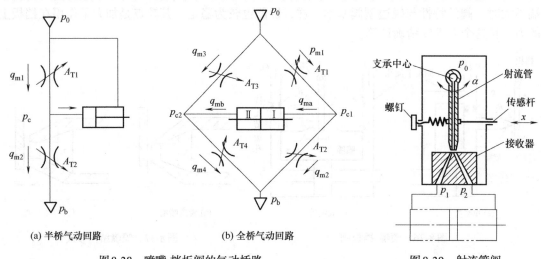

(a) 半桥气动回路　　　(b) 全桥气动回路

图8-38　喷嘴-挡板阀的气动桥路　　　　图8-39　射流管阀

来自气源的气流通过支承中心引入射流管，经射流管喷嘴向接收器喷射。气流的气压能通过射流管的喷嘴转换为气流的动能（速度能），气流被接收孔接收后减速扩压，又将动能转换进入气缸或主阀的气体恢复其压力能，驱动气缸或主阀动作。能量分配是靠改变射流管和接收器相对位置来实现的。

当无信号输入时，射流管由对中弹簧保持在两个接收孔的中间位置，两个接收孔所接收的射流动能相同，两个接收孔的恢复压力也相等，气缸活塞或滑阀不动。当有输入信号时，射流管偏离中间位置，两个接收孔所接收的射流动能不再相等，其中一个增大而另一个减小，因此两个接收孔的恢复压力不等，其压差使气缸活塞或滑阀运动。

射流管阀具有结构简单、尺寸精度要求低、制造容易、成本低、对污染不敏感等优点；其缺点是零位功率损失较大，且在高压下工作较为困难。射流管阀常用作两级伺服阀的先导级。

（3）滑阀

① 通路数。按气流通路数，气动滑阀有三通阀和四通阀两种。三通滑阀［见图8-40

(a)] 只有一个控制口，故只能用来控制差动气缸，为实现气缸反向运动，需在有杆腔设置固定偏压（可由供气压力产生）。四通滑阀 [见图 8-40 (b)、(c)、(d)] 有两个控制口，故能控制各种气动执行元件。

② 凸肩数。阀芯上的凸肩数有二凸肩、三凸肩、四凸肩等三种，凸肩数与阀的通路数、供气及密封的布置等因素有关。三通阀为 2 个凸肩 [见图 8-40 (a)] 或 3 个凸肩，四通阀有 2 个凸肩 [图 8-40 (b)]、3 个凸肩 [图 8-40 (c)] 或 4 个凸肩 [图 8-40 (d)] 等。凸肩数过多将加大阀的结构复杂程度、长度和摩擦力，影响阀的成本和性能。

③ 零位开口形式。滑阀处在零位（平衡位置）或中间位置时，有正开口、零开口和负开口等三种开口形式（图 8-41）。正开口（又称负重叠）的滑阀，阀芯的凸肩宽度（也称凸肩宽，下同）t 小于阀套（体）的阀口宽度 h；零开口（又称零重叠）的滑阀，阀芯的凸肩宽度 t 与阀套（体）的阀口宽度 h 相等；负开口（又称正重叠）的滑阀，阀芯的凸肩宽度 t 大于阀套（体）的阀口宽度 h。如图 8-40 (a)、(b)、(c)、(d) 所示阀的零位开口形式依次为负开口、零开口、负开口、正开口。

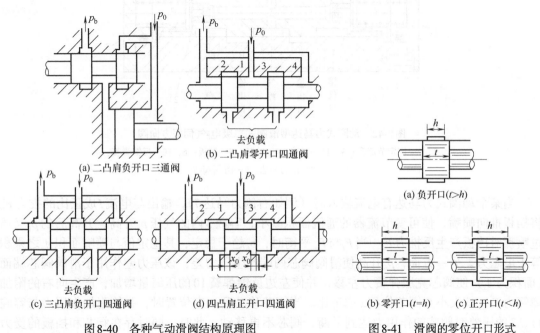

(a) 二凸肩负开口三通阀
(b) 二凸肩零开口四通阀
(c) 三凸肩负开口四通阀
(d) 四凸肩正开口四通阀

图 8-40 各种气动滑阀结构原理图

(a) 负开口（$t>h$）
(b) 零开口（$t=h$）
(c) 正开口（$t<h$）

图 8-41 滑阀的零位开口形式

滑阀的开口形式对其零位附近（零区）的特性，具有很大影响，零开口滑阀的特性较好，应用最多，但加工比较困难，价格昂贵。

气动滑阀的优点是：在结构上容易保持阀芯的受力平衡，免受负载和气源变化的影响；能在很高的气源压力下工作，能输出较大的功率；当制成零开口阀时，中间位置需消耗介质；阀所需控制功率小。其缺点是阀的径向和轴向尺寸精度要求较高，制造困难，成本较高，气体无润滑性能，干摩擦较大，给系统增加了非线性因素的影响。

8.2.4 典型结构之一：动圈式力马达型滑阀式二级电-气伺服方向阀

（1）结构组成

图 8-42 为一种动圈式力马达型滑阀式二级电-气伺服方向阀。它主要由动圈式力马达

（左右各1个）、气动放大器（喷嘴-挡板式前置级、滑阀式功率级）和反馈弹簧等组成。

（2）工作原理

在初始状态，左右两个动圈式力马达均无控制电流输入，也无力输出。在喷嘴气流作用下。两挡板使可变节流器处于全开状态，容腔3、7的压力几乎与大气压相同。滑阀阀芯被装在两侧的反馈弹簧6、10推在中位，二输出气口A、B与气源口P及排气口T均被隔开。

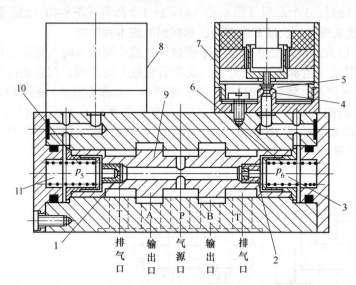

图8-42　动圈式力马达型滑阀式二级电-气伺服方向阀

1，2—固定节流套；3，11—容腔；4—喷嘴；5—挡板；6，10—反馈弹簧；
7，8—动圈式力马达；9—滑阀阀芯

当某个动圈式力马达有电流输入时（例如右侧力马达7），输出与电流I成正比的推力F_m将挡板推向喷嘴，使可变节流器的通流面积减小，容腔3内的气压p_6升高，升高后的p_6又通过喷嘴对挡板产生反推力F_f。当F_f与F_m平衡时，p_6趋于稳定，其稳定值与喷嘴面积A_y之乘积等于电磁力。另一方面，p_6升高使滑阀阀芯两端产生压力差，该压力差作用于滑阀阀芯端面（面积为A_x）使阀芯克服弹簧力左移，并使左边反馈弹簧10的压缩量增加，产生向右的附加弹簧力F_s，其大小与阀芯位移x成正比。当阀芯移动到一定位置时，弹簧附加作用力与容腔11、3的压差对阀芯的作用力达到平衡，阀芯不再移动。此时，同时存在阀芯和挡板的受力平衡方程分别为

$$F_s = K_s x = (p_6 - p_5)A_x \tag{8-3}$$

$$F_f = p_6 A_y = K_i I \tag{8-4}$$

式中　K_s——反馈弹簧刚度；

K_i——动圈式力马达的电流增益。

在上述调节过程中，左侧的喷嘴挡板始终处于全开状态，可以认为容腔11的压力$p_5=0$，代入式（8-3）后整理上述两式可得

$$x = \frac{A_x K_i}{A_y K_s} \tag{8-5}$$

阀芯位移与输入控制电流成正比。当另一侧动圈式力马达8有输入控制电流时，通过上述类似调节过程，阀芯将向反方向移动一定距离。

当阀芯左移时，气源口P→输出气口A连通，B口→T口连通通向大气；阀芯右移时，气

气动阀
原理、使用与维护

源口P→输出气口B，A口→T口连通通向大气。阀芯位移量越大，阀口开口量（开度）越大，从而就实现了对气流方向和流量的控制。

（3）性能特点

此类阀采用动圈式力马达驱动，动态特性较好。但结构较为复杂。浙江大学开发的DQBF-25-06-121型伺服方向阀即为此种结构（滑阀式、带动圈式力马达、力反馈、有效通径6mm），其安装连接尺寸如图8-8所示。

8.2.5 典型结构之二：动圈式力马达型滑阀式二级电-气伺服压力阀

（1）结构组成

如图8-43所示为一种二级电-气伺服压力阀，其功能是将电信号成比例地转换为气体压力输出。该阀主要由动圈式力马达1、喷嘴2、挡板3、固定节流口4、滑阀阀芯5、阀体6、复位弹簧7和阻尼孔8等组成。

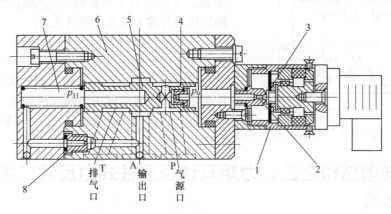

图8-43 动圈式力马达型滑阀式二级电-气伺服压力阀

1—力马达；2—喷嘴；3—挡板；4—固定节流口；5—滑阀阀芯；6—阀体；7—复位弹簧；8—阻尼孔

（2）工作原理

在初始状态，力马达1无控制电流输入，喷嘴2与挡板3处于全开位置，控制腔内的压力与大气压几乎相等。当滑阀阀芯5在复位弹簧7推动下处在右位时，输出气口A与排气口T连通，与气源口P断开。当力马达有控制电流I输入时，力马达产生推力$F_m (=K_i I)$，将挡板推向喷嘴，控制腔内的气压p_9升高。p_9的升高使挡板产生推力，直至与电磁力F_m相平衡时p_9才稳定，此时平衡方程为

$$F_m = K_i I = p_0 A_y + K_{sy} y \tag{8-6}$$

式中　　A_y——喷嘴喷口面积；

　　　　K_{sy}——力马达复位弹簧刚度；

　　　　y——挡板位移。

另一方面，p_9升高使阀芯左移，打开A口和P口，A口的输出压力p_{10}升高，而p_{10}经过阻尼孔8被引到阀芯左腔，该腔内的压力p_{11}也随之升高。p_{11}作用于阀芯左端面阻止阀芯移动，直至阀芯受力平衡，此时

$$\left(p_9 - p_{11}\right) A_x = K_{sx}\left(x + x_0\right) \tag{8-7}$$

式中 A_x——阀芯断面积；

K_{sx}——滑阀复位弹簧刚度；

x——阀芯位移；

x_0——滑阀复位弹簧预压缩量。

由以上两式可得到

$$p_{11} = \frac{K_i I - K_{sy}}{A_y} - \frac{K_{sx}(x + x_0)}{K_x} \tag{8-8}$$

由设计保证工作时有效行程 x 与弹簧预压缩量 x_0 相比小得多，可忽略不计，同时挡板位移量 y 在调节过程中变化很小，可近似为一常数，则上式简化为

$$p_{11} = KI + C \tag{8-9}$$

式中，$K = K_i/A_y$ 称为电-气伺服阀的电流-压力增益；而 $C = -\left(\frac{K_{sx}x_0}{A_x} + K_{sy}/A_y\right)$ 是一常数。

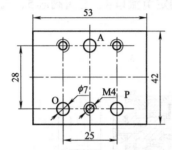

图 8-44 二级电-气伺服压力阀安装连接尺寸图

由式（8-8）可见，p_{11} 与输入控制电流成线性关系。当阀芯处于平衡时，$p_{10} = p_{11}$，因此伺服阀的输出压力与输入电流成线性关系。

该阀具有结构简单、工作可靠、性能良好的特点。由于直接输出气体压力，故可经过气缸或气马达很方便地转换为力或转矩。浙江大学开发的 DQ-BY-23-06-113 型伺服压力阀（滑阀式、带直流比例电磁铁、力反馈、有效通径 6mm）的安装连接尺寸如图 8-44 所示。

8.2.6　典型结构之三：力矩马达型滑柱式力反馈二级电-气伺服阀

（1）结构组成

和液压伺服阀类似，力矩马达驱动的力反馈二级电-气伺服阀是气动伺服阀的典型结构，如图 8-45（a）所示。其电气-机械转换器为力矩马达，阀中第一级（先导级）气动放大器为

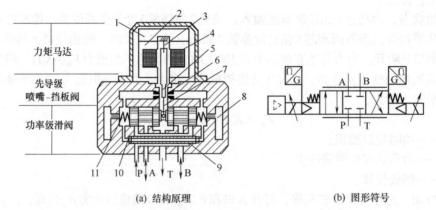

(a) 结构原理　　　　　　　　　　(b) 图形符号

图 8-45　力矩马达驱动的喷嘴-挡板式电-气伺服阀

1—永久磁铁；2—导磁体；3—支承弹簧；4—控制线圈；5—挡板；6—喷嘴；7—反馈杆；
8—阻尼气室；9—内置滤气器；10—固定节流孔；11—补偿弹簧

气动阀
原理、使用与维护

喷嘴-挡板阀，第二级（功率级）气动放大器为滑阀（滑柱式），阀芯（滑柱）位移通过弹性反馈杆7转换成机械力矩反馈到力矩马达上。

（2）工作原理

在初始状态，力矩马达的控制线圈4无电流输入，也无力矩输出。挡板5处于两个喷嘴中间（即挡板与左右喷嘴的间隙相等），亦即喷嘴-挡板阀的两个可变节流器处于全开状态，左右控制腔的压力几乎等同于大气压，功率级阀芯在两侧补偿弹簧11作用下处于零位（也称中位），阀的气源口P、两侧工作气口（输出口）A、B和排气口T均被阀芯凸肩隔开，相互不通。

当有电流输入力矩马达控制线圈4时，力矩马达产生电磁力矩，使挡板5偏离零位（不妨假设其向左偏转），而推向左侧喷嘴，使左侧可变节流孔的通流面积减小（右侧可变节流孔通流面积增大），左控制腔的压力升高（右控制腔压力降低），在滑阀两侧产生空气压力差（左腔高于右腔），弹性反馈杆7随之变形。在此压力差的作用下，功率级滑阀向右移动，反馈杆端点随之一起移动，当反馈杆进一步变形，产生的力矩与力矩马达的电磁力矩相平衡时，挡板便停留在某个与控制电流相对应的位置（很小的偏转角）上。反馈杆的进一步变形使挡板被部分拉回中位，当反馈杆端点对阀芯的反作用力与阀芯两端的气动力相平衡时，阀芯不再移动，阀芯便停留在与控制电流相对应的位置上。这样，伺服阀就输出一个对应的流量。伺服阀阀芯的位移与力矩马达的控制线圈的输入电流大小成正比。具体而言，阀芯右移时，气源口P与工作气口B相通，工作气口A与排气口T相通；反之，阀芯左移时，气源口P与工作气口A相通，工作气口B与排气口T相通。阀芯位移越大，阀口开度越大。

综上可知，改变控制线圈的电流方向（极性）和大小，也就改变了流经电-气伺服阀的空气的方向与流量。从而实现了上述伺服阀的负载（气缸）的运行方向和运行速度的调节和控制。

8.2.7 电-气伺服阀的性能参数

电-气伺服阀的性能参数及指标较多，如规格参数、通径、压力、流量以及动态指标（如频率、响应时间）、静态指标（线性、迟滞等）和精度指标，这些参数因产品类型系列不同而异，具体请见产品样本。

8.2.8 电-气伺服阀的使用维护

电-气伺服阀的使用维护及故障诊断方法请参见8.5节和产品使用说明书。

8.3 电-气比例/伺服阀产品概览

与电-气比例阀相比，除了在结构上有差异外，电-气伺服阀具有很高的动态特性和静态特性，其次价格和使用维护要求较高。但随着材料科学、机械加工、密封技术、电子技术及控制科学的进步，很多电-气比例阀在机构及特性上基本上已与电-气伺服阀无异，换言之，二者的界限也越来越模糊。因此很多厂商就将其高频响电-气控制阀产品称为电-气比例/伺服阀或直接将其称为电-气伺服阀。表8-3给出了几种典型的电-气比例/伺服阀产品，供选用参考。

表8-3　电-气比例/伺服阀产品概览

技术参数	电气(双向比例电磁铁)驱动	力矩马达驱动		压电驱动器驱动
	电-气比例方向流量阀(气动伺服阀)	电-气比例压力阀		电-气比例流量阀
	MPYE系列比例方向控制阀	IT600/IT601系列电-气转换器	QZD-2000/QZD2001系列电-气转换器	VEMD系列二通型比例流量阀
公称通径	接口螺纹M5,G1/8,G1/4,G3/8	供气口径Rc1/4(内螺纹)	M10×1,连接铜管为6mm×1mm	接口螺纹M5
供给压力/MPa	公称流量100~2000L/min	0.14~0.24/0.24~0.7	气源压力0.14	工作压力0~0.25
设定压力范围/MPa	工作压力0~1.0	输出压力0.02~0.1/0.04~0.2最高0.2/0.6	输出压力0.02~0.1	过载压力0.6
供电电源	电压DC 17~30V	接电口径G1/2(内螺纹)	电源接口M22×1.5	—
输入信号	设定值 电压型0~10V,电流型4~20mA	输入电流DC 4~20mA 输入电阻235Ω	输入信号4~20mA(DC) 输入阻抗300±10Ω/1000±30Ω	模拟量输入信号0.2~10V
输出信号	最大电流消耗1~100mA,响应时间3.0~5.2ms	—	绝缘电阻>20MΩ	模拟量输出信号0.2~10V
线性/%FS	临界频率65~125Hz	±1以内	基本误差≤1(输出压力的百分数)	2
迟滞/%FS	最大0.4	0.75以内	回差≤1(输出压力的百分数)	2.5
重复性/%FS	持续通电率100%；如果过热,比例方向控制阀会自动切断(至中间位置),	±0.5以内	死区小于基本误差限值的1/5	1
显示精度/%FS		—	—	—
灵敏度/%FS	一旦冷却下来不会自动复位	—	—	—
流量/(L·min⁻¹)	100~2000	空气消耗量(ANR)7(供应压力0.14MPa)/22(供应压力0.7MPa)	耗气量1000L/h(标准状态下)	质量流量控制范围0~20
环境温度/℃	0~50	-10~80	-35~60	0~50
图形符号	图8-9(b)	图8-19(c)	见样本	图8-24(b)
实物外形图	图8-11	图8-19(d)	见样本	图8-24(a)
结构性能特点	常闭滑阀,硬密封,电驱动,机械弹簧复位,滑阀位置可调,伺服定位方向及流量调节控制。用外部位置控制器和位移编码器,可构建精确的气动定位系统	压铸铝壳体,耐压防爆(防火花)机构。响应速度块,流量大。有独立的电气单元。平滑的调整和切断切,可实现平滑的范围调整,对各种电气动执行机构都方便安装	铝合金壳体,结构紧凑,精致可靠。具有复合防爆功能(有防爆、本安和增安三种)。调节简单,内六角螺钉板手和耐压密封圈等附件	采用集成的低噪声压电技术,能耗极小,结构紧凑。工作介质除了压缩空气外,还可以是氧气、氮气等
生产厂	①	②	③	①

气动阀
原理、使用与维护

续表

技术参数	PWM(脉冲宽度调制)控制高速阀	电-气比例压力阀	
	VMP系列电-气比例阀	ITV1000/2000/3000系列电-气比例阀	ITV2090.2091系列 电子式真空比例阀
公称通径	连接螺纹 Rc1/4、Rc1/2	连接螺纹 1/8"、1/4"、3/8"、1/2"	连接螺纹 1/4"
供给压力/MPa	最低设定压力+0.1 最高 0.2~1.0	最低设定压力+0.1 最高 0.2~1.0	最低-13.3kPa 最高-101kPa
设定压力范围/MPa	0.005~0.9	0.005~0.9	-1.3~-80kPa
供电电源	电压 DC 24V,电流≤0.12A	电压 DC 24V、12~15V 电流≤0.12A、0.18A	电压 DC 24V、12~15V 电流≤0.12A、0.18A
输入信号	电流型 DC 0~20mA 电压型 DC 0~10V	电流型 DC 0~20mA 电压型 DC 0~10V	电流型 DC 0~20mA 电压型 DC 0~10V
输出信号	模拟输出 DC 1~5V,DC 4~20mA;开关输出,NPN 输出30mA,PNP 输出30mA	模拟输出 DC 1~5V,DC 4~20mA;开关输出,NPN 输出30mA,PNP 输出80mA	模拟输出 DC 1~5V,DC 4~20mA;开关输出,NPN 输出30mA,80mA,PNP 输出80mA
线性%FS	1	1	1
迟滞%FS	0.5	0.5	0.5
重复性%FS	0.5	±0.5	±0.5
显示精度%FS	±2	±2	±2
灵敏度%FS	—	0.2以下	0.2以下
流量/(L·min⁻¹)	—	6~4000(ANR)	6~4000(ANR)
环境温度/℃	0~50	0~50	0~50
图形符号	图8-29(a)	图8-29(a)	配管接线图8-31(c)
实物外形图	图8-29(a)	图8-29(b)	图8-29(b)
结构性能特点	集装板式安装,量程可选,支持MODBUS总线通信协议	通过电-气比例信号,实现对压缩空气的无级控制。体积小,重量轻,可以和分水过滤器及油雾器一起构成电-气比例三联件	无线级控制与电气信号成比例的真空压力
生产厂	④	②	

注：1. 生产厂：①费斯托（中国）有限公司；②SMC（中国）有限公司；③无锡油研流体科技有限公司；④牧气精密工业（深圳）有限公司。

2. 各系列比例控制阀的技术参数、外形安装连接形式及尺寸等以生产厂产品样本为准。

8.4　电-气比例/伺服阀的应用

由电-气比例/伺服阀构成的系统称为电-气比例/伺服控制系统，主要用于轻载、连续控制、响应特性和控制精度要求较高的各类自动化气动设备中。电-气比例/伺服阀的应用及电-气比例/伺服控制系统的组成、原理及实例详见11.2节。

8.5　电-气比例/伺服阀的使用维护

此处以SMC（中国）有限公司的PWM控制的ITV系列电-气比例阀（参见8.1及8.3节）为例介绍电-气比例/伺服阀的使用维护方法要点，如表8-4所列。

表8-4　ITV系列电-气比例/伺服阀的使用维护方法要点

项目	序号	内容
使用环境	1	请勿在腐蚀性气体、化学药品、海水的环境或附着上述物质的场所使用ITV比例阀；请勿在引起振动或冲击的场所使用ITV系列比例阀
	2	若ITV比例阀周围有水、水蒸气及灰尘等污物存在，这些污物会从电磁阀EXH口进入阀内部，导致故障；在各通口上安装管接头、插入管子，应在另一侧无水等飞散的安全场所进行配管。请注意管子在中途不得折弯，孔不得堵塞，以免影响压力控制
	3	日光照射、周围有热源及会附着水滴、油及焊渣等的场所，应有相应的防护措施
选型	1	应在充分研究受控对象的工作环境、负载范围条件、快速性、准确性、经济性前提下按照ITV比例阀的型号、规格等进行合理选型
	2	使用规定的电气和气压参数，以免引起误动作和故障
	3	每台ITV系列比例阀独立使用一台电源
气源	1	在ITV比例阀的供给侧，应安装空滤器，过滤精度在5μm以下
	2	应在系统设置后冷却器、空气干燥器、冷凝水收集器等气动辅件，以免含冷凝水的压缩空气导致比例阀或其他气动元件动作不良
	3	如果由空压机产生的炭粉过多，则会附着在ITV比例阀内部，导致动作不良
	4	工作介质为压缩空气，含有化学药品、腐蚀性气体、有机溶剂的压缩空气，会导致阀动作异常，不得使用
配线方法		电缆连接在比例阀本体的插座上时，请按说明书要求正确进行配线，以免造成ITV比例阀破损。此外应使用容量充足且波动小的直流电源。为每台比例阀设置一台电源单元，以免多台比例阀共用一台电源而发生回流现象，导致无法正常工作。 图(a)和图(b)为ITV电-气比例阀的配线图和配线颜色及含义

项目	序号	内容
配线方法		图(a) 配线图 / 图(b) 配线颜色及含义 电缆插头也有直角型,直角型的插头为向下引出(OUT通口侧)。另外,绝对不能旋转。如强硬旋转的场合,会造成接头连接部破损

电流信号型　　电压信号型

Vs:供给电源 DC 24V±10% DC 12～15V
A:输入信号 DC 4～20mA DC 0～20mA

Vs:供给电源 DC 24V±10% DC 12～15V
Vin:输入信号 DC 0～5V DC 0～10V

监控输出配线图
模拟输出·电压型
监控输出电压

图(a) 配线图

棕 蓝 白 黑　　连接　　主体

端子No.	1	2	3	4
导线颜色	棕	白	蓝	黑
配线	电源	信号	COM	监控

2:(白)　4:(黑)
1:(棕)　3:(蓝)

图(b) 配线颜色及含义
电缆插头也有直角型,直角型的插头为向下引出(OUT通口侧)。另外,绝对不能旋转。如强硬旋转的场合,会造成接头连接部破损

项目	序号	内容
配管		①在配管前,要充分吹净(冲洗)或洗净管内的切粉、切削油、粉尘等。 ②正确卷绕密封带。 ③拧紧力矩应符合规定。 ④不要使用元件自重以外的转矩和弯曲力矩。 ⑤可在刚性配管间装上柔性管,以隔离配管侧传来的力矩负载及振动
使用维护	1	对于供给侧不需要使用油雾的比例阀,若使用油雾可能会导致阀动作不良。若系统末端元件需要给油润滑,可在比例阀输出侧之后连接油雾器
	2	在加压状态下切断电源的场合,输出侧压力为保持状态,但是此输出侧的压力保持状态是暂时的。另外,希望处于排气状态的场合,将设定压力下降后切断电源,并用残压排气等排出。比例阀在控制状态时,由于停电等导致电源切断的场合,输出侧压力保持一定时间。此外,在输出侧压力向大气开放状态下使用的场合,会连续流出直至大气压为止
	3	如果在比例阀通电状态切断供给侧压力,内置的二通电磁阀会持续动作,发出啪啪声。为了不致因此影响电磁阀寿命,必须切断比例阀的电源
	4	新的比例阀一般在出厂时已按各规格调试完毕,故不要盲目拆解,以免导致破损或故障
	5	可选项的电缆插头为4芯导线,监控输出(模拟输出)不使用时,会导致误动作,故监控输出线(黑)不要与其他线接触
	6	直角型电缆仅一个引出方向,注意不要旋转
	7	为了避免电磁噪声造成的误动作,应采取如下对策: ①AC电源线路中加入滤波器等,除去电源噪声。 ②电动机或动力线等强电场与比例阀及其配线应尽量分开,进行不受电磁噪声或静电等外部干扰影响的设置。 ③对于电磁阀、继电器等感性负载,必须采取过电压对策
	8	在ITV比例阀输出侧有空气消耗的场合,压力有可能变动
	9	在存在水、粉尘等污物环境下使用比例阀,这些污物等可能会从大气孔侵入阀内部。故应在大气孔上连接接头、管子,并在无水飞溅场所进行配管
	10	在密闭状态下使用ITV系列比例阀的场合,应设置换气扇,以进行散热
	11	比例阀不能用作截止阀。在未通电状态下,施加供给压力,输出压力可能上升到供给压力附近。不使用时,应切断供给压力

项目	序号	内容
使用维护	12	ITV系列比例阀通过以下步骤，可获得欲使用的电源电压和供给压力相匹配的参数： ①使用中的电源电压精度为±0.4V(DC)以上。 ②在ITV比例阀的输入压力为供给压力的状态下，输入信号调整为0%→100%→0%(每步10s以上逐渐变化)。 ③根据环境和使用条件，变更电源电压，再次进行步骤②。 ④输入电源电压及信号为0%，保持6min以上(不需要供给压力)。 在上述动作中，可能会产生电磁阀动作的声音，但不会影响参数的取得
	13	在比例阀使用中应按期进行检查，出现故障后，按使用说明书的要求及时进行检修或更换
安全	1	应请系统设计人员或能够决定规格的人员对ITV比例阀产品的适合性做出准确判断
	2	有充分相关知识和经验的人员使用ITV比例阀及其系统
	3	严格按照使用说明书的规定进行安装和使用维护，以免误操作导致元件误动作、破损甚至造成人身伤亡
	4	不宜随意对ITV比例阀进行拆解或追加加工

第9章
智能控制阀

9.1 智能气动元件的特征

众所周知，气动技术因具有节能高效、绿色环保、成本低廉、安全可靠、结构简单等优点，与液压技术一起，作为现代传动与控制的重要技术手段及各类机械设备自动化的重要方式，其应用几乎囊括了国民经济各领域机械装备。为了满足现代主机设备结构小巧轻便、功能完备及配置灵活、运转安全可靠及稳定准确快速、低功耗、长寿命的需求，驱使气动技术与其他控制技术、元器件进行互补、互相融合，朝着微型小型化、轻型化、低耗能、模块化、复合化、高速化、高频化、电子化、智能化与机电整合方向发展。

气动技术与现代微电子技术有机交叉融合，将微处理器（或芯片）及各种检测反馈功能的传感器集成为一体，具有指令和程序处理功能的一类元件与系统即所谓智能气动元件与系统，其主要特征可概括为气驱电控。然而，制造过程智能化关键智能基础共性技术（新型传感技术，模块化、嵌入式控制系统设计技术，先进控制与优化技术，系统协同技术，故障诊断与健康维护技术，高可靠实时通信网络技术，功能安全技术，特种工艺与精密制造技术，识别技术）及8项智能测控装置与部件，就涵盖有液气密元件及系统在内（其余7项为新型传感器及其系统，智能控制系统，智能仪表，精密仪器，工业机器人与专用机器人，精密传动装置，伺服控制机构）。所以，从广义层面而言，凡是与上述智能基础共性技术、智能测控装置与部件相关的气动元件与系统均可视为智能化的。因此，除了可通过计算机和总线控制实现智能化的传统电-气比例阀与伺服阀以外，气动微流控芯片及微阀、气动数字阀、智能阀岛、智能真空吸盘、智能人工肌肉等都是典型的智能化气动元件，而智能化的气动设备及系统则更是不胜枚举。采用智能化气动元件与系统驱动和控制的主机设备，其智能化水平将大大提高。

9.2 气动微流控芯片及系统

9.2.1 微流控芯片及微流体的操控

微流控是在微米尺度空间下对流体进行操控和应用的新技术。它以微尺度下流体输运为平台，以非牛顿流体、低雷诺数层流、界面效应和多物理场耦合效应理论为基础。

（1）微流控芯片

① 功能。微流控芯片又称芯片实验室，是一种通过微机电系统（Micro-Electro Mchani-

图9-1 微流控芯片实物外形

cal System，MEMS）在数平方厘米的芯片上集成成百上千的微功能单元（含微泵、微阀、微混合器等功能部件）和微流道网络的一种芯片，通过流体在芯片通道网络中的流动，实现化学生物、医药检测、材料分析检测和微机电系统控制，一种微流控芯片的实物外形如图9-1所示。

② 原理。微流控芯片的工作原理可以PDMS（聚二甲基硅氧烷）微流控芯片为例简述如下：此芯片将PDMS和有机玻璃等材料通过软刻蚀方式进行封装，通过气动微流道中气体压力变化来驱动气动微流道与液体微流道之间PDMS薄膜产生形变，从而控制液体微流道的通、断和样品输送。

③ 特点。微流控芯片具有工作效率极高、能够对样品进行在线预处理和分析、污染少、干扰和人为误差低、反应快、大量平行处理和即用即弃等特点。近年来已经逐渐发展为一个流体、化学、医学、生物、材料、电子、机械等学科交叉结合的重要研究领域。

微流控芯片的尺寸大小一般为长50~100mm，宽20~50mm，厚2mm。但是微流控芯片中的流体通道的高度通常在50~250μm范围内，宽度大约在200~800μm范围内。

④ 材质及加工封装。除石英、硅片、玻璃外，高分子聚合物材料（环烯烃共聚物、聚碳酸酯、聚甲基丙烯酸甲酯和聚二甲基硅氧烷PDMS）等是加工制造微流控芯片的常用材料。其中PDMS具有以下特点：热稳定性较高、适合加工各种生化反应芯片，绝缘性良好、可以承受高电压，透光性良好、可透过250nm以上的可见光和紫外线对微流控芯片进行观测，加工工艺简单等，故成为微流控芯片的常用制造材料之一。

微流控芯片的加工精度及封装强度要求很高。微流控芯片的加工处理（微通道的加工及微泵微阀的连接等）有注射成型、模塑法、软刻蚀、微接触印刷法、热压法、激光切割法等多种方法，各法采用的工艺设备及特点不尽相同。采用石英、硅片、玻璃等材料的微流控芯片在封装过程中对其表面的清洁度要求极高，对实验环境的要求极为苛刻，而以PDMS为材料的微流控芯片在封装的过程中对环境要求不高，常见的微流控芯片封装方式包括热键和、自然力附着、阳极键合、可逆封装等方法，特点各异。

（2）微流体的操控——气动微阀

在微流控芯片中，各个微单元之间的样品运输主要依赖于流体的流动。为了进一步提高微流控芯片及系统的微型化和集成度（密度）水平，有效地解决微尺度下对微流控芯片中流体流动的操控问题，是设计和制造微流控芯片的难点与关键技术。而微流体的操控技术主要有电渗操控和微泵微阀操控两类，芯片上的集成化微阀有静电微阀、压电微阀、被动阀、气动微阀、电磁微阀和数字微阀等，其中以弹性膜作为致动部件、压缩气体作为致动力的气动微阀是微流控芯片上应用较为广泛的一类微阀。

9.2.2 气动硅流体芯片及双芯片气动比例压力阀

（1）气动硅流体芯片

硅流体芯片又称硅阀（Silicon Valve），是一种基于MEMS技术的热致动微型阀。它具有尺寸小（10.8mm×4.8mm×2.2mm）、易于集成、耐压能力大（在1999年所设计的最初版本的硅流体芯片的最高控制压力就已达1.4MPa）、控制精度高等特点，是工业供热通风与空气调节领域及医学领域的研究热点，但在气动控制领域的应用还相对较少。

片式结构的气动硅流体芯片的结构原理如图9-2所示，其中间层带有V形电热微致动器和杠杆机构。当芯片通入控制电压时，由于欧姆热效应，电流经过V形电热微致动器会使筋的温度升高，导致热膨胀，产生沿A方向的位移，B点则作为杠杆机构的支点将位移放大，以改变A点的p_s、p_o所在口的过流面积大小，达到比例调节输出压力或流量的目的。芯片的等效工作原理可视为一个具有可调孔的气动半桥。

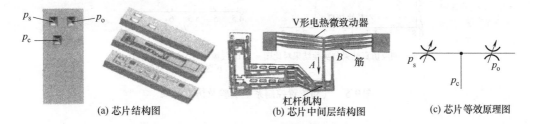

图9-2　气动硅流体芯片结构原理图

（2）双芯片气动比例压力阀

基于硅流体芯片的双芯片气动比例压力阀实物及结构原理如图9-3所示，其2个芯片并联组合封装在带有控制腔的模块中，整体可视作一个二位三通阀。实验和计算机仿真表明，对于采用硅流体芯片的闭环气动控制系统（图9-4），当气源压力为0.7MPa时，系统阶跃响应控制精度最高，稳态误差小于0.077mm［图9-5（a）］；当气源压力为0.2MPa时，系统对2Hz的正弦信号可以较好地跟随［图9-5（b）］。在采用不同的气源压力时，需对系统进行不同的标定，尽量避开芯片的死区及饱和区，控制效果会更好。增加芯片个数可以减小阶跃响应的上升及下降时间，对滞回特性也有一定的改善［图9-5（b）］。相较于采用六芯片及双芯片的控制系统，采用四芯片的控制系统要比采用六芯片控制系统的滞回特性好，但与理想的控制效果还有一定的差距。

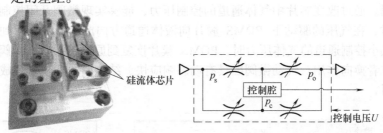

图9-3　双芯片气动比例压力阀实物外形及结构原理图

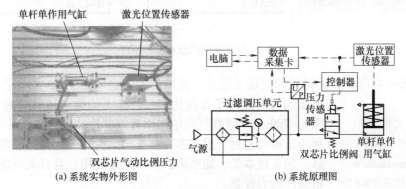

图9-4　气动位置控制系统

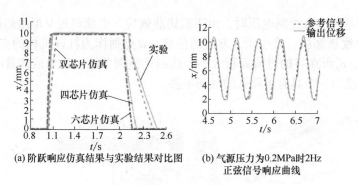

(a) 阶跃响应仿真结果与实验结果对比图

(b) 气源压力为0.2MPa时2Hz
正弦信号响应曲线

图9-5 气动位置控制系统实验及仿真结果

9.2.3 PDMS微流控芯片与PDMS微阀

（1）PDMS微流控芯片

PDMS微流控芯片的工作原理如前文所述，由于其具有制备容易、控制方式简单以及易于实现大规模集成的特点，作为微流控芯片领域一项重要的技术突破，已实现了上千个微阀和几百个反应器在微流控芯片上的大规模集成。

（2）PDMS气动微阀

集成在微流控芯片的薄膜式气动微阀如图9-6所示，它以压缩气体作为动力源。当气体通道内气体压力/流量增加时，弹性阀膜（PDMS膜片）在气体压力作用下产生形变弯向流体通道一侧，被控流体的通流截面减小，抑制流体动道内的通流效果（流量）；当控制气体压力进一步增大，将阀膜片顶起至完全贴附在流体通道弧形顶面时，液体通道完全被关闭，此时微阀关闭。通过改变芯片中气体通道的控制压力，能够实现微阀开闭控制。当向控制通道提供气压时，在气压的驱动下PDMS膜片向液体通道方向产生形变，直到微阀将液体通道截止。当减小控制通道的气体压力时，PDMS膜片恢复到原来的形状，微阀重新打开，从而起到开关或者换向作用。气动微阀因具有动态响应快、结构简单、易于集成等优点得到了较广泛的应用。

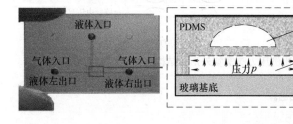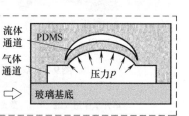

图9-6 气动微阀的基本工作原理

图9-7 微流控芯片装配图

图9-7为一种可拆卸式封装的气动三层式微流控芯片，它采用了3D打印技术，以UV树脂为材料进行了光固化加工，加工的微通道宽度为400μm，高度为200μm。带有气阀结构微流控芯片装夹方便，并可重复利用。利用这种可逆封三层式芯片加工出的微阀的优点是封装方式简单可靠，加工成本低，能够多次拆卸重复使用，且开关响应特性良好和耐腐蚀能力较强。

（3）PDMS气动电磁微阀及其应用

① 结构原理。如图9-8所示，气动电磁微阀（下简称电磁微阀）由作为操纵机构的电磁驱动器2及弹簧1和阀主体即阀芯3、PDSM阀膜4、带微流道的PDSM基片5、微流道（阀口）6组成。

当电磁驱动器2通电时，由于弹簧1的预紧力推动阀芯3，阀芯下压上层PDMS 阀膜，阀膜向下弯曲变形，堵塞微流道（阀口）6，微流道（阀口）关闭［图9-8（a）］。当电磁驱动器通电时，产生的电磁吸力克服弹簧弹力，阀芯上移，上层阀膜形变恢复，微流道（阀口）打开［图9-8（b）］而导通；当电磁驱动器断电时，阀芯被弹簧的恢复力推向上层PD-MS 阀膜，阀膜向下变形，电磁微阀关闭，使微流道切断。

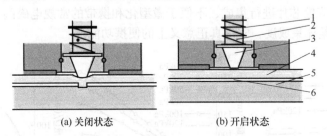

(a) 关闭状态　　　　　(b) 开启状态

图9-8　电磁微阀结构原理图

1—弹簧；2—电磁驱动器；3—阀芯；4—PDSM阀膜；5—带微流道的PDSM基片；6—微流道（阀口）

电磁微阀属于开关式常闭阀，当气动微流控芯片系统紧急断电时，常闭阀可以迅速切断气路，防止因气路系统压力过高而损坏气动微流控芯片系统。

电磁微阀封装实物外形如图9-9所示，电磁驱动器用磁铁做基材，具有塑料外壳，阀芯为塑料材质，通过超精密加工制作而成。阀的主体包括上层PDMS 平膜、具有微流道的下层PDMS 厚膜［图9-9（b）］。平膜薄而柔软，用作阀膜，而且能够充当弹垫的作用，电磁微阀关闭时防止漏气。阀体采用制造气动微流控芯片系统常用的高弹性材料PDMS，其优点是高弹PDMS 材料透明便于肉眼对齐封装，封装的多个电磁微阀组成阀组能够作为一个模块，便于与气动微流控芯片系统进行整体集成。

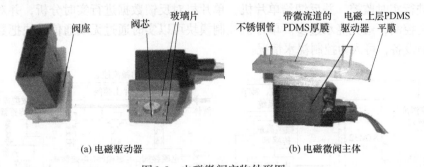

(a) 电磁驱动器　　　　　(b) 电磁微阀主体

图9-9　电磁微阀实物外形图

电磁微阀实验元件封装尺寸参数如下：驱动器长20.5mm、宽9.8mm、高12mm，阀芯直径为1mm，阀芯传递力为0.5N，微流道长30mm、宽0.5mm、高0.1mm，PDMS平膜厚0.5mm、PDMS平膜基质为固化剂＝15：1，PDMS厚膜厚5mm、PDMS厚膜基质为固化剂＝8：1。电磁微阀的封装尺寸仅为30mm×17.5mm×9.8mm。

② 流量特性。对电磁微阀在开关和脉冲宽度调制（PWM）两种模式下的流量特性进行实验研究（图9-10）并对典型驱动压力下不同阀口开度电磁微阀的静、动态流量特性进行数

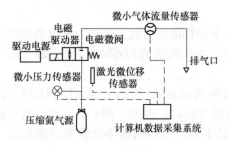

图9-10 电磁微阀特性测试系统原理图

值仿真。结果表明：在驱动频率相等的情况下，电磁微阀流量与压差成正比［图9-11（a）］；当压差一定时，电磁微阀流量与驱动频率成反比，电磁微阀平均流量与占空比成正比［图9-11（b）］，电磁微阀出口流量与阀口开度成正比［图9-11（c）］。

③ 性能特点。电磁微阀流量控制精度高、封装成本低，能够提高微流控芯片的集成化程度和控制性能。电磁微阀可以完全取代气动微流控芯片外部气路控制系统中结构复杂、尺寸巨大、难与微流控芯片进行集成、不便于微型化和携带的常规电磁阀和阀组，提高气动微流控芯片系统的整体集成度，实现真正意义上的便携功能。

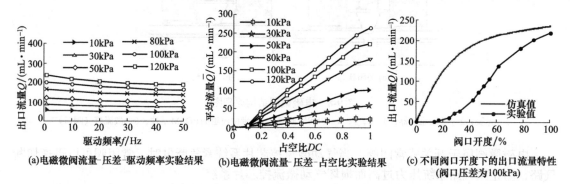

(a)电磁微阀流量-压差-驱动频率实验结果　　(b)电磁微阀流量-压差-占空比实验结果　　(c)不同阀口开度下的出口流量特性（阀口压差为100kPa）

图9-11 电磁微阀特性试验及仿真结果（部分）

④ 典型应用。PDMS电磁微阀的典型应用之一是实现科学节水灌溉的新型智能痕量灌溉系统。其结构框图如图9-12（a）所示，包括单片机控制模块STM32、土壤湿度传感器模块、无线通信模块、移动设备、名贵盆栽/种子培育系统和气动微流控芯片。气动微流控芯片上集成有不同结构形式的片上膜阀和微型流量传感器。土壤湿度传感器对植物根部附近的土壤湿度进行实时监控，并反馈给单片机，单片机对反馈数据进行实时分析，并对气动微流控芯片做出控制，避免浇水过多。单片机控制模块可以实时通过无线通信模块把数据传递给手机等移动设备，可人为控制浇水情况。

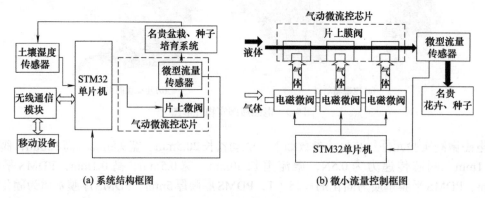

(a) 系统结构框图　　　　　　　　　(b) 微小流量控制框图

图9-12 智能痕量灌溉系统

智能痕量灌溉系统中微小流量控制框图如9-12（b）所示，包括电磁微阀、片上膜阀、微控制器STM32单片机和微型流量传感器。片上膜阀（上层是液体微流道，下层是气动微驱动器。气动微驱动器是由位于液体微流道下方的弹性PDMS驱动薄膜和与气体微流道相连的气体驱动腔构成，PDMS驱动薄膜的形变程度决定片上膜阀的阀口开度，从而影响片上膜阀的出口流量）位于气动微流控芯片上，通过STM32单片机对电磁微阀进行逻辑控制，实现对片上膜阀气体驱动腔内的压力控制，从而控制片上膜阀的工作状态，实现片上膜阀液体微流道内液体流量的连续可调。其中，电磁微阀位于气动微流控芯片外部，不影响气动微流控芯片本身的大规模集成。

利用PDMS材料和软刻蚀技术对智能痕量灌溉系统控水元件——气动微流控芯片片上膜阀进行封装，整体封装尺寸仅为25mm×10mm×8mm。实验研究表明，片上膜阀并联能够实现对液体微小流量的精细调节，但控水范围较小。片上膜阀串联不仅控水范围较大，且对流量的调节比较精细。在此基础上研发高集成度的智能植物痕量灌溉系统，满足市场对新型智能化痕量灌溉设备的巨大需求，对全球性痕量灌溉技术产品具有重大的现实促进意义。

（4）步进电机PDMS微流控芯片气压驱动系统

① 系统组成及元件作用。采用步进电机的微流控芯片气压驱动系统（图9-13）由供气源1、微阀2、气体管道3和液体管道6、气液作用装置4、传感器7、驱动控制电路10等组成，控制对象为微流控芯片8。其中气源1可以是空压机、罐装氮气，甚至是小型气泵。微阀2由步进电机驱动操纵（图9-14），步进电机输出轴为螺杆，滑块阀芯上配有螺母与之啮合，挡板阻止螺杆螺母相对转动，实现滑块阀芯的沿电机主轴方向上、下运动，从而挤压PDMS 阀膜运动。当滑块向下运动时，上层阀膜在电机驱动力作用下克服自身弹性力向下运动，减小阀口开度；当滑块阀芯向上运动时，由于 PDMS 具有良好的弹性，可实现阀膜位置跟随滑块阀芯位置。因此，通过精确控制步进电机的转动，即可实现微阀开度的精确控制，实现进气节流或排气节流。串接于进气前向通道中的进气微阀2-1用于进气节流；旁接于前向通道的泄气微阀2-2用于泄压。气体管道3连接气源、微阀、气液作用装置和大气。待驱动液体预先被装进气液作用装置，从气液作用装置流出的液体经流量传感器后对微流控芯片进行充液，充液过程完成后液体向外排至废液池。系统控制电路包括控制器、步进电机驱动器及A/D模块。步进电机驱动器驱动微阀阀芯产生位移，A/D模块采集压力信号并记录在计算机内，控制器内置程序控制步进电机的脉冲数量及频率，由于微阀2的开度由步进电机的脉冲信号决定，故微阀2实质上是一种数字阀。

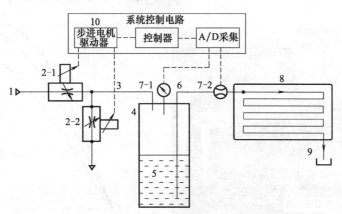

图9-13　PDMS步进电机微流控芯片气压驱动系统原理图

1—供气源；2-1—进气微阀；2-2—泄气微阀；3—气体管道；4—气液作用装置；5—待驱动液体；6—液体管道；
7-1—气体压力传感器；7-2—液体流量传感器；8—微流控芯片；9—废液池；10—驱动控制电路

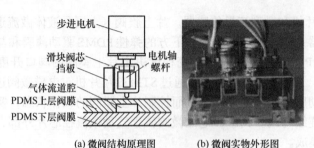

(a) 微阀结构原理图　　　(b) 微阀实物外形图

图9-14　步进电机PDMS微阀结构原理及实物外形

② 工作原理。微流控芯片气压驱动系统原理如下所述。

设定微阀阀口开度，经控制器算法处理后，向步进电机驱动器提供驱动信号，驱动两个微阀协同动作，改变微阀开度，控制进入气液作用装置中气体量，实现对气体容腔的压力调节。压力气体挤压液体向微流控芯片进行充注。

系统中压力气体流动路线为气体管道→进气微阀→气体管道→气体容腔和气体管道→进气微阀→泄气微阀→大气；待驱动液体流动路径为气液作用装置→液体管道→微流控芯片→废液池。在气体流动过程中，气体流经的管道长度不变，且气体的黏度系数小，故在流动过程中造成的压力损失忽略不计。

③ 特性实验及仿真结果。对微流控芯片气压驱动系统气体容腔压力特性进行实验 [图9-15（a）、（b）] 及仿真，结果 [图9-15（c）] 表明，系统在不同的阀口阶跃响应下，二者的气体容腔的压力特性变化趋势基本相同，即该系统能够较快地响应于气压容器，阀口开度越大，气体容器的压力上升越快，稳定压力越高。

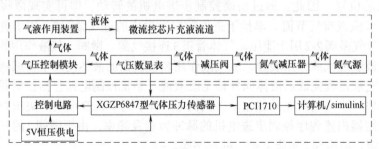

(a) 系统原理图

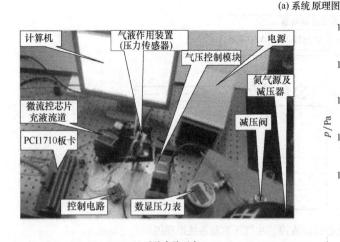

(b) 系统实验平台

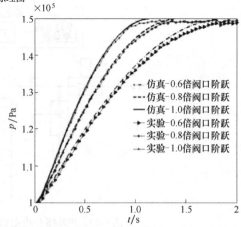

(c) 不同阀口开度下系统气体容腔压力特性试验测试曲线

图9-15　气体容腔压力动态响应特性试验

④ 典型应用。由步进电机驱动操纵微阀的典型应用是液滴微流控系统（图9-16），通过控制压力容腔内的气体压力大小，调节两相液体的流量大小，实现改变液滴尺寸与生成频率的目的。其中，气源1采用瓶装高精度氮气，为整个系统提供高压力气体，进气微阀2和排气微阀3的作用同前。为改善系统的压力响应，还可以将微阀的排气口处接入负压源，有利于系统压力的下降并实现液滴的前后运动控制。T形微流道芯片8用于液滴的生成，显微镜9和摄像机10用于拍摄液滴的动态形成过程，计算机11用于显示液滴的图像并通过图像处理获得液滴的尺寸。

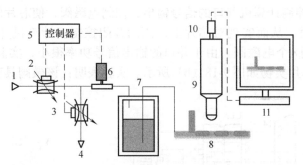

图9-16　基于步进电机微阀的液滴微流控系统原理图

1—氮气瓶；2—进气步进电机微阀；3—排气步进电机微阀；4—大气或负压源；5—控制器；6—气压传感器；7—压力容腔；8—T形微流道芯片；9—显微镜；10—摄像机；11—个人计算机

液滴微流控系统的工作流程为：在单片机控制器5上设定压力，控制器发送指令给步进电机驱动器并控制步进电机旋转，利用固定的丝杠螺母结构实现将旋转运动转换成阀芯的直线运动，从而改变微阀2和3的阀口开度，进而调节压力容腔7的气体流量。气体压力传感器 6 通过 A/D 模块将容腔内的实时压力值反馈给单片机控制器5，控制器控制两个微阀的阀芯运动，可实现压力的精确闭环控制。在恒定的压力驱动下，两相液体通过T形微流道，产生液滴。同时，置于微流控芯片上方的摄像机10对生成的液滴进行拍摄，通过图像处理得到液滴的尺寸。图9-17是液滴微流控系统实验台。

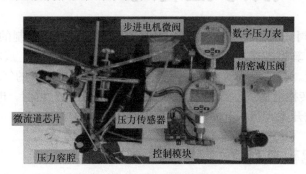

图9-17　液滴微流控系统实验台

基于步进电机微阀的液滴微流控系统采用软刻蚀封装，代替常规阀组，通过配合压力传感器闭环控制液体的驱动压力实现系统流量与液滴尺寸的调节功能。易于生成稳定大小（尺寸均一）的液滴，具有微型化、易于与微流控其他元件集成、响应快速、液滴生成尺寸精度高、操作简单、便携性强、价格低廉的特点。

（5）聚甲基丙烯酸甲酯（PMMA）/聚二甲基硅氧烷（PDMS）复合芯片及气动微阀
复合芯片为PMMA-PDMS…PDMS-PMMA的四层构型，带有双层PDMS弹性膜气动微阀的PMMA微流控芯片。双层PMMA材料作为上、下基片，可以提高芯片的刚性与芯片运行时的稳定性，并减少全PDMS芯片的通道对试剂和试样的吸附。具有液路和控制通道网路的PMMA基片与PDMS弹性膜间采用不可逆封接，分别形成液路半芯片和控制半芯片，而2个半芯片则依靠PDMS膜间的黏性实现可逆封接，组成带有微阀的全芯片，封接过程简单可靠。其控制部分和液路部分可以单独更换，可进一步降低使用成本，尤其适合一次性应用场合。

如图9-18（a）所示，微阀控制系统由计算机、二位三通电磁阀和高压气源等组成。采用Visual Basic程序控制计算机并口的信号输出，控制电磁阀，使芯片的控制通道分别与大气或者高压气源相通，从而实现对芯片上微阀的开闭控制。计算机并口具有8个数据位，故理论上可同时控制8个电磁阀。由于并口的输出信号功率很小，实验采用ULN2803芯片对信号进行放大。芯片实物如图9-18（b）所示。实验表明：该微阀具有良好的开关性能和耐用性。

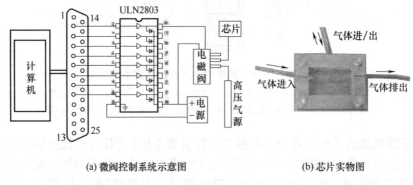

(a) 微阀控制系统示意图　　　　　　　(b) 芯片实物图

图9-18　微阀控制系统示意图与芯片实物图

9.3　电-气数字控制阀

电-气数字控制阀（简称电-气数字阀）是利用数字信息直接控制的一类气动控制元件，由于它可以直接与计算机连接，不需要D/A转换器，具有结构简单、成本低及可靠性高等优点，故应用日趋广泛。与其他气动控制阀一样，电-气数字阀也由阀的气动放大器（阀体和阀芯等）和电气-机械转换器构成。根据电气-机械转换器的不同，目前，电-气数字阀主要有步进电机式、高速电磁开关式和压电驱动器式等几种。

9.3.1　步进电机式电-气数字阀

步进电机式电-气数字阀是以步进电机作为电气-机械转换器并用数字信息直接控制的气动控制元件，其基本结构原理框图如图9-19中前向部分所示。微型计算机发出脉冲序列控制信号，通过驱动器放大后使步进电机动作，步进电机输出与脉冲数成正比的位移步距转角（简称步距角），再通过机械转换器将转角转换成气动阀阀芯的位移，从而控制和调节气动参数流量和压力。由于这种阀是在前一次控制基础上通过增加或减少（反向控制）一些脉冲数达到控制目的，因此常称之为增量式电-气数字阀。此类阀增加反馈检测传感器即构成电-气数字控制系统。

气动阀
原理、使用与维护

图9-19　步进电机式电-气数字阀及其构成的电-气数字控制系统原理方框图

（1）转板式气动数字流量阀

转板式气动数字流量阀是一种新型电-气数字阀，它主要由步进电机1、气缸3和转板5等组成（图9-20）。

其控制调节原理如下，步进电机1在控制信号的作用下直接作用于转板5，通过电机传动轴带动转板转动。转板与气缸的环槽相配合，起到导向和定位作用。转板外轮廓的一半呈半圆形，另一半为阿基米德螺线形。阿基米德螺线的一端与半圆形的一端连接，另一端通过辅助半圆形与半圆形的另一端连接。当步进电机驱动转

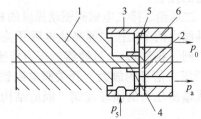

图9-20　转板式气动数字流量阀结构示意图

1—步进电机；2—衬板；3—气缸；4—套筒；5—转板；6—端盖

板时，转板和衬板的开口面积与转角大小成线性关系。气源经输入孔进入到气室，并在气室内得到缓冲，通过转板和衬板的开口作用于负载，另一端的出气口处于近似的封闭状态。因此通过控制开口面积的大小，即可实现控制气体流量和压力的目的。转板在步进电机的控制下的工作过程如图9-21所示，其中1和2的阴影面分别为转板转动不同时刻小孔的开口大小。从1位到2位，随着转板转过不同的角度小孔的开口大小随之变化。进出气小孔的开口面积与角位移的关系如图9-22所示（图中r为小孔半径）。

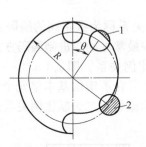

图9-21　转板工作过程示意图

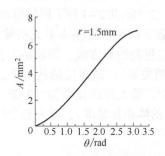

图9-22　开口面积A与角位移θ的关系

转板式电-气数字流量阀具有造价低廉，要求的工况条件低，无需D/A接口即可实现数字控制，流量的线性度好等特点。但泄漏量对阀的性能有较大影响，数字仿真表明，泄漏量对转板的厚度和小孔的尺寸变化较敏感，减小小孔尺寸可以减少泄漏量，但是影响到输出的效率，动态响应时间会增加；减小间隙的尺寸，可以降低泄漏量，但会带来转板卡死的风险。

（2）步进电机PDMS微阀

步进电机驱动操纵的PDMS微阀，可实现对气体容腔的压力调控。通过配合压力传感器闭环控制液体的驱动压力，可实现液滴微流控系统流量与液滴尺寸的调节功能。其结构组成及特点等详见9.2.3节之（3）。

9.3.2　高速电磁开关式电-气数字阀

高速电磁开关式数字阀，简称为高速电磁开关阀，是借助于控制电磁铁所的吸力，使阀芯高速正反向切换运动，从而实现阀口的交替通断及气流控制的气动控制元件。显然，快速响应是高速电磁开关阀最重要的性能特征。为了实现气动系统的开关数字控制，常采用PWM技术，即计算机根据控制要求发出脉宽控制信号，控制作为电气-机械转换器的电磁铁动作，从而操纵高速电磁开关阀启闭，以实现对气动比例或伺服系统气动执行元件方向和流量的控制。

（1）二通给、排气电磁阀驱动操纵的PWM控制高速压力控制阀

这种阀由两个二位二通高速电磁开关阀（给气和排气用）、先导式调压阀（膜片式先导阀和给气阀、排气阀）、过滤器、压力传感器、控制电路（主要为控制放大器，控制电路的功能包括压力信号的放大、开关阀电磁铁的驱动电路及压力显示等）等组成，通过压力传感器构成输出压力的闭环控制。阀的结构、原理及特点在8.1.5节进行了详细介绍，此处不再赘述。

（2）集成式数字流量阀（集成式数字阀）

集成式数字流量阀是由多个不同阀芯面积的单阀构成的可以组合控制输出流量的数字阀。

① 基本原理。集成式数字阀基本原理如图9-23所示，其基本单元由一个节流阀和一个开关阀串联组成，各基本单元采用并联方式连接，各节流阀的阀芯截面积设置成特定的比例关系，一般是二进制比例关系，即

$$S_0 : S_1 : S_2 : \cdots : S_{n-1} = 2^0 : 2^1 : 2^2 : \cdots : 2^{n-1} \tag{9-1}$$

各基本单元的输出流量相应地成二进制比例关系，即

$$q_0 : q_1 : q_2 : \cdots : q_{n-1} = 2^0 : 2^1 : 2^2 : \cdots : 2^{n-1} \tag{9-2}$$

假设最小基本单元的输出流量为q_0，则n个基本单元组成的数字阀的输出流量有0、q_0、$2q_0$、$3q_0$、$\cdots$、$(2^{n-1})q_0$共2^n-1种不同的输出流量。

在集成式数字阀中，各基本单元的输出流量比例关系称为数字阀的编码方式，研究表明，采用广义二进制编码方式，即前$n-1$个基本单元按最常见的二进制编码方式（即输出流量成二进制比例关系），最高位的基本单元成四进制比例关系，即$q_0 : q_1 : \cdots : q_{n-2} : q_n = 2^0 : 2^1 : \cdots : 2^{n-2} : 2^n$，最大输出流量为$(3 \times 2^{n-1}-1)q_0$。这样可在不增加基本单元个数$n$的条件下（有利于减小阀的体积和成本），增大整个阀的最大输出流量，二进制比例关系的最大输出流量为$(2^n-1)q_0$。

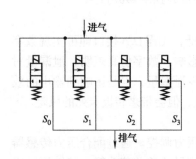

图9-23　集成式数字阀基本原理

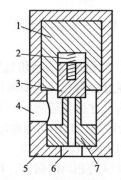

图9-24　集成式数字阀单阀结构原理
1—电磁铁；2—弹簧；3—阀芯；4—进气口；5—阀体；6—排气口；7—阀座

气动阀
原理、使用与维护

② 结构组成。集成式数字阀的单个开关阀为直动式开关阀，其结构原理如图9-24所示，其座阀式阀芯3直接由电磁铁1驱动操纵决定进排气口的通、断。当阀口由于弹簧2作用关闭时，靠阀芯下端面与阀座7的上端面接触实现密封。与先导式开关阀相比，直动式阀具有结构简单、响应快、对工作介质清洁度要求不高的特点。

从减小集成式数字阀的体积和实际加工难度的角度，开关阀有两种并联排布方式：第一种为开关阀对称分布在排气流道的两侧［图9-25（a）］；第二种为开关阀依次分布在排气流道的一侧［图9-25（b）］。这两种分布方式开关阀中心线相互平行且位于同一个平面内，且集成式数字阀的体积基本相同，但第一种开关阀排布方式进气流道方向改变了两次，进气压力损失较大，阀的流通性较差，而且内流道复杂、加工难度较大；第二种开关阀排布方式流道简单，易于加工，进气流道方向没有改变，阀的流通性较好，故采用了第二种开关阀排布方式。

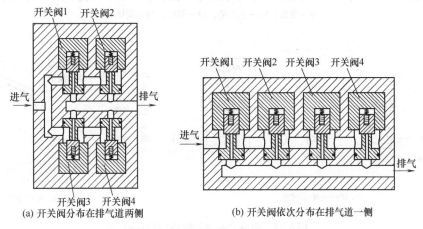

图9-25　集成式数字阀的两种并联排布方式

关于集成式数字阀的开关阀排布顺序，n个开关阀有$n!$种位置分布顺序。两种特殊位置分布顺序的集成式数字阀流量特性为：　其一是高位阀在进气口一侧，即阀芯截面积最大的开关阀距离进气口最近，阀芯截面积越小的开关阀距离进气口越远；其二是低位阀在进气口一侧，即阀芯截面积最小的开关阀距离进气口最近，阀芯截面积越大的开关阀距离进气口越远。仿真结果表明：开关阀两种位置顺序下集成式数字阀内部流场压力分布规律相似，距离进气口最近处的开关阀压力最大，距离进气口越远的开关阀压力越小，主要原因是气流经过的流道越长，压力损失越大；在两种开关阀位置分布情况下，与低位阀在进气口侧相比，当高位阀在进气口侧时，数字流量阀的总流量较大、最小流量较小，输出流量范围较大，因而采用高位阀在进气口侧的分布方式合理。

基于上述分析结论的集成式数字阀结构如图9-26（a）所示，静衔铁2和阀座13处采用O形圈密封，线圈骨架3和套筒9处采用橡胶平垫，止泄垫11防止阀关闭时有气体泄漏。图9-26（b）为集成式数字阀实物外形。

③ 性能测试。在气源压力为0.4MPa时，对控制器输出各编码值（0~15，每个编码值所对应的控制信号，经驱动器放大后控制集成式数字阀中各开关阀的状态）所对应的集成式数字阀的输出流量进行测试［图9-27（a）］。结果［图9-27（b）］表明，阀的实际输出流量小于理论输出流量，在编码值较小时阀的实际输出流量与理论输出流量相差较小，编码值越大，阀的实际输出流量与理论输出流量相差越大，这是由于气体在阀内部流动时有压力损失，且开口面积越大由压力损失导致的流量损失越大。与理论和仿真研究结果一致，输出流量与

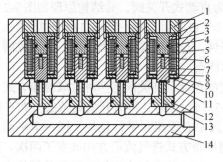

(a) 结构图

(b) 实物外形图

图9-26 集成式数字阀的结构及实物外形图

1—堵盖；2—静衔铁；3—线圈骨架；4，12—O形圈；5—线圈；6—弹簧；7—阀芯；8，10—橡胶平垫；
9—套筒；11—止泄垫；13—阀座；14—阀体

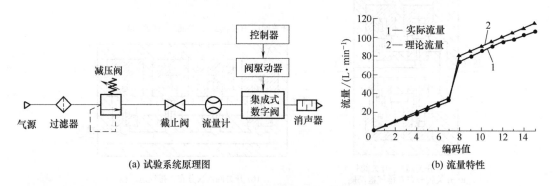

(a) 试验系统原理图

(b) 流量特性

图9-27 集成式数字阀输出流量试验

编码值成线性关系。

④ 主要特点。综上所述，集成式数字阀以普通开关阀作为基本单元，将4个阀芯截面积成广义二进制比例的开关阀集成在一个阀体内，各开关阀采用平行分布方式、共用进气流道和排气流道，结构简单、加工容易、成本低。采用广义二进制编码方式，集成式数字阀可以高效地控制输出流量，进而在高速大流量和低速小流量的控制需求上切换。

⑤ 系统应用。该集成式数字阀用于气缸位置控制，其试验系统原理如图9-28（a）所示，气缸水平放置，开关阀1、3控制气缸进气，开关阀2、4控制气缸排气，集成式数字阀控制气缸排气流量。A/D将位移传感器采集的模拟信号转换为数字信号并发送到控制器[图9-28（b）]，控制器根据控制策略（PID+模糊控制）计算各阀的控制信号，经阀驱动电路控制各阀的开关状态，控制气缸的运动方向和速度。

由图9-28（c）、（d）、（e）中所示的不同控制方式阶跃响应、不同幅值阶跃响应和方波信号系统响应的试验结果可看出，采用PID+模糊混合控制策略，系统在达到目标点附近后能够保持稳定，重复定位精度可达0.3mm，响应时间小于1.2s。集成式数字阀能够在低成本的前提下，高速地实现较高精度的气缸位置控制，具有良好的应用前景。

（3）高压气动复合控制数字阀

复合控制数字阀用于高压气体的压力和质量流量控制，如图9-29（a）所示，它由8个二级开关阀、温度传感器以及压力传感器组成，二级高压气动开关阀结构如图9-29（b）所示，由高速电磁开关阀和主阀组成。主阀阀口为临界流喷嘴结构，主阀按照压力区可划分为控制

气动阀
原理、使用与维护

腔r和主阀腔p。当用复合控制数字阀来控制高压气体的压力时，控制器就会依据输出压力和目标压力来调节二级阀的启闭；当用复合控制数字阀控制气体的流量时，控制器则依据上游的压力、温度以及下游的输出压力来调节二级阀的启闭。

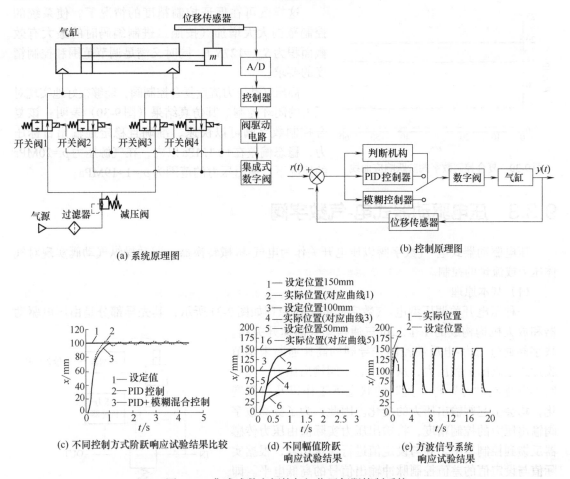

(a) 系统原理图

(b) 控制原理图

(c) 不同控制方式阶跃响应试验结果比较

(d) 不同幅值阶跃响应试验结果

(e) 方波信号系统响应试验结果

图9-28　集成式数字阀控气缸位置伺服控制系统

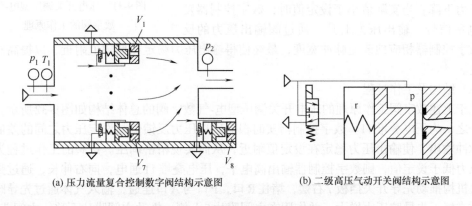

(a) 压力流量复合控制数字阀结构示意图

(b) 二级高压气动开关阀结构示意图

图9-29　复合控制数字阀结构原理

复合阀的进气阀阀口面积编码方式采用二级制和四进制结合的方法，即前六个进气阀按照二进制编码，最后一个进气阀按照四进制标定，各进气阀的有效开口面积比为

$$S_1: S_2: S_3: S_4: S_5: S_6: S_7 = 2^1: 2^2: 2^3: 2^4: 2^5: 2^6: 2^8 \qquad (9-3)$$

编码的复合阀最大有效截面积为

$$S_{max} = 191S_1 \qquad (9-4)$$

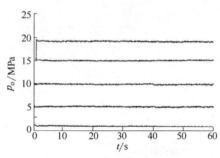

图9-30　复合控制数字阀阶跃响应曲线

这样既可在保证控制精度的情况下，使系统的控制范围大大增加（按照二进制编码时的最大有效截面积为$S_{max}=127S_1$），同时又满足调节范围和控制精度的要求。

高压气动压力流量复合控制阀，能够很好地实现对压力的闭环控制。其仿真结果（图9-30）表明：该复合控制数字阀可以快速、准确且稳定地输出目标压力，稳态偏差在±0.1MPa以内；在气源压力p_t=20MPa的情况下，输出压力的范围为p_o=1~19MPa。

9.3.3　压电驱动器式电-气数字阀

压电驱动器式电-气数字阀以压电开关作为电气-机械转换器，驱动操纵气动阀实现对气体压力或流量的控制。

（1）基本原理

一种压电开关调压型电-气数字阀的工作原理如图9-31所示，其先导部分是由压电驱动器和放大机构构成的1个二位三通摆动式高速开关阀。数字阀通过压力-电反馈控制先导阀的高速通断来调节膜片式主阀的上腔压力，从而控制主阀输出压力。先导阀不断地在"开"与"关"的状态下工作以及负载变化，均会引起阀输出压力的变化。因此，为了提高数字阀输出压力的控制精度，将输出压力实际值由压力传感器反馈到控制器中，并与设定值进行快速比较，根据实际值与设定值的差值控制脉冲输出信号的高低电平。即当实际值大于设定值时，数字控制器发出低电平信号，输出压力下降；当实际值小于设定值时，数字控制器发出高电平信号，输出压力上升。通过阀输出压力的反

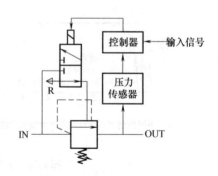

图9-31　压电开关调压型电-气数字阀的工作原理

馈，数字控制器相应地改变脉冲宽度，最终使得输出压力稳定在期望值附近，以提高阀的控制精度。

（2）结构及工作过程

基于上述数字阀工作原理的压电开关调压型电-气数字阀的总体结构如图9-32所示，其关键部分之一为压电叠堆11。数字控制器实时根据出口压力反馈值与设定压力之间的差值，调整其脉冲输出，使输出压力稳定在设定值附近，从而实现精密调压。该阀的工作过程为：若出口压力低于设定值，则数字控制器输出高电平，压电叠堆11通电，向右伸长，通过弹性铰链放大机构推动先导开关挡板7右摆，堵住R口，P口与A口连通，输入气体通过先导阀口向先导腔充气，先导腔压力增大，并作用在主阀膜片5上侧，推动主阀膜片下移，主阀芯开启，实现压力输出。输出压力一方面通过小孔进到反馈腔，作用在主阀膜片下侧，与主阀膜片上侧先导腔的压力相平衡；另一方面，经过压力传感器，转换为相对应的电信号，反馈到数字控制器中。若阀出口压力高于设定值，则数字控制器输出低电平，压电叠堆11断电，向

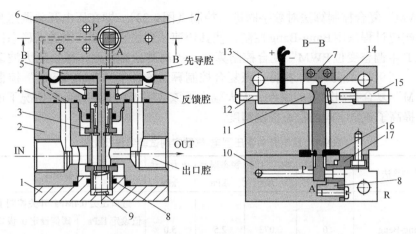

图9-32 压电开关调压型电-气数字阀的总体结构示意图

1—主阀下阀盖；2—主阀下阀体；3—溢流机构；4—主阀中阀体；5—主阀芯膜片组件；6—主阀上阀体；
7—先导开关挡板；8—O形密封圈；9—复位弹簧；10—先导左阀体；11—压电叠堆；12—定位螺钉；
13—先导上阀体；14—预紧弹簧；15—预紧螺钉；16—波形密封圈；17—先导右阀体

左缩回，先导开关挡板7左摆，堵住P口，R口与A口连通，先导腔气体通过R口排向大气，先导腔压力降低，主阀膜片上移，主阀芯关闭。此时溢流机构3开启，出口腔气体经溢流机构向外瞬时溢流，出口压力下降，直至达到新的平衡为止，此时出口压力又基本恢复到设定值。

对于先导部分为二位三通压电型高速开关阀的数字阀，应选用数字控制方式。为了压电开关调压型电-气数字阀的动态性能和稳态精度，减小其压力波动，采用了"Bang-Bang＋带死区P＋

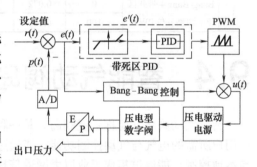

图9-33 "Bang-Bang+带死区P+调整变位PWM"复合控制框图

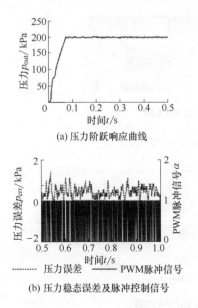

(a) 压力阶跃响应曲线

(b) 压力稳态误差及脉冲控制信号

图9-34 阀出口压力阶跃响应曲线（流量为0）

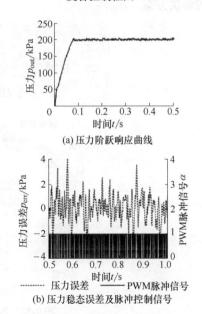

(a) 压力阶跃响应曲线

(b) 压力稳态误差及脉冲控制信号

图9-35 阀出口压力阶跃响应曲线（流量为100L/min）

调整变位PWM"复合控制算法对数字阀进行控制（图9-33）。即在压电开关调压型气动数字比例压力阀响应过程采用Bang-Bang控制，使其快速达到稳态区域；当进入稳态区域后，采用"带死区P＋调整变位PWM"复合控制算法，提高其稳态精度，减小压力波动。试验结果（图9-34、图9-35及表9-1）表明，该复合控制算法弥补了"Bang-Bang"控制和"带死区P＋PWM"复合控制算法的缺点，大大减小了该数字阀在有流量负载情况下的出口压力波动，有效提高了该数字阀的稳态控制精度。

表9-1　压电开关调压型电-气数字阀试验结果及比较

序号	控制算法	流量负载 /(L·min⁻¹)	响应时间 /s	稳态误差 /kPa	压力波动 /kPa	试验条件	试验特性曲线
1	Bang-Bang	0	0.073	2.5	5.0	进口压力0.4MPa，开关控制上阈值设定1kPa，下阈值设定0，设定出口压力0.2MPa，出口外接气管等效容积为4mL	略
2	带死区P＋PWM	0	0.071	0.5	1.0	载波频率为200Hz，设定误差1kPa，其余同上	略
		100	0.079	5.0	15		
3	Bang-Bang＋带死区P＋调整变位PWM	0	0.072	0.5	1.0	同上	图9-34
		100	0.080	1	5.0		图9-35

9.4　智能气动阀岛

智能气动阀岛（简称智能阀岛）是一种分散式智能机电一体化控制系统。它能灵活地集成用户所需的电气与气动控制功能；能通过集成嵌入式软PLC与运动控制器，实现本地决策与本地控制；能通过集成工业以太网通信模块，建立与上位控制系统以及其他组件的联网实时数据交换。因此，智能阀岛可为构建面向工业4.0时代的分散式智能工厂控制系统提供灵活的解决方案。

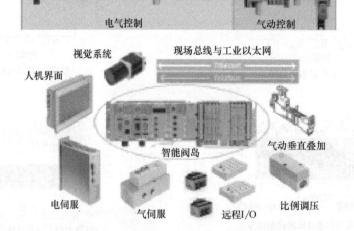

图9-36　智能阀岛的电气与气动控制功能

智能阀岛电气终端，不只是用于连接现场和主站控制层。它已具备IEC 61131-3嵌入式软PLC可编程控制功能，且具备SoftMotion运动控制功能，并配备诊断工具能为用户提供状态监控功能。通过集成智能化的电气终端，使阀岛能够将气缸控制与电缸控制整合在一起：通过模块化阀岛电磁阀控制气缸动作，通过运动控制器控制电伺服与气伺服，并能集成更多功能，如图9-36所示。

　　运动控制是智能机械控制的重要基础。这样的阀岛具备独立的本地决策、本地逻辑控制、本地电伺服控制、本地气伺服控制能力，并且通过集成通信模块灵活地与采用不同通信协议的上位机或其他网络组件进行通信与实时数据交换。因此，称其为智能阀岛，智能阀岛能帮助我们灵活地构建面向工业4.0时代的分散式智能工厂控制系统。

第10章
气动阀产品总览、选型要点及气动阀组集成化

10.1　气动控制阀产品系列总览

在20世纪75年代之前，我国基本上无国产气动控制阀正式产品。为了发展当时短缺、急需而又量大面广的产品，以适当发展其他配套产品为原则并逐步形成我国完整的产品系列，满足国民经济发展的需要，当时的一机部（中华人民共和国第一机械工业部）成立了气动控制阀联合设计组，并经过三年多的努力，完成了气动控制阀系列的设计、典型样机的试制和试验工作。其中包括方向控制阀、流量控制阀、压力控制阀、消声器等6个系列21个品种73个规格，使国产气动控制阀系列基本形成，为后来乃至现今气动技术的进一步发展和完善打下了良好的基础。这些元件自1979年开始由各气动元件厂逐步投入小批生产以来，迄今仍为诸多气动元件厂的传统保留产品。此外，自改革开放以来，我国陆续从国外引进了包括控制阀在内的各种先进气动元件产品，其中包括众所周知的德国Festo（费斯托）产品、日本SMC产品等。

目前国内生产和市场销售的气动阀产品，系列品种繁多，归属源系不一，既有国内自行开发的上述系列产品，又有仿制消化的；既有引进国外技术生产制造的，又有中外合资生产或国外公司独资生产的。此外，考虑到包括气动控制阀在内的气动产品更新换代较快，同时各种气动元件的型号、规格及尺寸的标准尚不尽完善齐备，故不便按系列对现有产品进行分类。

表10-1是按当前的技术水平及不完全统计资料，搜集的气动阀主要产品及其性能比较与适用场合总览，供气动控制阀的选型使用参考。

表10-1　气动阀产品及其性能比较与适用场合总览

性能	产品类型						
	普通气动阀				特殊气动阀		
	方向阀	压力阀	流量阀	阀岛	真空阀	逻辑阀	电-气比例/伺服阀
压力/MPa	0~2.4	0.04~1.5	0.05~0.8	1.0	-1~1.6	20~31.5	0.02~1.0；1.3~80kPa（真空用比例阀）
公称通径/mm	1.2~65	3~50	5~40	3~50	10~32	6~32	2~12
接管口径/mm	M5、1/8″~1/2″	1/8″~1″	1/4″~3/4″	M5、3/8″	1/8″		M5、1/8″~1/2″
流量/(L·min⁻¹)	~4500	90~3000	2~8000	17~4500	~400	~250	100~10000

性能	产品类型						
	普通气动阀				特殊气动阀		
	方向阀	压力阀	流量阀	阀岛	真空阀	逻辑阀	电-气比例/伺服阀
控制方式	开关控制(断续控制)				多为开关控制	开关控制	连续控制
抗污染能力	较强						弱
价格	较低						较高
目前货源	丰富			较丰富	较丰富	不丰富	不太丰富
产品来源	国内自行开发产品、引进国外技术产品			引进技术产品较多	国内自行开发系列、引进技术系列	国内自行开发产品系列较多	引进技术生产产品较多
主要应用场合	一般气压传动系统			集成度自动化程度高的气动系统	真空吸附系统	应用日趋减少	动态频响高、控制精度高的气压控制系统

注：1. 各种气动阀产品的性能参数互不相同，具体可查阅气动阀厂商的产品样本。

2. 生产厂商及其产品名录请参见本书附录3。

10.2 气动阀的一般选型及替代要点

选择合适的气动阀，是使气动系统设计合理、技术经济性能优良、安装维护简便，并保证系统正常工作的重要条件。

10.2.1 一般原则

① 按气动系统的拖动与控制功能要求，合理选择气动阀的机能和品种，并与空压机及气动辅件、执行元件等一起构成完整的气动回路与系统原理图。

② 优先选用现有定型产品，除非不得已才自行设计专用气动阀。

③ 根据系统工作压力与通过流量（工作流量）并考虑阀的类型、安装连接方式、操纵方式、尺寸与重量、工作寿命、经济性、适应性与维修方便性、货源及产品历史等从气动手册或生产厂产品样本中选取。

10.2.2 类型选择

气动系统性能要求不同，对所选择的气动阀的性能要求也不同，而许多性能又受到结构特点的影响。例如对于断续工作的或一般气压传动系统，应选择普通气动阀；而对于连续工作的气压控制系统，则应选择电-气比例/伺服阀。

对于以正压为主的气动系统，则应选择大多数正压气动阀；对于以负压为主的气动系统，应选择真空控制阀。对自动化程度要求比较高的气动设备，应选择机控、气控或电控方式的换向阀，而对于无自动化要求的气动设备，则可选择人力控制阀。

例如对于换向速度要求快的系统，一般选择交流电磁换向阀；反之，对换向速度要求较慢的系统，则可选择直流电磁换向阀。对于切换频率要求高的系统，可选直动式电磁换向阀；对于工作流量较大的系统，则应考虑选择先导式电磁阀。对于采用三位换向阀的系统，则应根据气动执行元件的工作性质及动作要求从中位封闭式、中位加压式、中间泄压式选择合适的机能。对于多缸需要多个电磁换向阀的系统，为了避免管线复杂，则应选用气动阀岛。

对于有反向止回要求的气动回路可选择普通单向阀，而对于气缸需要短时间的定位和制动的系统，则应选择先导式单向阀。

对于保护系统安全的压力阀，如溢流阀、安全阀，要求反应灵敏，且能吸收换向阀换向时产生的冲击，这就必须选择能满足上述性能要求的气动阀。在系统控制有要求或易爆、有危险的场合，应选用外部先导式减压阀。

如果一般的气动流量阀由于负载的变化，而不能满足执行机构运动的精度要求，则应考虑采用气-液阻尼缸类执行元件所需的气动阀，等等。

10.2.3　公称压力与通径（流量）的选择

（1）公称压力（额定压力）的选择

可根据气动系统的工作压力选择相应压力级的气动阀，并应使系统工作压力适当低于产品标明的公称压力值。阀的气源压力应高出阀最高输出压力0.1MPa。

（2）通径（额定流量）的选择

各气动阀的额定流量一般应与其工作流量相接近，这是最经济、合理的匹配。一般在确定阀的类型后，由最大输出流量选择阀的通径。

一个气动系统中各回路通过的流量不可能都是相同的，故不能单纯根据气源的最大输出流量来选择阀的流量参数，而应考虑气动系统在所有设计状态下各阀可能通过的最大流量。例如串联回路各处流量相等；同时工作的并联气路的流量等于各条气路流量之和。对于差动气缸的换向阀，其流量选择应考虑到气缸换向动作时，无杆腔排出的流量要比有杆腔排出的流量大许多，甚至可能比气源输出的最大流量还要大。对于系统中的顺序阀和减压阀，其工作流量不应远小于额定流量，否则易产生振动或其他不稳定现象。

10.2.4　安装连接方式的选择

由于阀的安装连接方式对气动阀组装置或产品的结构形式有决定性的影响，故选择气动阀时应对气动控制阀组的集成化方式做到心中有数。例如采用板式连接气动阀，因阀可以装在气动阀板或阀路块上，一方面便于系统集成化和气动装置设计合理化，另一方面更换气动阀时不需拆卸气管，安装维护较为方便。如果采用集装阀，则需根据压力和流量研究集装阀的系列、阀位数等进行选型。

气动阀的安装连接方式及其特点参见1.6.5节。气动阀安装连接方式的选择，通常应考虑四个方面的因素。

（1）体积与结构

对于简单系统，可采用管式连接，复杂系统可采用板式连接或集装式连接。

采用管式连接的系统，控制阀之间的辅助连接件是外购的管接头和仅需做裁断等简单加工的管道。系统管线较为凌乱，容易泄漏，安装维护不便。而板式或集装式连接，则需要根据气动系统的气路关系来设计或外购相应的气动阀板或阀箱，阀之间的气路联系通过阀板或阀箱中加工的孔道来实现，结构紧凑、外形整齐美观、便于集中安装和安装调试，泄漏环节少。

（2）价格

实现同等功能时，相同规格但安装连接方式不同的阀相比较，板式阀要比管式或集装式气动阀的价格高。

（3）货源

国内生产普通气动阀的历史较长且制造厂家较多，技术工艺也比较成熟，因此显得货源充足，价格低廉。生产特殊阀尤其是比例/伺服阀的厂家较少，产品品种规格不全，货源远不如普通阀充足。使比例/伺服阀的应用推广受到一定制约。但目前随着一批合资企业或独资企业在国内进行电-气控制阀的批量生产，电-气比例/伺服阀的货源不足问题已较之以前大大改善，但成本及使用维护技术要求尚较高。

（4）其他

现代气动系统日趋复杂，通常一个系统往往包含许多回路或支路，各支路通过流量和工作压力不尽相同，这种情况下若牵强、机械地选用同一类型的气动阀有时未必合理。这时可统筹考虑，根据系统工况特点，混合选用几类阀（如有的回路选用正压阀，而有的回路则选用真空阀，以省去使用真空泵的费用）。

10.2.5　操纵方式的选择

气动阀有人控、机控、电控、气控及电-气比例/伺服控制等多种操纵方式，各种操纵方式的特点与适用场合参见第1章，可根据系统的操纵需要和电气控制系统的配置能力来选择。

例如对于小型和不常用的系统，可直接靠人工调节溢流阀进行工作压力的调整；而对于需要无级调节压力或流量的系统，则应选用比例/伺服控制。在许多场合，采用电磁换向阀，容易与电气控制系统组合，以提高系统的自动化程度。而某些场合，为简化电气控制系统，并使操作简便，则宜选用手动换向阀。

10.2.6　气动阀的介质使用与润滑选择

气动阀的工作介质，通常与整个气动系统对工作介质的要求相同。对于不需要加入雾化油液的气动阀一旦加入，一般以后就需一直加入。系统的气源应为整个系统提供所需压力及洁净的压缩空气。

10.2.7　经济性及其他因素的选择

合理选择气动阀对于简化气路结构，降低气动系统乃至主机的造价及尺寸和重量，提高性能价格比非常重要。所以，在气动系统原理图设计中一定要在满足主机拖动控制功能前提下，将可留可去的阀去掉，并尽可能选用造价和成本较低的气动阀。另外，还应考虑气动阀的工作寿命、适应性，即气动阀是否适应用户的习惯，是否能与类似产品互换；维修方便性，即气动阀能否在工作现场快速维修；货源及产品历史，即气动阀是否容易购置，产品的性能和生产、使用及验收的历史状况如何。作为气动系统的设计师及使用和维护人员，应对国内外气动阀的生产销售厂商（公司）的分布及其产品品种、性能、服务、声誉，新旧产品的替代与更换有较为全面的了解，才能正确、合理地选择及替代使用气动阀。

10.2.8　普通气动阀选型一览表

表10-2给出了气压传动系统中使用量大面广的普通气动阀（方向阀、流量阀与压力阀）的选型依据及所需考虑的因素。

表10-2　普通气动阀的选型依据与所需考虑的因素一览表

序号	选型依据与考虑因素	方向控制阀	流量控制阀	压力控制阀
1	公称压力(额定压力)	▽	▽	▽
2	额定流量或通径	▽	▽	▽
3	流量调节范围		▽	
4	压力调节范围			▽
5	操纵方式	▽	▽	▽
6	安装连接方式	▽	▽	▽
7	节流特性	▽	▽	
8	精确度		▽	▽
9	响应时间	▽		▽
10	尺寸和重量	▽	▽	▽
11	购置费用	▽	▽	▽
12	维修方便性	▽	▽	▽
13	适应性	▽	▽	▽
14	货源	▽	▽	▽
15	产品史与声誉	▽	▽	▽

注：▽表示选型时需考虑此因素。

10.2.9　各类气动阀的选型注意事项

各类气动阀的选型注意事项请分别参见第2章~第9章相关内容，此处不再赘述。

10.3　气动阀组的集成化

10.3.1　气动阀组的概念

一个完整气动系统的设计流程和内容可分为两大部分：一是系统的功能原理设计（包括系统原理图的拟定、组成元件设计和性能计算等环节），其具体方法步骤和设计示例可见《气动元件与系统从入门到提高》和《液压气动技术速查手册》等著作；二是系统的技术设计（主要指气动装置的结构设计）。气动装置由气源和气动阀组（各类气动控制阀及其连接体的统称）两大部分组成。气动装置设计的目的是选择确定气动元、辅件的连接装配方案及具体结构，设计和绘制气动系统产品工作图样并编制技术文件，为制造、组装和调试气动系统提供依据。而气动装置设计中的大部分工作量集中在气动控制阀组的集成化中。

10.3.2　气动阀组的集成方式

由于一个气动系统中有很多控制阀，故这些控制阀的集成方式（其中包括阀组的连接形式、管道的接法、接头的结构形式、尺寸大小等）合理与否，对于气动系统的制造、组装和使用乃至工作性能（在不同压力、温度下的漏耗情况，运行的可靠性，维修的便利性，系统允许的集成规模，甚至系统实现的可能性，等等）有着很大影响。有些气动系统的设计和实现往往会因为集成方式的设计不当而失败。

气动控制阀组的集成方式可分为有管集成和无管集成两类方式。

有管集成是气动技术中最早采用的一种集成方式，只要按照气动系统原理图的回路要求，用与阀的气口尺寸规格相对应的气管和管接头将选定的管式气动阀连接起来即可，具有连接方式简单，不需要设计和制造气路板或气路块等辅助连接件等优点。但当组成系统的阀较多时，需要较多的管件，上下交叉，纵横交错，占用空间加大，布置不便，安装维护和故障诊断也较困难，且系统运行时漏耗大，各接头处容易产生泄漏、振动噪声大等不良现象。此种集成方式仅用于较简单的气动系统及有些行走机械设备中。

无管集成则是将板式、集装式、叠加式等非管式气动阀固定在某种通用或专用的辅助连接件上，辅助连接件内开有一系列通气孔道，通过这些通气孔道来实现气动阀之间的气路联系。由于气路直接做在辅助件或气动阀体上，省去了大量管件（无管集成因此而得名），故具有结构紧凑，组装及配管配线方便，外形整齐美观，安装位置灵活，气路通道短，压力损失较小，不易漏耗等突出优点。无管集成方式可用于各类工业气动设备、车辆与行走机械及其他机械上，是应用最为广泛的集成方式。事实上，第3章介绍的阀岛也属于一类典型的无管集成方式。根据辅助连接件的不同，气动控制阀组的无管集成有板式、集装式、叠加式以及阀箱式等。此处主要对各类无管集成气动阀组的结构特点进行简要介绍。

10.3.3　气动阀组的板式集成

气动阀组的板式集成是应用较为广泛的一种集成方式。它是将若干个标准板式气动控制阀用螺钉固定一块公共气路底板（亦称阀板）正面上[参见表7-10中的图（a）及图10-1]，按系统要求，通过气路板中钻、铣或铸造出的孔道（槽）以及阀板背面及侧面的气管实现各阀之间的气路联系，构成一个回路。对于较复杂的系统，则是将系统分解成若干个回路，用几个气路板来安装标准板式气动元件，各个气路板之间通过管道来连接。板式集成的气动阀组可以安装在主机适当位置、DIN导轨或其他基座上。

板式集成气动阀组的辅助连接件是公共气路底板（阀板）。按照气路板的加工结构和加工方式不同，气路板有剖分式和整体式两种结构形式［参见表7-10中的图（a）、（b）］。

传统板式集成阀组的阀板往往由用户根据特定的气动系统自行专门设计制作，不易实现标准化和通用化。特别是采用剖分式阀板的阀组，当主机工艺目的变化，需要变更气动系统回路原理或追加气动阀类元件时，阀板就要重新设计制作，而其中的差错可能会使阀板报废。对于动作特别复杂的气动系统，会因气动元件和管路数量的增加，导致所需气路板的尺寸和数量的增大，致使有些孔道难于加工或出现漏气串腔现象。

10.3.4　气动阀组的集装式集成

(1) 结构特点及类型

气动阀组的集装式集成是在传统板式集成基础上发展的一种新型集成方式。集装式集成是将多个电磁阀或气控阀，通过如图10-1（a）所示的螺纹直接连接或如图10-1（b）所示的插件定位再螺纹连接，集中安装在连接板上（简称集装板），集装板使板上安装的阀有共同的供气和共同的排气管路 [图10-1（c）]，或者共同的供气和个别排气管路 [图10-1（d）]。输出气口A、B的配管位置可以是如图10-1（e)所示的上配管型（集成板的上面）、如图10-1（f)所示的底配管型（集成板底面）和如图10-1（g）所示的侧（横）配管型（集成板的侧面），也可以是如图10-1（h）所示的混合配管型。

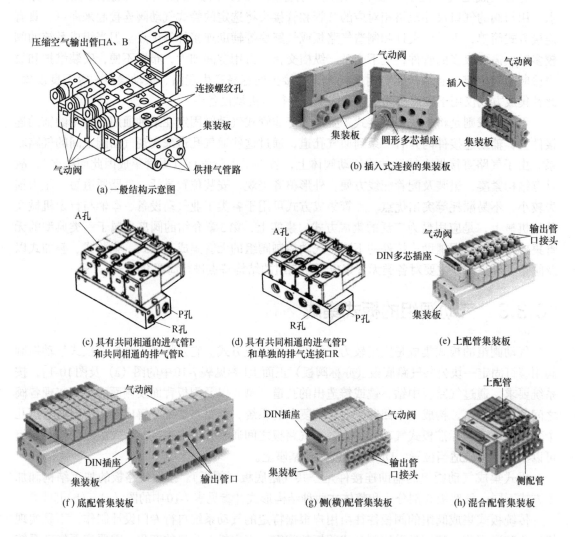

(a) 一般结构示意图

(b) 插入式连接的集装板

(c) 具有共同相通的进气管P
和共同相通的排气管R

(d) 具有共同相通的进气管P
和单独的排气连接口R

(e) 上配管集装板

(f) 底配管集装板

(g) 侧（横）配管集装板

(h) 混合配管集装板

图10-1　集装式集成阀组

集装式集成使管路大大简化，所占空间大大缩小，外观整洁，安装和拆换简便，特别适用于复杂的气路系统。集装板类型繁多，按装配结构不同，集装板可分为整体型和模块型两

气动阀
原理、使用与维护

类；电磁阀安装在标准化公共集装板上，按电磁阀的配线形式（电源线的接线形式），集装板分为集中接线型和少接线型两种类型。

集装板通常由气动阀厂商按用户要求和系统气路结构与阀配套一并提供，很少由用户自行设计制作；集装板材料通常为金属（铝合金），也有带快速接头的注塑成型集装板。

（2）整体型集装板

此类集装板，内部气路结构简单，体积小，结构紧凑，成本低，板上的阀位（安装的阀数量）一定（如2位、5位、12位、24位、32位等）而不能任意改变。

整体型集装板上气阀与集装板可以多采用螺纹连接［图10-1（a）］，也有少量采用插件连接式（插入式）连接［图10-1（b）］，外观整洁，安装和拆换简单。

如图10-1（e）~图（h）所示，整体型集装板的输出气口A、B的配管位置可以是上配管、底配管、侧配管和混合配管之一，所以便于修改回路，不需改变任何结构，只要注意接管口即可。

（3）模块型集装板

如图10-2所示为一组模块型集装板，由连接螺纹将若干块集装板组合而成。图10-3为一种模块型集装式集成阀组的分解示意图，由图可见，此种集装板可根据所需阀数量（阀位）和回路结构任意增减和拼装，构成复杂的气动回路和系统，十分灵活方便。

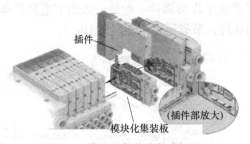

图10-2　模块型集装式集成阀组

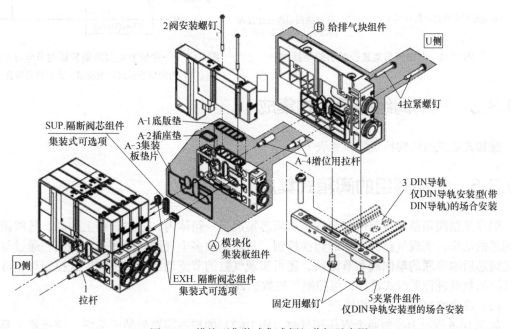

图10-3　模块型集装式集成阀组分解示意图

（4）集中接线型集装板

这种集装板内部有接线用的接插型多芯接线端子，所安装的电磁阀可通过这些接线端子集中接线与外部电源连接，具有接线简单、外观整洁和维修方便的特点。

电磁阀与集装板的接线方式有引线型和插座型两类。引线型如图10-4所示，其中如图10-4（a）所示为电磁阀引线已连接在阀上，只需与相应的电源连接即可；如图10-4（b）所示为电磁阀引线已连接在接线板上侧的接线端子上，相应的电源线可接在接线板下侧的接线端子上即可。

插座型有圆形多芯插座和DIN多芯插座两类，前者示例如图10-1（a）所示，电磁阀引线已与圆形多芯插座连接，阀的引线与电源用圆形多芯插头一次性完成连接，接线和安装快捷方便；后者示例如图10-1（e）~图（h）所示，电磁阀引线已与DIN多芯插座连接，相应插头接上电源，插头与插座连接后，阀与电源就相通，接线和安装快捷方便。

（5）少接线型（带信号转换器）集装板

在现代气动自动化系统中，常使用可编程逻辑控制器PLC对系统进行程序控制，为此利用数字信号处理技术，将PLC的并联信号变换成串联信号输送至电磁阀，仅用3~4根导线便可同时控制几十个甚至上百个电磁阀。在集装板内装有信号转换器，该转换器将串联信号再次转换为并联信号，并按编码送至指定地址的电磁阀使之动作。采用这种集装板大大减少了繁杂的接线工作，提高了系统工作可靠性。此外，采用节电回路集装板，还可使长期通电工作的系统，降低保持时的功耗，节省运行电能（图10-5）。

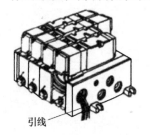

（a）电磁阀引线已连接在阀上

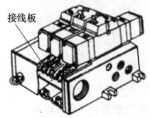

（b）电磁阀引线已连接在接线板上侧的接线端子上

图10-4　电磁阀与集装板的引线型接线

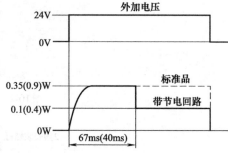

图10-5　一种带节电回路集装板的节电波形图

［（　）内的值表示高速响应型，高压型的场合］

10.3.5　气动阀组的叠加式集成

叠加式集成的结构特点请参见表7-10。

10.3.6　气动阀组的阀箱式集成

顺序控制阀箱是将自制的多个柱塞式阀芯集成于一箱体内，通过转鼓上的高、低阀钮操纵阀芯的动作，实现气路的通、断切换控制，从而实现多个气缸的顺序动作控制；通过与柱塞式阀芯后端串联的单向阀和节流阀，还可实现气缸的节流调速。这种集中式控制阀箱可根据气缸的数量进行平行式设计，可控制气缸数达20只。

（1）顺序控制阀箱的结构原理

如图10-6所示为控制两个双作用气缸（图10-7）的控制阀箱的装配简图。该阀箱主要由气室3、柱塞5（柱塞带有锥体，其中部铣有多条排气槽）、锁杆7、小弹簧8、顶杆9、低阀钮10、协调转鼓11、高阀钮12、回转销13、进出气口17、单向阀18、弹簧19、弹簧23和节流阀24等组成。每两只柱塞控制一个气缸，即柱塞 A_1、B_1 和柱塞 A_2、B_2 分别控制一个气缸。其工作原理如下所述。

　　工作时压缩空气由螺孔4进入集中控制阀箱的气室3（一个长方形的空间，它与各柱塞5的上部相通，如 $A-A$ 剖面图所示）中，协调转鼓11带动低阀钮10和高阀钮12按顺时针方向转动。当低阀钮10转动到顶杆9的凸处时，顶起顶杆9，使之绕回转销13做逆时针转动，这样，顶杆9端面的凸出部分C在小弹簧8的作用下，嵌入锁杆7的B槽中，并被锁杆7勾住。因此，柱塞5被抬起并保持在高位置，柱塞D处台肩将阀孔下端面封闭，柱塞上的锥体上移，使得阀孔E与气室3相通。从而，压缩空气由气室3进入阀孔E和横孔F顶开单向阀18，经进出气口17，进入执行气缸一腔（图10-7的 B_1 端），推动气缸1（图10-7）运动。同时，协调转鼓11继续旋转，当高阀钮12转动到顶杆9的凸出部分处时，将顶杆9进一步顶起，当转动到锁杆7下面时，带动锁杆绕着销钉6进行逆时针方向转动，使顶杆与锁杆脱离。柱塞5在弹簧23的作用下回到下位，柱塞5锥部将气室3和阀孔E隔开，同时柱塞5下面D处台肩退出阀孔外面，为排气做好准备。

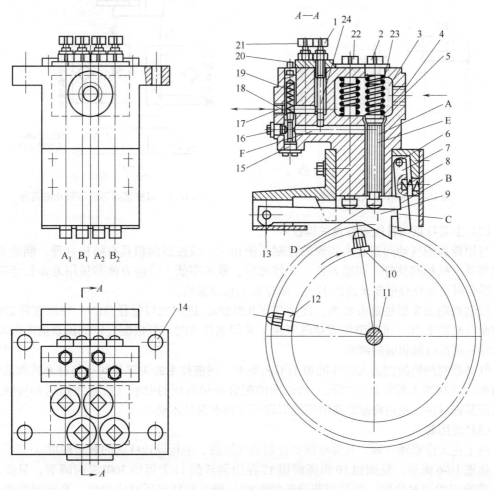

图10-6　气动控制阀箱的装配简图

1—节流阀调节螺钉；2，22—压簧螺钉；3—气室；4—进气口；5—柱塞；6—销钉；7—锁杆；8—小弹簧；9—顶杆；
10—低阀钮；11—协调转鼓；12—高阀钮；13—回转销；14—安装螺钉；15，16—螺钉；17—进出气口；18—单向阀；
19—弹簧；20—支承板；21—调节螺钉；23—弹簧；24—节流阀

如图10-7所示，当气缸1需要反向运动时，进气应为另一端A_1，其进气由阀的另一柱塞（结构与A—A剖面的柱塞一样）控制，其控制原理与上述相同。而排气端B_1处的排气路线为：气缸1排出的气体经B_1处进入控制阀的进出气口17，由螺钉1调节节流阀24、横孔F、阀孔E的排气槽A，排到阀孔底部的大气中。

A_2和B_2两只柱塞也能够控制另一只双作用的气缸2。以此类推，像这样的阀箱可以控制20只气缸。

集中式控制阀箱根据气缸的数量进行平行式设计，图10-6为控制2只气缸的控制阀箱。

由上述可知，通过螺钉1调节节流阀24的开度，即调节回路气阻大小，可分别控制各气缸的运动速度，其调节性能良好。

综上所述，阀箱中的每一对柱塞式阀芯的功能类似一个三位四通机换向阀，如图10-8所示，它与一对单向节流阀一起，在对气缸进行换向控制的同时，还可对气缸进行节流调速控制。

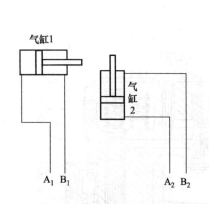

图10-7　双作用双缸配管图

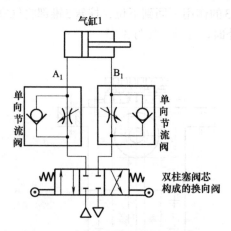

图10-8　双柱塞阀芯的等效功能符号

（2）主要特点与性能参数及关键技术

与用普通的气动阀组合来实现的控制系统相比，该控制阀箱具有结构合理、制造方便、装配简单、机械刚性好、调整方便、工作可靠、故障率低、维修方便和使用寿命长等特点，非常适合对自动化程度要求高的多气缸顺序控制系统采用。

控制阀箱的主要性能参数为：使用气压0.8MPa，进出气口管径G1/4，柱塞直径20mm，可控制气缸数1~20，进气节流或排气节流。采用该技术时，可根据气缸的流量的不同需求，在设计和制作时做相应的调整。

气动控制阀箱的制造无特殊的加工工艺要求。制造技术的关键是阀孔与柱塞式阀芯的配合精度以及柱塞上的锥体与阀孔上的锥面的配合接触面积的要求（接触面积达50%以上），以保证其密封性。使用特制的高精度铰刀即可达到有关技术要求。

（3）应用要点

由上述工作原理可知，只要根据要控制的气缸数，平行设计柱塞的数量即可。

如图10-6所示，低阀钮10和高阀钮12在协调转鼓11上可做360°周向调节，只要调节低、高阀钮的相对位置，即可调节进气的时间。调节各柱塞所对应的低、高阀钮的相对位置，即可调节各气缸的协调性，即调整各气缸运动顺序。在转鼓的圆周刻上度数，能够更加方便调节，协调转鼓11转动一圈各个气缸完成一工作循环，所以该阀箱特别适合在自动化生产设备上使用。

气动阀
原理、使用与维护

第11章
气动控制阀应用实例

11.1　普通气动控制阀的应用

由普通气动控制阀构成的系统称为气压传动系统，主要用于轻载、断续控制或以动力传递为主的各类自动化气动设备中，其响应特性和控制精度一般要求不高。

11.1.1　气压传动系统的一般组成和原理

气压传动系统的一般组成和原理在第1章进行了较为详细的介绍和论述，此处不再赘述。

11.1.2　气压传动系统应用实例之一：制冷家电气动胀管机系统

（1）主机功能结构

异形端管是空调器、电冰箱等制冷家电的热交换器（冷凝器和蒸发器）使用的一种重要管件，其加工质量直接制约着热交换器乃至整个制冷器具的质量和性能。气动胀管机就是对铜管管端进行成形加工（将直径 $\phi6\sim12mm$、壁厚 $t=0.5\sim1.0mm$ 的直铜管的端部加工成杯状、喇叭状等形状）的一种专用设备。

如图11-1所示为气动胀管机工作机构示意图，机器采用挤压胀形工艺技术，即将空心管坯放入动、定模板组成的模具腔中并夹紧；靠机器的压力将胀头挤入空心铜管内，从而使管坯胀出所需的各种管端形状。胀管机主机由机身（薄钢板与角钢焊接而成）、模具（含定模板10、动模板12及锁紧机构）和挤压胀形机构（胀杆6、胀头8）等三部分组成。模具和挤压胀形机构呈垂直关系并均置于机身顶面，其平面布局如图11-1所示。为保证胀杆、胀头和模具腔中心部件的同心度，胀杆与气缸的活塞杆采用销轴浮动连接，并由导向架7导向。动模板及挤压胀形机构的动作由气压传动完成。动模板与定模板合模后，由机械机构缩紧。机器的电控部分安装在空心机身腔内。

机器的工作循环顺序为：手动上料→动模板前进（合模）→挑杆挑起限位挡板挤压胀形→挤压复

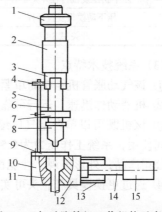

图11-1　气动胀管机工作机构示意图

1—调整螺母；2—挤压胀形气缸；3—活塞杆；4—销轴；5—挑杆；6—胀杆；7—导向架；8—胀头；9—限位挡板；10—定模板；11—工件；12—动模板；13—导轨；14—活塞杆；15—动模气缸

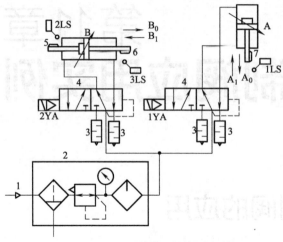

位落下限位挡板→动模复位→手工下料。

（2）气动系统原理

图 11-2 为气动胀管机的系统原理图。为了满足成形工艺要求及调试、使用、维修方便，系统构成有如下考虑。

① 因胀管机属专用机械设备，无需经常调速，故系统没有设置专门的流量控制元件，而是通过气缸及气源供气量的合理匹配设计使气缸速度满足工艺要求。

② 动模气缸 A 和挤压胀形气缸 B 均为两端带可调缓冲的气缸，以保证工作平稳无冲击。缸 A 为单活塞杆气缸，缸 B 为双活塞杆气缸。采用双出杆缸的原因：一是要求该缸具有相同的正反向速度；二是可借助该缸上、下端活塞杆上的调整螺母作为电气行程开关的撞块并实现挤压行程的调整。

图 11-2　气动胀管机系统原理图

1—气源；2—气动三联件；3—消声器；4—二位五通电磁换向阀；5，6，7—活动撞块；A—动模气缸；B—挤压胀形气缸；1LS，2LS，3LS—行程开关

③ 两只气缸均采用单电控先导式二位五通换向阀换向，此种阀的切换时间小于 15ms。为了减小排气噪声污染，两个换向阀的排气口均安装了烧结型消声器 3。

④ 采用结构紧凑的气动三联件（FRL）2，对气源排出的压缩空气进行过滤，并实现润滑油雾化和系统压力调整，系统各元件通过半硬尼龙管和快插式接头连接。

系统动作状态见表 11-1。

表 11-1　气动胀管机系统动作状态表

信号源	动作名称	电磁铁状态	
		1YA	2YA
	手工上料	−	−
脚踩启动开关	动模板前进(合模)	+	−
压下挤压胀形行程开关1LS	挤压胀形	+	+
压下挤压复位行程开关2LS	挤压复位	+	−
压下动模板复位行程	动模板复位	−	−
开关3LS	手工下料		

（3）系统技术特点

① 该气动胀管机结构简单紧凑，整机总体尺寸为 980mm×620mm×800mm。

② 机器动作迅速，运行可靠、生产效率高（生产率≥1000件/h），且产品质量稳定。

③ 该机既可以单台空气压缩机作为动力源，也可在具有集中空压站及铺设有供气管路的车间使用，系统工作压力为 0.5~0.7MPa，流量为 0.1m³/s。系统主要气动元件均采用了新益气动公司产品，外形美观，性能稳定，使用可靠，便于调整和维护。

④ 通过更换模具和胀头可实现多种规格的铜管管端的成形加工。

11.1.3　气压传动系统应用实例之二：磨粉机气动系统

（1）主机功能结构

磨粉机是小麦面粉工业成套制粉机械中最为核心的主机设备，其性能优劣对制品质量乃

至面粉生产企业的整体经济效益具有直接影响。作为粮食机械行业最为关键的设备，磨粉机的工作原理为，通过一对相对转动并具有速差的磨辊剥开小麦，将小麦胚乳从麦皮剥下，并碾成面粉；工作时物料受到挤压、剪切和剥刮作用，从而获得一定的研磨效果。每台磨粉机有两套独立的传动、喂料、研磨系统，在粉路中发挥着各自的功能。磨粉机的控制方式在20世纪为液压控制；为了实现环境及制品绿色无污染，目前多采用气动控制；未来的发展趋势是全电控或气电一体化。

磨粉机主要由进料机构、喂料机构、研磨机构、磨辊清理机构、轧距调节机构、辊间传动机构及气动系统等部分组成。如图11-3所示，按物料流方向，主机可分为进料区A、喂料区B、研磨区C和卸料区D等四个区。当物料进入进料区A时，喂料辊4以一定的转速旋转喂料到研磨区C。通过一对具有速差的磨辊的相对转动，剥刮研磨小麦，磨下物到卸料区D，通过提料管至下道筛理工序。筛理后分级接着再到下个磨口，通过多道工序研磨筛理，最后获得符合制粉设计要求的面粉，以满足人们对各类面粉为原料的食品需求。

磨粉机的喂料装置和磨辊合轧研磨分别采用伺服气缸和主气缸驱动。即当观察筒里的物料达到一定重量压下脉冲传感器（网状浮标）时，通过杠杆传递到压下滚轮操纵阀，使喂料辊伺服气缸的活塞杆伸出带动喂料门开启，喂料辊喂料到研磨区，同时主气缸活塞杆伸出通过杠杆机构使磨辊合轧研磨。

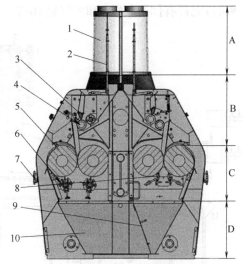

图11-3　磨粉机的主机结构原理示意图

1—观察筒；2—脉冲传感器；3—伺服喂料装置；4—喂料辊；5—磨辊；6—刷子清理机构；7—微调手轮；8—刮刀清理机构；9—负压吸风装置；10—下料斗；A—进料区；B—喂料区；C—研磨区；D—卸料区

（2）气动系统工作原理

① 气压源系统。气压源系统用于磨粉机组压缩空气的供给。如图11-4所示，气压源系统

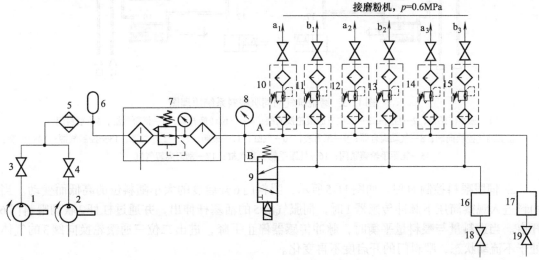

图11-4　气压源系统原理图

1，2—空压机；3，4，18，19—截止阀；5—干燥器；6—储气罐；7—主管路三联件；8—压力表；9—二位三通电磁换向阀；10~15—分管路三联件；16，17—冷凝水收集器；A—工作用压缩空气管路；B—控制用压缩空气管路

应能提供压力为0.6MPa和满足各磨粉机耗气量（每台磨面机的耗气量为0.12m³/min）的干燥、无水、无尘、油雾化的压缩空气，以保证磨粉机正常运转。每套气压源设备应配置一台尽可能大的压缩空气储气罐，储气罐与一用一备的两台空压机相连。空压站房内应设通风装置。控制用空气管线上安装二位三通电磁换向阀9，通过其通、断电来实现磨粉机离合闸的远程集中控制。

②气动伺服喂料系统。如图11-5所示为磨辊机气动伺服喂料系统原理图，其中工作气源12和控制气源13分别来自如图11-4所示的气压源系统a_i口和b_i（i=1，2，…，n）。系统的气动执行元件有伺服气缸5和主气缸10等。

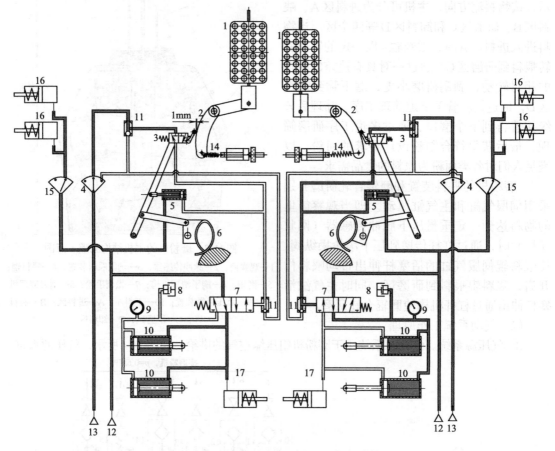

图11-5　磨辊机气动伺服喂料系统原理图

1—脉冲传感器；2—杠杆；3—二位三通滚轮换向阀；4—三位转换开关；5—伺服气缸；6—喂料门；
7—二位五通气控换向阀；8—气动离合器；9—压力表；10—气缸；11—梭阀；12—工作气源；13—控制气源；14—弹簧；
15—轧距手轮锁紧阀；16—轧距手轮锁紧气缸；17—刮刀离辊气缸

a. 伺服喂料控制原理。如图11-5所示，喂料门6开启度的大小随料位的高低而变动。当物料进入观察筒压下脉冲传感器1时，伺服气缸5的活塞杆伸出，并通过杠杆2联动喂料门6开启。当进料量与喂料量平衡时，脉冲传感器停止下降，进出二位三通滚轮换向阀3的气体处于不流动状态，喂料门的开启度不再变化。

当进料量大于喂料量时，脉冲传感器1继续下降，气源继续向伺服气缸5提供新的压缩空气，伺服气缸的活塞杆继续伸出，喂料门6的开度继续增大；反之，如果脉冲传感器上的负荷消失，则伺服气缸5的活塞杆退回，喂料门杆退回，喂料门的开度减小直至关闭。

气动阀
原理、使用与维护

b. 自动控制。如图11-5所示，将三位转换开关4转至中位（自动模式），工作气体经气源12进入二位五通气控换向阀7，控制气体经气源13进入伺服气缸5的有杆腔和二位三通滚轮换向阀3。

当观察筒无物料时（见图11-5左半部），弹簧14拉动杠杆2离开换向阀3（约1mm），进入阀3的气体不导通，空气经换向阀7进入气缸10的有杆腔，活塞收缩，磨辊离轧，喂料门关闭，离合器8分离，压力表9示值为零。

当物料进入观察筒（见图11-5右半部）时，在物料重力作用下脉冲传感器1下降，杠杆2转动迫使换向阀3导通，将空气导入伺服气缸5的无杆腔。随着气压的继续升高，驱使伺服气缸的活塞杆伸出，打开喂料门6，控制气体经梭阀11推动换向阀7换向，工作气体进入离合器8，喂料辊开始喂料，同时工作气体进入气缸10的无杆腔，活塞杆伸出使磨辊合闸，此时压力表9示值为工作压力。

c.手动控制。将三位转换开关4转至右位（磨辊合闸），控制气体经气源13进入三位转换开关4并经梭阀11推动换向阀7换向。工作气体经换向阀7进入离合器8，喂料辊开始喂料，同时工作气体进入气缸10的无杆腔，活塞杆伸出，磨辊合闸，此时压力表9示值为工作压力。

当将三位转换开关4转到左位（磨辊离闸）时，控制气体经气源13进入伺服气缸5的有杆腔，喂料门关闭，同时工作气体进入气缸10的有杆腔，磨辊离闸，压力表9示值为零。

d. 远程集中控制。系统可用控制台上的控制开关控制气压源主回路上安装的二位三通电磁换向阀（见图11-4之元件9）来实现远程集中控制，控制气源13断气，工作气体进入气缸10的有杆腔，磨辊迅速离闸，当远控开关旋至"复位"，各磨粉机恢复到各自原来状态。

e. 轧距锁紧控制。当需要调整轧距时，将轧距手轮锁紧阀15旋至松位（UNLOCK-解锁），轧距手轮锁紧气缸16无杆腔断气靠弹簧力缩回。转动微调手轮（见图11-3元件7），轧距调整合适后，再将轧距手轮锁紧阀15旋至锁紧位（LOCK-上锁），即可重新锁紧手轮。

（3）系统特点

① 采用脉冲传感器和二位三通滚轮操纵换向阀及机械杠杆进行检测，与伺服气缸构成闭环机-气反馈系统，实现了磨粉机喂料门开度的自动控制。

② 通过三位转换开关、梭阀和二位五通气控换向阀实现了磨辊的自动控制和手动控制的选择和转换。

③ 系统的气动元件除了脉冲传感器为用户自行制造外，其余则由阿特拉斯·科普柯（无锡）、SMC、亚德客、派克、诺冠（英国）等著名公司生产，运行安全可靠，使用维护方便。

11.2　电-气比例/伺服阀的应用

由电-气比例/伺服阀构成的系统称为电-气比例/伺服控制系统，主要用于有轻载、连续控制、响应特性和控制精度要求较高的各类自动化气动设备中。

11.2.1　电-气比例/伺服控制系统的一般组成

电-气比例/伺服控制系统一般由气源（过滤减压阀无润滑）、电-气比例/伺服阀、气动执行元件、传感器、控制放大器（比例放大器/伺服放大器）组成，如图11-6所示。

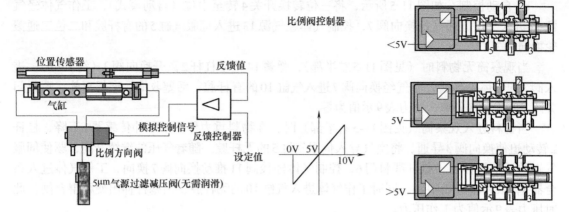

比例阀控制器

位置传感器　　　　　　反馈值

气缸

模拟控制信号

比例方向阀　　　　反馈控制器

设定值

5μm气源过滤减压阀(无需润滑)

图11-6　电气比例/伺服系统的组成　　　图11-7　电-气比例/伺服阀（三位五通气动伺服流量阀）

（1）电-气比例/伺服阀（图11-7）

控制系统所用的电-气比例/伺服阀用于接收控制器发出的控制信号，并产生相应气体压力或流量。因此阀的功能形式与控制器密切相关。众所周知，目前多数气动设备和系统都采用电控制器。因此比例/伺服控制器的输入信号大多为电压或电流信号，控制气阀的核心功能便是将输入的电信号按一定的规律转换为压力或流量驱动量。可见控制气阀在电-气比例/伺服控制系统中起着电-气接口和放大作用。

在电-气比例/伺服控制系统中采用的控制阀可以是比例/伺服流量阀、比例/伺服压力阀和高速控制阀等，所有控制气阀都带有电气-机械转换器，常用于比例/伺服阀的电气-机械转换器有电磁铁、动圈式力马达、动铁式力矩马达、压电晶体等，常用于高速控制阀的电气-机械转换器有电磁铁、压电晶体等。这些电气-机械转换器的结构原理参见8.1~8.3节。

电-气比例/伺服阀可分为电压型（0~10V）和电流型（4~20mA），其主要特点表现在它的中间位置（俗称零位）。即当比例/伺服阀的控制信号处于5V或12mA时，它的输出为零（也就是整个控制系统运作到达设定点的位置停止），因此，气动比例/伺服系统要满足一个条件，即输出=设定位置–当前位置+5V（电压型）。换言之，当驱动器到达设定点位置时，就意味着设定位置－当前位置=0。此时，比例伺服阀只得到5V的控制信号，它无输出。

（2）气动执行元件

电-气比例/伺服控制系统中的执行元件最常用的是普通气缸、无杆气缸或摆动气缸（见图11-8），它们在比例/伺服阀输出的压力或流量作用下，产生运动速度或作用力。为了实现闭环控制，这些气动执行元件必须与位移传感器连接，以进行检测反馈。

(a) 一种普通双杆气缸　　　　(b) 一种无活塞杆气缸　　　　(c) 一种摆动气缸

图11-8　几种气缸实物外形图

（3）传感器

传感器用于闭环气动比例/伺服控制系统中，系统中的控制器需要不断地对执行元件的运动状态进行监测,据此,计算其输出控制量。因此传感器检测的物理量往往是比例/伺服控制系统的最终控制量。由传感器输给控制器的电信号,也即反馈信号。

与电-气比例/伺服阀配合使用的位移传感器有数字式和模拟式两大类。

① 数字式位移传感器。它采用磁致伸缩测量原理,测量方式是一种非接触、绝对测量方式。运行速度快、使用寿命长、保护等级高(IP65),有些气动制造厂商将数字式位移传感器内置于无杆气缸内部,电接口采用数字式、带CAN协议或接入伺服定位控制连接器(网关)。此类传感器的行程长度范围为225~2000mm,环境温度为–40~75℃,分辨率<0.01mm,最大耗电量为50mA,由于无接触方式,故其速度和加速度可任意。

② 模拟式位移传感器。它有两种连接方式:一种是采用滑块(类似于无杆气缸上的滑块)方式与气动驱动器连接;另一种是采用伸出杆(类似于普通单杆气缸上的活塞杆)方式与气动驱动器连接。

a. 滑块式模拟式位移传感器采用有开口型材,故需带密封条。它是一种接触式、绝对测量方式,电接口是4针插头(类型A DIN63650),行程可从225mm到2000mm,适用环境温度–30~100℃,分辨率<0.01mm。由于为接触方式,其运行速度可达10m/s,加速度达200m/s²,与驱动器连接处的球轴承在连接中的角度偏差在1°内,平均偏差为±1.5mm,最大耗电量为4mA,防护等级为IP40。

b. 伸出杆式模拟式位移传感器。它采用圆形的型材,故无需密封条。它是接触式、并可实现绝对位移测量,电接口是4针插头,行程可从100mm到750mm,适用环境温度–30~100℃,分辨率<0.01mm。由于为接触方式,其运行速度可达5m/s,加速度达200m/s²,与驱动器连接处的球轴承在连接中的角度偏差在±12.5°内,最大耗电量为4mA,防护等级为IP65。该传感器应与机器隔离安装,并通过关节轴承连接,避免活塞杆的机械振动传递到传感器,在必要时应采用辅助隔离措施以确保隔离的效果。

最常用的模拟式位移传感器多采用电位器原理,并与气缸配套使用,可直接测量出气缸的位移。它可实现绝对位移测量,例如对于电压型气动比例/伺服阀(0~10V型),也就是在位移传感器即电位器的固定电阻两端供给稳压电压0~10V,如图11-9所示。当气缸及位移传感器的测量头移动达到某一位置时,输出端对0V端的电压也随之变化,实现输出端输出电压与测量头位移的比例关系,实际上也就是反映了该点的阻值,该值就是反馈值。(注:旋转电位器式位移传感器的工作原理与此相同)

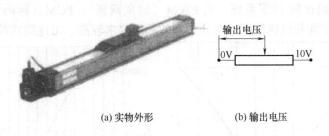

(a) 实物外形　　　　(b) 输出电压

图11-9　直线电位器式位移传感器及其检测原理

(4) 比例控制器(位置控制器)

比例控制器也称比例放大器,通常具备两个方面的功用,首先是实现闭环控制,即根据传感器的测量信号和设定信号,按一定的控制规律计算并产生与控制阀匹配的控制信号;其次是实现主机的工作顺序控制,产生系统输出量的设定值。控制器的实现方式有模拟式和数字式两种。

电-气比例/伺服系统中的比例控制器主要用于气动驱动器，是一种包含开环和闭环的控制器，具有100个程序、次级编程技术，它采用数字式的输入/输出，模拟量输入，具有Profibus、Device Net、Interbus接口，可控制1~4个定位轴（包括可控制步进电机）。其详细技术参数需从各气动制造厂商提供的详细说明书查得。

如图11-6所示，比例控制器与位移传感器、气动比例/伺服阀、驱动器等构成系统的闭环控制，根据传感器测量的信号和设定信号，按一定的控制规律（控制算法）计算并产生与气动比例/伺服阀匹配的控制信号；另一功能是为实现机器的工作程序控制所具备的软件程序功能（包括N个程序与运动模式、补偿负载变化的位置自我优化、输入输出简单程序控制）。

11.2.2　电-气比例/伺服控制系统的工作原理

（1）系统类型

电-气比例/伺服系统的实现原理、控制方法有多种。按系统控制方式，分为开环控制和闭环控制两类；按控制气阀功能，可分为开关式和连续式两类；按系统最终输出量的物理形式可分为定位系统、速度控制系统、压力控制系统及力控制系统等。

① 开环系统。开环系统不需要检测最终输出量的传感器。系统中的控制器与气动执行元件之间的信号流程是单向的，即控制器输出设定控制信号（电信号），经控制气阀转换为气动压力或流量信号，最后经气动执行元件产生输出功率，而气动执行元件的最终输出状态不反馈给控制器。因此，控制器输出的控制设定信号（指令信号），不受执行元件的当前状态影响。开环控制系统具有组成简单、不存在控制稳定性问题等优点，其缺点是控制精度较低。

② 闭环系统。闭环控制系统的信号流程是控制器输出控制信号（电信号），通过控制气阀输出驱动信号（气压信号），并作用于气动执行元件输出功率（机械运动）。执行元件的当前状态，又通过传感器转换为电信号，反馈到控制器，从而完成闭环控制回路和控制过程。控制器根据传感器的检测反馈信号，产生相应的控制信号，不断地纠正气动执行元件输出状态与设定状态的偏差。闭环控制系统具有控制精度高、能减小气源压力、摩擦力、环境温度和其他因素变化对控制精度的影响，可以实现任意位置定位。在设计和使用中，系统的稳定性是一个要引起注意的重要因素。

由开关阀组成的比例/伺服系统，有PWM（脉宽调制）、PCM（脉码调制）控制系统，为了保证系统的稳定性和控制精度，对开关阀的频响要求较高。由连续式控制气阀组成的系

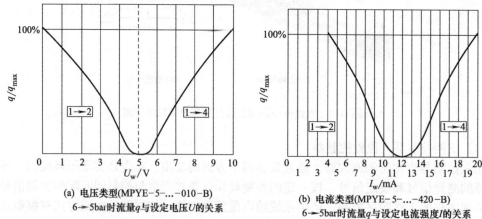

(a) 电压类型(MPYE-5-...-010-B)
6→5bar时流量q与设定电压U的关系

(b) 电流类型(MPYE-5-...-420-B)
6→5bar时流量q与设定电流强度I的关系

图11-10　三位五通电压型或电流型流量伺服阀的流量q与设定电压U/设定电流I的关系

气动阀
原理、使用与维护

统，通过连续控制信号控制执行机构，要求控制阀的线性较好。

（2）设定信号（设定电压/设定电流）的确定

对于图11-6所示的闭环连续式控制气阀控制系统，采用三位五通电压型或电流型流量伺服阀的流量q与设定电压U/设定电流I的关系如图11-10所示。

该系统启动时，必须让驱动器进行一个从头到尾自教性的运动，以认识起点、设定点及终点位置时对应的电压、电流实际值。

正常操作：控制器内具有驱动器到达设定点时获取的电压/电流信号，驱动器运动时的电压/电流信号（即当前位置信号）不断与控制器内的设定值进行比较。

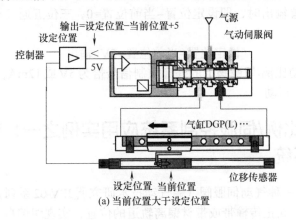

(a) 当前位置大于设定位置

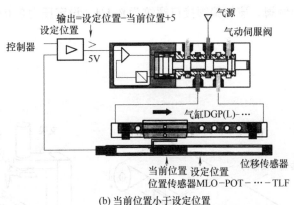

(b) 当前位置小于设定位置

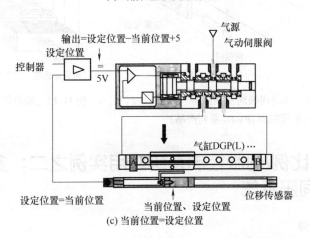

(c) 当前位置=设定位置

图11-11　电-气比例伺服控制系统的自动调整控制过程

（3）自动调整控制过程

① 当前位置大于设定位置。如图11-11（a）所示，当外部控制信号（设定值与当前值的差值）小于当前位置输出时，气动比例/伺服阀右侧输出口输出，气缸向左运动，直至到达设定位置。

② 当前位置小于设定位置。如图11-11（b）所示，当外部控制信号（设定值与当前值的差值）大于当前位置输出时，气动比例/伺服阀左侧输出口输出，气缸向右运动，直至到达设定位置。

③ 当前位置等于设定位置。如图11-11（c）所示，当外部控制信号（设定值与当前值的差值）等于当前位置输出时，即设定位置–当前位置=0，三位五通气动流量伺服阀的反馈电信号处于的状态为

$$设定位置–当前位置+5V=输出$$

因此，作用在气动比例/伺服阀上的外部控制信号恰为5V或12mA，使气动比例/伺服阀输出为零，驱动器停止运动。

11.2.3　电-气比例/伺服控制系统应用实例之一：带材纠偏气动伺服系统

如图11-12所示为一种气动伺服阀（锡气动技术研究所JPV-02系列）及其应用，该阀可与气缸配套成对使用，纠正传输带或带材偏离轨道的位置，实现纠偏自动化，反应敏捷，故生产单位将其简称为纠偏阀。该纠偏阀接口螺纹为$R_c1/4$，设定压力0~0.97MPa，耐压能力为1.5MPa。

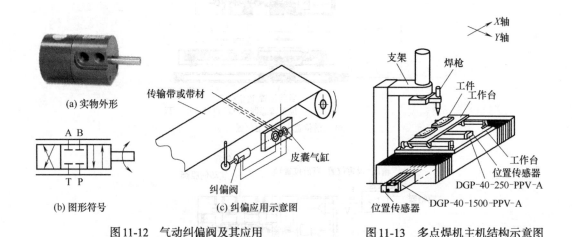

图11-12　气动纠偏阀及其应用
（无锡气动技术研究所JPV-02系列产品）

图11-13　多点焊机主机结构示意图

11.2.4　电-气比例/伺服控制系统应用实例之二：多点焊机气动定位伺服系统

（1）主机功能结构

现需采用焊机对汽车副车架面板进行焊接，左右副车架面板对称共有六个焊点，且不在

一条直线上。焊枪固定，工件由工作台上带动移动，工件由气缸驱动的夹具固定。由于焊点不在一直线上，而且工件在移动时，焊枪需避开工件上的夹具，所以工件需做二维运动，焊机主机结构如图11-13所示。整台多点焊机的控制由位置控制器（伺服控制器）SPC-100和PLC协同完成。SPC-100实现定位控制，采用NC语言编程。PLC完成其他辅助功能，如焊枪升降的控制，系统的启、停等，并且协调X、Y轴的运动。SPC-100与PLC之间的协调通过握手信号来实现。

（2）工况要求（表11-2）

表11-2　工况要求

序号	项目 名称	X轴	Y轴
1	移动范围/mm	1200	250
2	定位精度/mm	±1	±1
3	负载质量/kg	200（含机架）	120
4	工件质量（左梁、右梁）/kg	4	—
5	工作周期/min	2	—

（3）气动伺服系统组成元件（表11-3）

表11-3　气动伺服系统组成元件

序号	组成元件 名称	型号	数量
1	伺服控制器	SPC-100-P-F	2
2	无杆气缸	X轴　DCP-40-1500-PPV-A	1
		Y轴　DCP-40-250-PPV-A	1
3	位移传感器（模拟式）	X轴　MLO-POT-1500-TLF	1
		Y轴　MLO-POT-300-TLF	1
4	比例阀	MPYE-5-1/8-HF-10-B	2

（4）多点焊机定位系统的运行参数（表11-4）

表11-4　多点焊机定位系统的运行参数

序号	运行参数 名称	X轴	Y轴
1	速度v/(m·s^{-1})	0.5	0.3
2	加速度a/(m·s^{-2})	5	1
3	定位精度/mm	±0.2	±0.2

附录
技术标准及厂商名录

附录1　气动控制阀相关技术标准目录（国家标准，截至2017年12月）

序号	标准代号	标准名称	采标ISO代号
1	GB/T 786.1—2021	流体传动系统及元件图形符号和回路图　第1部分:图形符号	ISO 1219-1:2012
2	GB/T 2346—2003	流体传动系统及元件　公称压力系列	ISO 2944:2000
3	GB/T 2348—1993	液压气动系统及元件　缸内径及活塞杆外径	ISO 3320:1987
4	GB/T 2351—2005	液压气动系统用硬管外径和软管内径	ISO 4397:1993
5	GB/T 3452.1—2005	液压气动用O形橡胶密封圈　第1部分:尺寸系列及公差	ISO 3601-1:2002
6	GB/T 3452.2—2007	液压气动用O形橡胶密封圈　第2部分:外观质量检验规范	ISO 3601-3:2005
7	GB/T 3452.3—2005	液压气动用O形橡胶密封圈　沟槽尺寸	
8	GB/T 7932—2017	气动　对系统及其元件的一般规则和安全要求	ISO 4414:2010
9	GB/T 7937—2008	液压气动管接头及其相关元件　公称压力系列	ISO 4399:1995
10	GB/T 7940.1—2008	气动　五气口方向控制阀　第1部分:不带电气接头的安装面	ISO 5599-1:2001
11	GB/T 7940.2—2008	气动　五气口方向控制阀　第2部分:带可选电气接头的安装面	ISO 5599-2:2001
12	GB/T 8102—2008	缸内径8mm~25mm的单杆气缸安装尺寸	ISO 6432:1985
13	GB/T 14034.1—2010	流体传动金属管连接　第1部分:24°锥形管接头	ISO 8434-1:2007
14	GB/T 14038—2008	气动连接　气口和螺柱端	ISO 16030:2001
15	GB/T 14513.1—2017	气动　使用可压缩流体元件的流量特性测定　第1部分:稳态流动的一般规则和试验方法	ISO 6358-1:2013
16	GB/T 14514—2013	气动管接头试验方法	
17	GB/T 17446—2012	流体传动系统及元件　词汇	ISO 5598:2008
18	GB/T 20081.1—2006	气动减压阀和过滤减压阀　第1部分:商务文件中应包含的主要特性和产品标识要求	ISO 6953-1:2000
19	GB/T 20081.2—2006	气动减压阀和过滤减压阀　第2部分:评定商务文件中应包含的主要特性和产品标识要求	ISO 6953-2:2000
20	GB/T 22076—2008	气动圆柱形快换接头　插头连接尺寸、技术要求、应用指南和试验	ISO 6150:1988
21	GB/T 22107—2008	气动方向控制阀　切换时间的测量	ISO 12238:2001
22	GB/T 22108.1—2008	气动压缩空气过滤器　第1部分:商务文件中包含的主要特性和产品标识要求	ISO 5782-1:1997
23	GB/T 22108.2—2008	气动压缩空气过滤器　第2部分:评定商务文件中包含的主要特性的测试方法	ISO 5782-2:1997
24	GB/T 23252—2009	气缸　成品检验及验收	ISO 10099:2001
25	GB/T 26142.1—2010	气动五通方向控制阀　规格18mm和26mm　第1部分:不带电气接头的安装面	ISO 15407-1:2000
26	GB/T 26142.2—2010	气动五通方向控制阀　规格18mm和26mm　第2部分:带可选电气接头的安装面	ISO 15407-2:2003

序号	标准代号	标准名称	采标ISO代号
27	GB/T 28781—2012	气动 缸内径20mm至100mm的紧凑型气缸 基本尺寸、安装尺寸	ISO 21287:2004
28	GB/T 28783—2012	气动 标准参考大气	ISO 8778:2003
29	GB/T 30833—2014	气压传动 设备消耗的可压缩流体 压缩空气功率的表示及测量	
30	GB/T 32215—2015	气动 控制阀和其他元件的气口和控制机构的标识	ISO 11727:1999
31	GB/T 32336—2015	气动 带可拆卸安装件的缸径32mm至320mm的气缸基本尺寸、安装尺寸和附件尺寸	ISO 15552:2004
32	GB/T 32337—2015	气动 二位三通电磁阀安装面	ISO 15218:2003
33	GB/T 32807—2016	气动阀 商务文件中应包含的资料	ISO 17082:2004
34	GB/T 33626.1—2017	气动油雾器 第1部分:商务文件中应包含的主要特性和产品标识要求	ISO 6301-1:2009
35	GB/T 33626.2—2017	气动油雾器 第2部分:评定商务文件中包含的主要特性的试验方法	ISO 6301-2:2009
36	GB/T 33636—2017	气动 用于塑料管的插入式管接头	ISO 14743:2004
37	GB/T 33924—2017	气缸活塞杆端球面耳环安装尺寸	ISO 8139:2009
38	GB/T 33927—2017	气缸活塞杆端环叉安装尺寸	ISO 8140:2009

注:1. 本表来源自液压气动网(由全国液压气动标准化技术委员会、中国机械工程学会流体传动与控制分会、《液压与气动》编辑部共同建立)。

2. 除GB/T 786.1—2021外,本表其他内容截至2017年12月。

附录2 气动控制阀相关技术标准目录(行业标准,截至2017年12月)

序号	标准代号	标准名称	采标ISO代号
1	JB/T 5923—2013	气动气缸技术条件	
2	JB/T 5967—2007	气动元件及系统用空气介质质量等级	
3	JB/T 6378—2008	气动换向阀技术条件	
4	JB/T 6656—1993	气缸用密封圈安装沟槽型式、尺寸和公差	
5	JB/T 6657—1993	气缸用密封圈尺寸系列和公差	
6	JB/T 6658—2007	气动用O形橡胶密封圈沟槽尺寸和公差	
7	JB/T 6659—2007	气动用O形橡胶密封圈尺寸系列和公差	
8	JB/T 6660—1993	气动用橡胶密封件 通用技术条件	
9	JB/T 7056—2008	气动管接头 通用技术条件	
10	JB/T 7057—2008	调速式气动管接头 技术条件	
11	JB/T 7374—2015	气动空气过滤器 技术条件	
12	JB/T 7375—2013	气动油雾器技术条件	
13	JB/T 7377—2007	缸内径32~250mm整体式安装单杆气缸 安装尺寸	ISO 6430:1992
14	JB/T 8884—2013	气动元件产品型号编制方法	
15	JB/T 10606—2006	气动流量控制阀	
16	JB/T 11129—2011	气缸活塞杆技术条件	
17	JB/T 12550—2015	气动减压阀	
18	JB/T 12705—2016	气动消声器	

注:1. 本表来源自液压气动网(由全国液压气动标准化技术委员会、中国机械工程学会流体传动与控制分会、《液压与气动》编辑部共同建立)。

2. 本表内容截至2017年12月。

附录3　国内部分气动控制阀相关生产厂商名录

厂商名称	生产或经营的主要气动阀及相关产品
SMC(中国)有限公司	气缸、气阀、气源处理器
北京市肇庆方大气动设备有限公司	气缸、气阀、气源处理器、气动系统及机械等
牧气精密工业(深圳)有限公司	气动元器件研发、制造、销售及服务,气动电磁阀、比例阀、气缸、气爪、气源处理、真空组件
无锡油研流体科技有限公司	方向/压力/流量控制阀、比例阀、叠加阀、压力继电器、电磁阀、电控阀、气控阀、阀门等,并承揽各种液压系统/液压装置的设计和制造
济南杰菲特气动元件有限公司	气阀、气缸、磁性开关、气动辅件等
济南杰菲特气动液压有限公司	气动液压元件开发、设计、制造、进出口贸易,电磁阀、气缸、三联件、气控阀、脉冲仪、接头、减压阀
东莞市欧特自动化技术有限公司	柔性手指、柔喙套件、机器人、系统集成、视觉系统软件开发、工业机器人与视觉系统培训、工业机器人及配套机器视觉产品的销售
浙江西克迪气动有限公司	执行气缸、方向控制阀、气源处理器、流量控制阀、连接接头、辅件
上海新益气动元件有限公司	电磁阀、换向阀、流量阀、压力阀、气缸、气源处理元件
深圳气立可气动设备有限公司	各类气缸、气爪、调压器、残压排放阀、缓和启动阀、大流量电磁阀、集装阀、空气处理、真空吸盘等
广东诺能泰自动化技术有限公司	电-气比例阀、数显压力开关、气缸气爪、数字式流量开关
上海青浦气动元件有限公司	气缸、气阀、气液增压缸、无杆气缸、回转气缸、(高速)液压缸、气马达
上海优力克自动化元件有限公司	气动液压元件及自动化控制系统
费斯托(中国)有限公司	气缸、气阀、气源处理器、气动系统及机械、气动管接头及管路、气动电磁阀
上海卢斯气动元件有限公司	气动元件
上海康茂胜自动控制有限公司	气缸、阀类、气源处理器装置、接头及辅助元件和相关的气动系统
上海气动成套公司三分厂	气源处理元件、气动方向控制阀、汽缸系列、气动刮水器、气动辅件
无锡市华通气动制造有限公司	气缸、气动控制阀等气动元件
扬州市江都永坚有限公司	气缸、气阀、气动系统及机械、液压缸、液压系统及总成、液压启闭机
无锡市鸿翔气动有限公司	各种规格气缸、液压缸、气动机械、气动控制系统
喜开理(中国)有限公司	气缸、气阀、气源处理器
无锡市华东气动元件厂	气动电磁线圈、电磁先导阀
如东县华康机械有限公司	三通气开关、快速放气阀、风动马达、两用气动器
宁波利达气动成套有限公司	气动元件
宁波恒敏灵通气动成套有限公司	气缸、气动电磁线圈
宁波亚德客自动化工业有限公司	气动控制元件、气动执行元件、气源处理元件、气动工具及辅助元件
宁波佳尔灵气动机械有限公司	电磁线圈、电磁阀、配件等
奉化市美通电磁阀厂	电磁阀、气动元件
宁波索诺工业自控设备有限公司	气缸、气阀、气源处理器
宁波新佳行自动化工业有限公司	气源处理件、阀类等气动产品
奉化市星宇电子有限公司	电磁线圈、阀芯、特种电磁阀
奉化市益利气动元件厂	气阀
奉化市威泰气动有限公司	气缸、气阀
浙江亿日气动科技有限公司	气动元件及配件、气缸、气动控制阀、液压元件、电子元件、家用电器、汽车配件、制冷设备配件、塑料制品、塑胶模具等
建德市新安江气动元件有限公司	电磁阀、换向阀
玉环县精工气动元器件有限公司	流量阀、管接头

气动阀
原理、使用与维护

厂商名称	生产或经营的主要气动阀及相关产品
恒一气动有限公司	气缸、气阀、气源处理器、气动系统及机械、气动管接头及管路、气动电磁线圈
宁波星箭航天机械有限公司	高压气动阀门、高压软管、控制设备、试验设备、流体系统
奉化市盛灵气动有限公司	气阀、气动电磁线圈
宁波盛达阳光气动机械有限公司	气缸、气阀、气源处理器、气动电磁线圈
宁波宝德自动化工业有限公司	气阀、气源处理器
奉化市鑫光机械制造厂	气阀、气动电磁线圈
奉化市永益气动液力有限公司	气阀、气动电磁线圈
奉化市溪口自动化元件厂	气阀、气动电磁线圈
浙江百灵气动科技有限公司	气源处理器、气动管接头及管路、PU管、电磁阀、气动配件
浙江星辰气动有限公司	气动元件设计、生产
奉化市全盛自动工程有限公司	气阀、气动电磁线圈
烟台未来自动装备有限责任公司	气缸、气阀、气源处理器、气动系统及机械
烟台富士通气动元件有限公司	气缸、液压缸
烟台市渤塔气动液压工程有限公司	气缸、气阀、气动系统
广东省肇庆方大气动有限公司	气缸、气阀、气源处理器、气动系统及机械
肇庆端州电磁阀厂有限公司	气缸、气阀
肇庆市志成气动有限公司	气缸、气阀、气源处理器、气动系统及机械、气动管接头机管路、液压缸
重庆西南气动液压有限责任公司	气动三大件、电磁阀、气缸、液压缸、气动和液压系统、客车车门门泵机构等
宁波市江北慈城气动元件厂	青铜/不锈钢/塑料消声器、青铜/不锈钢/塑料过滤芯、各种节流阀、气动元件、粉末冶金制品、铜基、铁基含油轴套、各种齿轮、氟金属自润滑轴套
重庆市蜀宇气动元器件成套技术公司	气缸、气动执行元件、换向阀、流量阀
西安长峰智能科技产业有限公司液压气动分公司	气缸、液压站(系统)及流体动力系统的非标设备、液压实验台、液压检测台等
太仓市明宇密封件有限公司	液压油缸、气缸各类密封件
安徽中鼎控股(集团)股份有限公司	O形密封圈、组合垫圈、防尘圈、往复密封、旋转密封、轴承密封、其他密封
青岛开世密封工业有限公司	O形密封圈、组合垫圈、防尘圈、往复密封、旋转密封、其他密封
莱州市金城橡胶制品有限责任公司	O形密封圈、旋转密封、缠绕垫片
湖北派克密封件有限公司	O形密封圈、其他密封
广州市世达密封实业有限公司	O形密封圈、组合垫圈、防尘圈、往复密封、旋转密封、石墨填料、缠绕垫片、其他密封
中国民航广汉长空橡胶密封件厂	O形密封圈、往复密封、其他密封
北京布莱迪仪器仪表有限公司	测压、测温仪表
天津鲁克自动化仪表有限公司	执行器、阀门类
大连美天三有电子仪表有限公司	液压、压力、能量、显示等工业仪表
肇庆市利恒机械制造有限公司	气动液压元件、洗涤机械及机电设备
上海豪高机电科技有限公司	液压系统、液压阀、液压阀块、冷却器、液压与电喷高速开关数字阀与系统
温州阿尔贝斯气动有限公司	真空发生器、真空吸盘、气缸、电缸
上海阜隆流体控制有限公司	代理各类液压、气动及密封件产品
艾通电磁技术(昆山)有限公司	比例伺服液压控制阀、汽车电子装置制造、新型电子元器件、新型机电元件等
宁波赛德液压件有限公司	液压缸、液压阀、系统和气动元件
宁波市豪发液压气动有限公司	蓄能器、球阀、调压阀、多路阀、三缸泵
浙江松乔气动液压有限公司	液压气动快速接头、管接头

厂商名称	生产或经营的主要气动阀及相关产品
宁波市鄞州通力液压电器厂	比例电磁铁
浙江亿太诺气动科技有限公司	生产气动元件产品及提供气动系统和自动化产品
安徽中工科技股份有限公司	液压气动密封件系列、汽车气制动些列和油罐系列产品
福建省泉州市江南冷却器厂	换热器、空气冷却器及Ⅰ(Ⅱ)类压力容器
安阳凯地电磁技术有限公司	开关型和比例型电磁铁
中航工业西安飞行自动控制研究所	配套飞行控制系统的液压类作动器、伺服阀产品技术
扬州双越液压气动制造有限公司	液压缸、液压扣管机、液压泵站、气缸、气动系统及机械、各类高压油管
济南瑞原液压气动设备有限公司	电磁阀、气缸、气动系统、液压油缸、液压系统的设计及制造
宁波精艺阀门管件有限公司	高压气油压接头、气动元件、气动电磁阀、气动工具、压力管道元件、液压件、阀门管件等
江西艾克实业有限公司	液压快速接头、气动快速接头、各类液压气动元件、塑料制品
威海人合机电股份有限公司	动力传动和智能化电控传动与控制成套系统
油威力液压科技股份有限公司	液压控制系统、电气控制系统、液压元件、液压机械、液压附件、气动件
威海博胜气动液压有限公司	气源处理三大件、压力控制阀、流量控制阀、电磁阀、数字化气动元件、石油修井机阀、高铁机车配件、气动系统
深圳市恒拓高工业技术股份有限公司	气动元件、工业机器人末端执行器、工业自动化模组模块
中国运载火箭技术研究院第十八研究所	电液伺服阀、液压系统浮动球铰、多路阀、平衡阀、干式真空泵
乐清市赛德斯气动有限公司	全铜快插接头、全铜快拧接头、全铜卡套接头、全铜附件、不锈钢快插接头、不锈钢快拧接头、不锈钢卡套接头、不锈钢附件、塑料快插接头
温州申工气动元件有限公司	气动元件、电磁阀、手板阀、气动阀、脚踏阀等
温州金业气动科技有限公司	气动元件
乐清市东洋气动元件有限公司	气缸、气管
乐清市百奥气动元件有限公司	气动元件
乐清市朝日气动元件有限公司	气动元件、电磁阀、气管、接头、气源
乐清博胜气动元件有限公司	气缸及气缸端盖、安装附件、电磁阀
宁波飞泰工业自控设备有限公司	电磁阀、气缸
宁波华琦机械有限公司	机械配件、气动元件、五金件制造、加工
宁波乐源恒益机电科技有限公司	气动元件、快插接头
欧甫流体科技(宁波)有限公司	气动管接头
优泰科(苏州)密封技术有限公司	液压气动用橡塑密封件、聚氨酯密封件
北京机床所精密机电有限公司	电液伺服阀、伺服比例阀、伺服放大器、定量注脂阀、电动缸等产品
无锡气动技术研究所有限公司	气动元件、气动系统、气动机械
苏州摩利自动化控制技术有限公司	插装阀、气动执行器、微型减速机、液压泵液压马达配件、油路块
河南航天工业总公司	液压与气动元件
唐山市丰润区大升液压机械有限公司	通用机械配件、气动元件加工、液压站、液压缸、密封件、液压管件等
长春金宝特生物化工有限公司	液压基础件、气动元件、橡胶设备、冶金设计
安阳市华阳电磁铁制造有限公司	阀用电磁铁

注：本表来源自中国液压气动密封件工业协会网站、国内液压气动及自动化技术相关展会信息和生产厂产品样本。

参 考 文 献

[1] 张利平. 气动元件与系统从入门到提高 [M]. 北京：化学工业出版社，2021.

[2] 张利平. 液压气动元件与系统使用及故障维修 [M]. 北京：机械工业出版社，2013.

[3] 张利平. 现代气动系统使用维护及故障诊断 [M]. 北京：化学工业出版社，2016.

[4] 张利平. 液压气动技术速查手册 [M]. 2版. 北京：化学工业出版社，2015.

[5] 张利平. 液压气压传动与控制 [M]. 西安：西北工业大学出版社，2012.

[6] 刘新德. 袖珍液压气动手册 [M]. 2版. 北京：机械工业出版社，2004.

[7] 路甬祥. 液压气动技术手册 [M]. 北京：机械工业出版社，2002.

[8] 张利平. 液压气动系统设计手册 [M]. 北京：机械工业出版社，1997.

[9] 成大先. 机械设计手册：第5卷 [M]. 6版. 北京：化学工业出版社，2016.

[10] 徐桂清. MME新型磨粉机设计 [J]. 粮油加工与食品机械，2004 (8)：48-50.

[11] 王孝华. 气动元件及系统的使用与维修 [M]. 北京：机械工业出版社，1996.

[12] James E. Anders, Sr. Industrial Hydraulics Troubleshooting. New York：McGraw-Hill Book COMPANY, 1983.

[13] 《气动工程手册》编委会. 气动工程手册 [M]. 北京：国防工业出版社，1995.

[14] 徐文灿. 气动元件及系统设计 [M]. 北京：机械工业出版社，1995.

[15] 马振福. 液压与气压传动 [M]. 2版. 北京：机械工业出版社，2013.

[16] 刘延俊. 液压与气压传动 [M]. 2版. 北京：机械工业出版社，2007.

[17] 盛敬超. 工程流体力学 [M]. 2版（修订本）. 北京：机械工业出版社，1988.

[18] 路甬祥. 流体传动与控制技术的历史进展与展望 [J]. 机械工程学报，2001，37 (10)：1-9.

[19] 葛耀峥，王移龙. 家具力学性能试验机电-气控制系统 [J]. 液压与气动，2000 (3)：35-37.

[20] 张利平，牛振英. 国外医疗器械电-气比例控制技术新应用 [J]. 医疗卫生装备，1997，18 (2)：21-22.

[21] 沈永松. 基于顺序控制的气动控制阀箱研制及推广应用 [J]. 轻工机械，2005，23 (1)：96-98.

[22] 陈松华，李幼春. 气动控制阀的耗气量及储气罐设计分析 [J]. 石油化工自动化，2013，49 (4)：17-19.

[23] 范贤峰. 气动控制阀典型附件控制原理与分析 [J]. 仪器仪表用户，2015，22 (1)：41-43.

[24] 彭宽平. 气动控制阀控制系统爬行和滞后问题的解决方法 [J]. 自动化技术与应用，2004，23 (3)：68.70.

[25] 杨立成. 气动控制阀新系列概述 [J]. 液压与气动，1979 (3)：5.

[26] 王庆利，季永利，崔龙菊. 气控流量阀流量调节的实现及探讨 [J]. 水泥技术，1999 (3)：27-28.

[27] 贾光政，王宣银，吴根茂. 先导式高压气动开关阀的研制 [J]. 机床与液压，2003，31 (2)：12-13，94.

[28] 刘敬文. 一种新型气动控制阀安全保护的研究 [J]. 石油化工自动化，2006，42 (6)：66-68.

[29] 宗升发，徐宏. 新型颈椎治疗仪气动控制系统设计 [J]. 液压与气动，2002 (4)：10-11.

[30] 张绍裘. 高速芯片焊接机的气动及真空系统设计 [J]. 液压与气动，2002 (9)：11-13.

[31] 王占勇，唐有才，于德会，等. 歼强飞机气动元件综合测试台的设计 [J]. 液压与气动，2001 (10)：11-13.

[32] 潘瑞芳，廖扬铭，袁胜发. 水液压与气动联动元件在气液纠偏器中的应用 [J]. 液压与气动，2003 (2)：26-27.

[33] 张利平. 石材连续磨机的流体传动进给系统 [J]. 工程机械，2003，34 (9)：37-39，1.

[34] 张利平，张玉鹏，刘青社，等. 气动胀管机的设计 [J]. 制造技术与机床，1996 (2)：32-33.

[35] 拉塞尔·W·亨克. 流体动力回路及系统导论 [M]. 河北机电学院流体传动与控制教研室，译. 北京：机械工业出版社，1985.

[36] 张利平. 美国推出型摆动液压、气动马达 [J]. 机床与液压，2002，30 (6)：109.

[37] 张利平，Horg. 真空吸附技术 [J]. 轻工机械，1998 (4)：41-43.

[38] Zhang L P, Li Y B, Zhang X M. Proceedings of the 2nd International Symposium on Fluid Power Transmission and Control (ISFP'95), 186~189. Shanghai：Shanghai Science & Technological Literature Publishing House, 1995.

[39] 韩建海，章琛. 真空吸附系统的设计 [J]. 机床与液压，1993，21 (1)：19-24.

[40] 张利平. 液压气动系统原理图CAD软件HP-CAD的开发研究 [J]. 河北科技大学学报，2001，22 (1)：27-30.

[41] 张利平. 往复直线运动机构的新选择——无杆气缸 [J]. 轻工机械，1997，15 (1)：43-45.

[42] 张利平，刘青社，孙彦军. 气—液传动系统的设计计算 [J]. 河北机电学院学报，1993，10 (3)：32-39.

[43] 张利平. 气-液传动 [J]. 机械与电子，1993，11 (3)：35.

[44] 张利平，张秀敏. 关于设计和使用电液比例控制阀的几个问题 [J]. 液压气动与密封，1996，16 (2)：48-49.

[45] 徐申林，赵海悦，王位伟，等. 阀岛在钻机气控系统中的应用 [J]. 液压与气动，2011 (7)：88-89.

[46] 范芳洪. VMC1000加工中心气动系统应用及故障排除 [J]. 液压气动与密封，2014，34 (6)：71-73.

[47] 陈凡，周继，蒲如平. 数控车床用真空夹具系统设计 [J]. 液压与气动，2010 (7)：40-42.

[48] 秦培亮，钟康民. 可重构：基于杆件长度与角度效应气动肌腱驱动的夹具系统 [J]. 液压与气动，2012 (9)：99-101.

[49] 吴冬敏，钟康民. 气动肌腱驱动的形封闭偏心轮机构和杠杆式压板的绿色夹具 [J]. 制造技术与机床，2012 (12)：92-93.

[50] 刘俊，于忠海，侯佳雯. 基于PLC的气动贴标机系统设计 [J]. 液压与气动，2011 (11)：85-87.

[51] 段纯，陈欢. 胶印机全自动换版装置的气动控制系统设计 [J]. 液压与气动，2012 (12)：103-106.

[52] 赵汉雨，刘建民，刘存祥. 纸箱包装机气动系统的设计 [J]. 液压与气动，2006 (10)：12-14.

[53] 徐晓峰. 基于气动技术的光纤插芯压接机的研制 [J]. 机械工程与自动化，2016 (5)：123-124.

[54] 许宝文，陈珂. 超大超薄柔性面板测量机气动系统设计 [J]. 液压气动与密封，2015，35 (1)：30-33.

[55] 齐继阳，吴倩，何文灿. 基于PLC和触摸屏的气动机械手控制系统的设计 [J]. 液压与气动，2013 (4)：19-22.

[56] 李建永，王云龙，刘小勇，等. 连续行进式气动缆索维护机器人的研究 [J]. 液压与气动，2012 (12)：77-81.

[57] 孙旭光，杨从从，陈俊峰，等. 气控式水下滑翔机及其气动系统的仿真研究 [J]. 机床与液压，2018，46 (14)：76-79.

[58] 肖杰，张明，岳帅，等. 新型垂直起降运载器着陆支架收放系统设计与分析 [J]. 机械设计与制造工程，2017，46 (3)：30-35.

[59] 韩建海，韩超军. 新型气动人工肌肉驱动踝关节矫正器设计 [J]. 液压与气动，2013 (5)：111-114.

[60] 杨涛，李笑，关婷，等. 反应式腹部触诊模拟装置气动系统的研究 [J]. 机床与液压，2014，42 (10)：95-97.

[61] 王雄耀. 从“微气动技术”到“微系统技术”[J]. 液压气动与密封，2011，31 (2)：34-37.

[62] 吴央芳，周铖杰，夏春林，等. 采用硅流体芯片的气动位置控制系统特性研究 [J]. 液压与气动，2020 (6)：152-159.

[63] Transducers'05-Digest of Technical Papers [C]// International Conference on Solid-state Sensors.IEEE, 2005.

[64] 杨绍华. 微流控中气动微阀的工作机理研究及设计制造 [D]. 昆明：昆明理工大学，2018.

[65] 刘旭玲，李松晶. 气动微流控芯片PDMS电磁微阀设计与性能研究 [J]. 轻工学报，2018，33 (4)：57-65.

[66] 刘洁，浦舟，刘旭玲，等. 基于气动微流控芯片的新型智能痕量灌溉系统动态流量特性研究 [J]. 液压与气动，2019 (9)：8-15.

[67] 朱鋆峰，王进贤，李松晶. 采用步进电机的微流控芯片气压驱动系统压力特性研究 [J]. 机电工程，2017，34 (2)：110-114.

[68] 吴海成. 基于步进电机微阀的液滴微流控系统研究 [D]. 哈尔滨：哈尔滨工业大学，2018.

[69] 黄山石，胡贤巧，何巧红，等. 高聚物微流控芯片上集成化气动微阀的研制 [J]. 传感器与微系统，2012，31 (8)：137-140.

[70] 唐翠，鲍官军，杨庆华，等. 转板式气动数字流量阀间隙泄漏研究 [J]. 浙江工业大学学报，2011，39 (6)：648-652.

[71] 王雄耀. 对我国气动行业发展的思考 [J]. 流体传动与控制，2012 (4)：1-6，10.

[72] 章文俊，金勤芳. 智能阀岛在PROFINET分散式控制系统中的应用 [J]. 中国仪器仪表，2013 (S1)：97-102.

[73] 张利平，魏泽鼎. 增量式电液数字控制阀开发中的若干问题 [J]. 工程机械，2003，34 (5)：36-39.

[74] 许有熊，李小宁，朱松青，等. 压电开关调压型气动数字阀控制方法的研究 [J]. 中国机械工程，2013，24 (11)：1436-1441.

[75] 郭祥，李小宁. 集成式数字阀控气缸位置伺服控制研究 [J]. 机床与液压，2020，48 (2)：1-6.

[76] 韩向可，亢凤林. 一种气动比例调压阀的设计与性能分析 [J]. 液压与气动，2010 (10)：81-82.

[77] 程雅楠，徐志鹏. 高压气动压力流量复合控制数字阀压力特性研究 [J]. 液压与气动，2016 (1)：51-54.

[78] 贾光政，王宣银，吴根茂. 超高压大流量气动开关阀的原理和动态特性研究 [J]. 机械工程学报，2004，40 (5)：77-81.

[79] 朱清山. 高压气动技术的研究发展概况 [J]. 机床与液压，2010，38 (12)：101-103，100.

[80] 王雄耀. 探索我国气动产业“十四五”发展的路径 [J]. 液压气动与密封，2021，41 (1)：4-9.

[81] 徐桂清. 保证磨粉机研磨效果稳定性的几个关键要素分析 [J]. 粮食加工，2021，46 (1)：6-9.

气动阀
原理、使用与维护